普通高等教育“十四五”规划教材

职业健康安全管理体系与安全标准化

（第二版）

主编 郝永梅 邢志祥

中国石化出版社

内 容 提 要

本书主要针对《职业健康安全管理体系 要求及使用指南》(GB/T 45001—2020)和《企业安全生产标准化基本规范》(GB/T 33000—2016)的理解和实施进行介绍和诠释，为组织建立和实施职业健康安全管理体系以及安全生产标准化提供指南。具体内容包括：职业健康安全管理体系标准和安全生产标准化的产生背景、更新和发展现状；危险源辨识、风险评价和风险控制的措施，并从建筑、石油工程和危险化学品等行业列举了危险源辨识、风险评价的案例；职业健康安全管理体系文件的编写与审核；企业安全生产标准化的建设与评审及其实施的案例。

本书可指导企业建立、实施和保持职业健康安全管理体系和安全生产标准化，也可作为高等院校教学用书。

图书在版编目(CIP)数据

职业健康安全管理体系与安全标准化／郝永梅，邢志祥主编.—2版.—北京：中国石化出版社，2021.4
ISBN 978-7-5114-6173-5

Ⅰ.①职… Ⅱ.①郝… ②邢… Ⅲ.①劳动保护-劳动管理体系②劳动卫生-安全管理体系③安全生产-标准化 Ⅳ.①X92②R13③X93-65

中国版本图书馆 CIP 数据核字(2021)第 051863 号

中国石化出版社出版发行
地址：北京市东城区安定门外大街 58 号
邮编：100011 电话：(010)57512500
发行部电话：(010)57512575
http://www.sinopec-press.com
E-mail:press@sinopec.com
北京富泰印刷有限责任公司印刷
全国各地新华书店经销
*
787×1092 毫米 16 开本 15.25 印张 356 千字
2021 年 8 月第 2 版　2021 年 8 月第 1 次印刷
定价：59.00 元

《职业健康安全管理体系与安全标准化(第二版)》
编委会

主　编　郝永梅　邢志祥

副主编　林金水　青国荣　欧红香　汤　研

参　编　杨　克　郑　凯　吴　洁　杨文斌

杜璋昊　朱一龙　马逸飞　吴雨佳

第二版前言

安全生产是经济和社会发展的一个永恒的课题。职业健康安全管理体系(Occupational Health and Safety Management Systems，OHSMS)是20世纪80年代后期在国际上兴起的现代安全生产管理模式，它与ISO 9000和ISO 14000等标准体系一并被称为“后工业化时代的管理方法”。组织建立和实施职业健康安全管理体系，不仅能够控制和降低事故风险，减少或杜绝生命财产损失，保证组织安全健康发展，还有助于提升组织的外部形象，促进国家的经济发展和社会的安定团结。

2020年3月，国家市场监督管理总局和国家标准化管理委员会联合发布了《职业健康安全管理体系 要求及使用指南》(GB/T 45001—2020)，代替GB/T 28001—2011和GB/T 28002—2011。GB/T 45001—2020(即ISO 45001：2018)不论在结构、还是在内容方面与GB/T 28001—2011(即OHSAS 18001：2007)相比均有很大变化，包括管理体系结构上的变化以及标准要求的主要变化，主要体现在八个方面：①采用了ISO/IEC导则规定的标准架构；②增加了“组织所处的环境”要求；③采用了基于风险的思维；④强调将OHSAS融入组织的业务过程；⑤强化了领导作用；⑥强调了员工协商和参与；⑦细化了危险源辨识和风险评价的要求；⑧细化了运行控制。此外还增加了标准的使用指南。总的来说，GB/T 45001—2020在运行控制方面的要求与GB/T 28001—2011相比更加细化、更加全面。

本书第一版是在《职业健康安全管理体系 要求》(GB/T 28001—2011/OHSAS 18001：2007)基础上展开职业健康安全管理体系标准诠释、理解和应用的。为了与时俱进，积极宣传推进新版职业健康安全管理体系标准的贯彻实施，促进组织有效建立和落实职业健康安全管理体系及安全标准化，笔者在收集了相关企业和高校教师对第一版使用反馈意见的基础上，依据GB/T 45001—2020《职业健康安全管理体系 要求及使用指南》和GB/T 33000—2016《企业安全生产标准化基本规范》，对第一版中相关内容进行了相应调整、修订。

此次修订，全面介绍了新版职业健康安全管理体系标准(GB/T 45001：2020/ISO 45001：2018)出台的背景、结构、内容、基本要求，以及和原标准OHSAS 18001：2007的区别；深入诠释了新版标准所强调的基于风险的思维的理念。

GB/T 45001—2020 引入风险思维的理念来建立、实施和保持组织自身的职业健康安全管理体系，而不仅仅是职业健康安全(OHS)风险，强化了对风险的系统化管理，这里包括三方面的内容：理解组织及其所处的环境，确定组织需要应对的风险和机遇；策划应对风险和机遇的措施；对风险进行系统化管理。

《职业健康安全管理体系与安全标准化(第二版)》强调将 OHSMS 管理体系融入组织的业务过程，要求职业健康安全管理体系的建立实施必须与组织的业务过程相融合，不能把管理体系的实施和组织的业务管理脱节；强调了领导作用，在 ISO/IEC 导则的高阶结构中增设了“领导作用”一章，体现了“领导作用”在管理体系中的重要地位，指出实施职业健康安全管理体系是组织的一个战略和经营决策。职业健康安全管理体系的成功取决于领导的作用、领导的承诺和组织所有各职能和层次的参与；强调了员工协商和参与，组织建立实施职业健康安全管理体系的目的是防止对员工造成与工作相关的伤害和健康损害，并提供安全和健康的工作场所。ISO 45001：2018 更加详细地规定了运行策划和控制的要求，将运行策划和控制分成了几个子条款；在运行控制方面的要求，与 OHSAS 18001：2007 相比更加细化、更加全面了。对此，我们基于风险思维的理念，强调了领导作用和变更管理，细化阐述了危险源辨识、职业健康安全风险和对职业健康安全管理体系的其他风险的评价，以及运行控制等条款的理解和实施要求，调整了建筑、石油工程和危险化学品行业危险源辨识的编写体例；对企业建立与实施安全标准化的方法和过程，以及案例应用作了修缮。

本书第二版由郝永梅、邢志祥担任主编，林金水、青国荣、欧红香、汤研担任副主编，他们都有多年从事安全技术管理的背景，或有丰富的企、事业安全管理经验，在修订中提出诸多建设性意见和建议，使该教材更具有科学性、可读性和实用性。本书获中国石油和石化工程教材出版基金项目资助，修订中还得到了相关企业和高校专家的帮助，在此一并表示感谢！

由于编者水平有限，书中难免有疏漏谬误之处，敬请读者指正批评和同行专家多多赐教，不胜感谢！

目 录

第一章 概 述

第一节 职业安全健康管理体系介绍

职业安全健康管理体系(Occupational Health Safety Management System，简称 OHSMS)是20 世纪 80 年代后期在国际上兴起的现代安全生产管理模式，它与 ISO 9000 和 ISO 14000 等标准规定的管理体系一并被称为“后工业化时代的管理方法”。

一、职业安全健康管理体系的产生与变迁

职业健康安全管理体系标准是以系统安全的思想为核心，采用系统、结构化的管理模式，为组织提供了一种科学、有效的职业健康安全管理要求和指南。

OHSMS 产生的两个主要背景原因之一是企业自身发展的需要。随着企业规模扩大和生产集约化程度的提高，对企业的质量管理和经营模式提出更高的要求，使企业不得不采用现代化的管理模式使包括安全生产管理在内的所有生产经营活动科学化、标准化、法律化。包括杜邦、菲利浦在内的一些大型公司在进行质量管理的同时，也建立了与生产管理同步的安全生产管理制度，这些制度和方法进一步形成了标准，并逐渐得到更多企业的认可。

产生 OHSMS 的另一个国际背景原因是在全球经济一体化潮流推动下出现的职业安全卫生标准一体化。早在 20 世纪 80 年代末 90 年代初，一些跨国公司和大型的现代化联合企业为强化自己的社会关注力和控制损失的需要，开始建立自律性的职业安全卫生与环境保护的管理制度，并逐步形成了比较完善的体系。到 90 年代中期，为了实现这种管理体系的社会公正性，引入了第三方认证的原则。

系统化管理是现代职业健康安全管理的显著特征。系统化的职业健康安全管理是以系统安全的思想为基础，从企业的整体出发，把管理重点放在事故预防的整体效应上，实行全员、全过程、全方位的安全管理，使企业达到最佳安全状态。所谓系统安全，是人们为预防复杂系统事故而开发、研究出来的安全理论、方法体系，是在系统寿命期间内应用系统安全工程和管理方法，辨识系统中的危险源，并采取控制措施使其危险性最小，从而使系统在规定的性能、时间和成本范围内达到最佳的安全程度。

随着世界经济全球化的不断发展，发展中国家在世界经济活动中越来越多的参与，各国职业健康安全的差异使发达国家在成本价格和贸易竞争中处于不利地位。只有在世界范围内采取统一的职业健康安全标准，企业通过实施职业健康安全管理体系，能够系统化、规范化地管理其职业健康安全行为，提高其职业健康安全绩效，进而在国际贸易活动中处于主动地位。

OHSAS 18001 全称为 Occupational Health and Safety Assessment Series 18001，中文名称为职业健康安全管理体系，是一个国际性职业安全卫生管理体系评审的系列标准，于 1999 年由英国标准协会同全球标准制定机构、认证机构与专业组织整合诸多安全卫生管理体系标准共同发展而成。我国经贸部及国家出入境检验检疫局于 2000 年 1 月发文，要求全国出入境检验检疫系统的认证机构采用此国际上较通用的标准开展职业安全卫生管理体系的认证工

作。2001 年 7 月国家认可监督管理委员会和国家标准委员会制定国家标准《职业健康安全管理体系 规范》(GB/T 28001—2001)。

2007 年 7 月 1 日《职业安全健康管理体系 要求》(OHSAS 18001：2007)新版发布，此新版标准比 1999 版更加注重以结果为导向，具备了与 ISO 9001：2004 和 ISO 14001：2004 更好的兼容性，这将进一步推动组织对其管理体系进行整合，并为 OHSAS 赢得更多关注。2011 年 12 月 30 日，中华人民共和国质量监督检验检疫总局和中国国家标准化委员会共同公布了《职业健康安全管理体系 要求》(GB/T 28001—2011/OHSAS 18001：2007)该标准代替 GB/T 28001—2001。

自《职业健康安全管理体系》OHSAS 18001 发布实施后，该标准发布实施后，立即得到了多个国家和组织的广泛欢迎和采用。同时，各方都希望它尽快成为 ISO 标准的正式一员。经过各方多年的努力，职业健康安全管理体系现将正式进入 ISO 体系标准大家庭之中，成为 ISO 组织颁布的标准之一。

为了满足各方需求和要求，超过 50 个国家和组织包括国际劳工组织(ILO)都参与了 ISO 45001 标准制定的相关工作。其目标是为了提供一个全世界任何行业的组织皆可以使用的管理工具。

2013 年，ISO/PC 283 在参考了 BS OHSAS 18001、ILO-OHSMS 2001 以及其他文件的相关内容之后，开始起草 ISO 45001。ISO 45001 于 2017 年 11 月底进入最终草案版投票阶段(Final Draft International Standard，FDIS)。2018 年 3 月 12 日，国际标准化组织(ISO)发布了职业健康与安全新标准(ISO 45001：2018)，该标准取代 OHSAS 18001：2007。ISO 45001 标准的发布，使 ISO 标准体系在职业健康安全领域得到重要拓展和补充；也推动职业健康安全管理体系在企业中得到有效的运用；同时，推动全球各行业的组织进一步提高其工作人员的健康安全水平。我国于 2020 年 3 月发布实施了《职业健康安全管理体系 要求及使用指南》(GB/T 45001—2020/ISO 45001：2018)，并代替 GB/T 28001—2011 和 GB/T 28002—2011。

ISO 45001 并无意替代、增加或更改任何法规文本和组织的法律要求，它将帮助企业为员工和在其工作场所内的人员提供更加安全、健康的工作环境，防止发生死亡、工伤和健康问题，并致力于持续改进职业健康安全绩效。

ISO 45001 适用于所有组织。无论组织是高风险的大企业、低风险的小公司、非营利性组织、慈善机构、学术科研机构或者政府机关部门，只要组织有人员为其工作或者因其活动而受到影响，那么就可以采用系统的方法来管理人员的职业健康和安全。

二、GB/T 45001 职业安全健康管理体系结构、内容和特点

(一) GB/T 45001 职业安全健康管理体系结构

GB/T 45001 标准使用翻译法等同采用 ISO 45001：2018《职业健康安全管理体系 要求及使用指南》(英文版)，与 GB/T 28001—2011 和GB/T 28002—2011 相比，除编辑性修改外，主要技术变化如下：

采用了《"ISO/IEC 导则 第 1 部分"的 ISO 补充合并本》附录 SL 所给出的 ISO 管理体系标准通用高层结构；

- 修改了术语和定义；
- 采用了基于风险的思维；
- 更加强调组织环境以及工作人员和其他相关方的需求和期望；
- 强化了领导作用；

- 强调了工作人员协商和参与；
- 细化了危险源辨识和风险评价的要求；
- 对文件化信息的要求更加灵活；
- 细化了运行控制要求；
- 细化了采购控制、承包方控制、外包控制要求；
- 强化了变更管理要求；
- 更加关注职业健康安全绩效、绩效监视和测量。

GB/T 45001 标准按照 ISO/EC 工作导则第一部分增刊附件中的高级结构、同一的核心内容、公共术语和核心定义的内容要求形成 10 个章节的内容，确保了与其他新版管理体系标准的兼容度，其总体结构示意如图 1-1 所示。

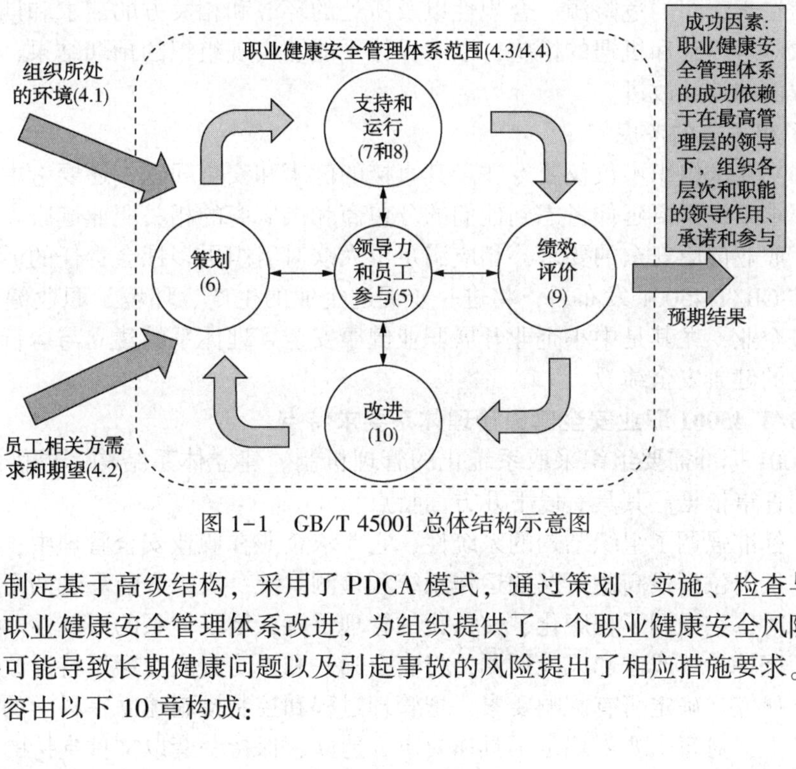

图 1-1　GB/T 45001 总体结构示意图

该标准的制定基于高级结构，采用了 PDCA 模式，通过策划、实施、检查与改进的方式应用于组织的职业健康安全管理体系改进，为组织提供了一个职业健康安全风险的行动策划框架。对那些可能导致长期健康问题以及引起事故的风险提出了相应措施要求。

标准的内容由以下 10 章构成：

范围

规范性引用文件

术语和定义

组织所处的环境

领导作用和工作人员参与

策划

支持

运行

绩效评价

改进

（二）GB/T 45001 职业安全健康管理体系要求内容

GB/T 45001 要求对组织的环境进行分析，要求组织了解其所处的环境，以便建立、实施、保持其职业健康安全管理体系，并确定体系的内外部问题。由于组织的各种内外部因素

(包括正面和负面)会影响职业健康安全管理体系达成期望结果的能力，所以通过对组织所处环境的分析，可使组织能在内外部因素不断变化的新形势下，始终保持该组织的体系运行在正确的方向上，进而达到持续改进其职业健康安全管理体系的目的。

1. 强调了领导的作用

职业健康安全管理体系的成功与否取决于最高管理者领导下的组织各个层次和职能下的各项活动，为了保证体系运行有效，标准要求组织要履行“领导的作用和承诺”。标准明确了组织的最高管理者在体系有效性、方针、目标、战略、沟通、预期结果、风险、分配职责和权限，以及促进组织持续改进等方面所应承担的角色和发挥的重要作用。

2. 强调了基于风险的思维

标准要求组织在策划职业健康安全管理体系时，应确定组织所需要应对的风险和机遇。风险和机遇存在于组织的危险源、合规性以及所处的环境和相关方的需求和期望中。标准要求组织要采取应对风险和机遇的措施，以确保体系能够实现组织的预期结果，实现组织在职业健康安全方面的持续改进。

3. 强调了相关方的考虑

在标准中，要求组织不仅仅要专注于其直接的健康和安全问题，还要考虑到更大的社会期许。同时要求组织需要延伸考虑到他们的分包商和供应商的相关职业健康安全问题，更大范围地拓展了职业健康安全的要求，相应满足了大众对组织更多社会责任的诉求。

新版标准 GB/T 45001 发布后，将进一步促进企业的生产、环境、职业健康安全管理的一体化；推进企业，尤其是中小企业开展职业健康安全管理体系的建立与运行工作，维护并持续改善企业的健康安全绩效。

（三）GB/T 45001 职业安全健康管理体系要求特点

GB/T 45001 标准需要组织采取系统化的管理机制。建立体系结构、提供结构化运行机制和国际通用评审依据。其具有以下几方面特点：

系统性：标准强调了组织结构的系统性，它要求企业在职业安全管理中，同时具有两个系统，即从基层岗位到最高决策层的运作系统和检测系统，决策人依靠这两个系统确保体系有效运行。同时，它强调了程序化、文件化的管理手段，增强体系的系统性。

先进性：坚持持续改进和风险预测，将安全第一和预防为主贯穿于持续改进中，运用系统工程原理，研究、确定所有影响要素，把管理过程和控制措施建立在科学的危险辨识、风险评价的基础上，对每个要素规定了具体要求，建立、保持一套以文件支持的程序，保证了体系的先进性。

动态性：GB/T 45001 标准的一个鲜明特征就是体系的持续改进，通过持续的承诺、跟踪和改进，动态地审视体系的适用性、充分性和有效性，确保体系日臻完善。

预防性：危险辨识、风险评价与控制是职业健康安全管理体系的精髓所在，它充分体现了“预防为主”的方针。实施有效的风险辨识与控制，可实现对事故的预防和生产作业的全过程控制，对各种作业和生产过程进行评价，并在此基础上进行 OHSMS 策划，形成 OHSMS 作业文件，对各种预知的风险因素做事前控制，实现预防为主的目的，并对各种潜在的事故隐患制定应急预案，力求损失最小化。

全员性和全过程性：GB/T 45001 标准把职业健康安全管理体系当作一个系统工程，以系统分析的理论和方法要求全员参与，对全过程进行监控、实现系统目的。

兼容性：GB/T 45001—2020 作为企业管理体系的一项重要内容，与 GB/T 19001—2016 和 GB/T 24001—2016 具有兼容性，在战略和战术上具有很多的相同点：理论基础相同——

戴明管理理论；指导思想相同——预防为主；体现精神相同——写所做、做所写、记所做。在管理工作中体现了一体化特征。

承诺对法律法规及要求的遵守：GB/T 45001 遵循自愿原则，不改变组织法律责任。GB/T 45001 不是法律，而是规定组织如何遵守法律，基于原有国家地方行业的法律。GB/T 45001 中每个要素，每个运行过程都强调了对法律法规和其他要求的遵守，处处体现以严格遵守法律、执行法律为准则。

广泛应用性：GB/T 45001 标准为组织提供了一种现代管理方法，未对 OHSMS 绩效提出绝对要求，不确定取得最佳结果。不同基础与绩效的组织都可能满足 GB/T 45001 要求，同基础与绩效组织不一定取得一样的结果。GB/T 45001 标准体系不必独立于其他管理系统体系，具有广泛适用性，适于各种类型规模、地理、文化和社会条件。同时 GB/T 45001 标准具有很大灵活性，没有行为标准。关心的是如何实现目标，不注重目标是什么。其适用于不同行业、不同规模以及不同性质的企业或单位，只要是想通过运行 GB/T 45001 标准提升企业管理水平和现状的企业都可以实施应用该标准。

三、GB/T 45001 与 GB/T 28001 的差异

GB/T 45001—2020(即 ISO 45001：2018)无论在结构，还是在内容方面与 GB/T 28001—2011(即 OHSAS 18001：2007)标准相比均有很大变化，主要体现在八个方面，包括管理体系结构上的变化以及标准要求的主要变化，此外还增加了标准的使用指南。

(一) 采用了 ISO/IEC 导则规定的标准架构

与 GB/T 19001—2016 和 GB/T 24001—2016 相同，《职业健康安全管理体系 要求及使用指南》GB/T 45001—2020 根据国际标准化组织的要求，也采用了 ISO/IEC 导则规定的标准框架结构。

ISO/IEC 导则规定的标准框架，是国际标准化组织从 2006 年开始，组织所有相关技术委员会(TC)共同参与制定的。在制定这个框架的过程中，国际标准化组织全面总结近 20 年以来管理体系标准的经验，制定了管理体系标准，提升了管理体系标准的合理性和科学性。新的标准框架体现了当代管理科学的最新成果。

GB/T 45001—2020 新版标准采用了导则中的高阶结构(High Level Structure)以及其他相关要求，其架构与 GB/T 28001—2011 区别很大。新版标准由 10 个部分构成(见上节)，而 GB/T 28001—2011 的架构为：①总要求；②职业健康安全方针；③策划；④实施和运行；⑤检查；⑥管理评审。

(二) 增加了“组织所处的环境”要求

GB/T 45001—2020 标准中增加了“组织所处的环境”的要求。增加此项条款的意图是要求组织从生存和发展的高度，分析组织与职业健康安全管理相关的内部和外部问题，从而全面认识组织的风险和机遇。通过建立和实施职业健康安全管理体系应对这些风险和机遇，并实现职业健康安全管理体系的预期结果。

理解组织所处的环境是建立、实施、保持和持续改进职业健康安全管理体系的基础。这里所谈的外部、内部问题，对组织及其职业健康安全管理体系而言，可能会导致风险，也可能会形成机遇。

组织在建立职业健康安全管理体系中要充分理解与上述问题有关的风险和机遇，并策划应对这些风险和机遇的措施。

(三) 采用了基于风险的思维

新版职业健康安全管理体系标准采用了基于风险的思维，强化了对风险的系统化管理。

这里包括三方面的内容：理解组织及其所处的环境，确定组织需要应对的风险和机遇；策划应对风险和机遇的措施；对风险进行系统化管理。

在标准条款 6.1.1 中规定，在确定所需应对的与职业健康安全管理体系及其预期结果有关的风险和机遇时，组织必须考虑：

——危险源(见 6.1.2.1)；

——职业健康安全风险和其他风险(见 6.1.2.2)；

——职业健康安全机遇和其他机遇(见 6.1.2.3)；

——法律法规要求和其他要求(见 6.1.3)。

在标准条款 6.1.4 中规定，组织应策划：

a) 措施，以：

1) 应对这些风险和机遇(见 6.1.2.2 和 6.1.2.3)；

2) 满足法律法规要求和其他要求(见 6.1.3)；

3) 对紧急情况做出准备和响应(见 8.2)；

b) 如何：

1) 在其职业健康安全管理体系过程中或其他业务过程中融入并实施这些措施；

2) 评价这些措施的有效性。

在策划措施时，组织必须考虑控制的层级(见 8.1.2)和职业健康安全管理体系的输出。

在策划措施时，组织还应考虑最佳实践、可选技术方案以及财务、运行和经营等要求。

(四) 强调将 OHSAS 融入组织的业务过程

职业健康安全管理体系的建立实施必须与组织的业务相融合，不能把管理体系的实施和组织的业务管理脱节。在新版标准引言中指出：将职业健康安全管理体系融入组织的业务过程是职业健康安全管理体系成功实施的关键因素。在标准条款中也多次提出了这一要求。如标准条款 5.1 中要求：确保将职业健康安全管理体系要求融入组织业务过程之中；标准条款 6.1.4 要求：在其职业健康安全管理体系过程中或其他业务过程中融入并实施这些措施。标准条款 6.2.2 要求：在策划如何实现职业健康安全目标时，组织应确定，如何将实现职业健康安全目标的措施融入其业务过程。

从上述要求可以看出：建立实施职业健康安全管理体系必须融入组织的业务过程。

(五) 强化了领导作用

在 ISO/IEC 导则的高阶结构中增设了“领导作用”一章，体现了“领导作用”在管理体系中的重要地位。

在标准的引言中指出：实施职业健康安全管理体系是组织的一个战略和经营决策。职业健康安全管理体系的成功取决于领导作用、承诺以及组织各层次和职能的参与。

领导作用在职业健康安全管理体系的建立和实施中起着决定性作用，领导的承诺和参与是一个组织职业健康安全管理体系成功实施的关键。

GB/T 45001—2020 标准中，对于领导作用的要求，除了包括 GB/T 28001—2011 标准中的建立方针、提供资源和分配职责之外，还增加了多项新的要求。如标准条款 5.1 中规定：最高管理者对防止与工作相关的伤害和健康损害以及提供健康安全的工作场所和活动全面负责并承担责任；最高管理者应确保将职业健康安全管理体系要求融入组织业务过程之中，以及确保职业健康安全管理体系实现其预期结果等共 13 条要求。

组织的最高管理者应带领各级管理人员和全体员工，认真履行职业健康安全管理体系标准的各项要求，以确保本组织的职业健康安全管理体系实现其预期结果。

（六）强调了员工协商和参与

组织建立实施职业健康安全管理体系的目的是防止对员工造成与工作相关的伤害和健康损害，并提供安全和健康的工作场所。所以组织在建立和实施职业健康安全管理体系的过程中，应与各层次和职能的员工充分协商。一些有关工作场所职业健康安全方面的重要事务还要请他们参与。“员工的协商和参与”也是职业健康安全管理体系成功实施的关键因素。

标准条款 5.4 中要求：组织应建立、实施和保持过程，用于在职业健康安全管理体系的开发、策划、实施、绩效评价和改进措施中与所有适用层次和职能的工作人员及其代表（若有）的协商和参与。

标准还特别强调了与非管理岗位员工协商和参与的内容。强调与非管理岗位员工的参与和协商，目的是强调在管理体系策划和实施中听取在一线执行工作活动的人员的意见，以使职业健康安全管理体系更加有效。

（七）细化了危险源辨识和风险评价的要求

GB/T 45001—2020 标准对“危险源辨识及风险和机遇的评价”设置了三个子条款。即：“6.1.2.1 危险源辨识”“6.1.2.2 职业健康安全风险和对职业健康安全管理体系的其他风险的评价”，以及“6.1.2.3 职业健康安全机遇和对职业健康安全管理体系的其他机遇的评价”。

在“6.1.2.1 危险源辨识”中，标准要求组织应建立、实施并保持过程，以持续的、主动的进行危险源辨识，并提出应考虑 8 个方面的要求。

在“6.1.2.2 职业健康安全风险和对职业健康安全管理体系的其他风险的评价”中，标准要求组织不仅应从所识别的危险源中评价职业健康安全风险外，还要评价与职业健康安全管理体系的建立、实施有关的其他风险。这是 GB/T 45001—2020 与 GB/T 28001—2011 的重大区别。

在“6.1.2.3 职业健康安全机遇和对职业健康安全管理体系的其他机遇的评价”中，标准要求组织除应评价职业健康安全机遇外，还要评价改进职业健康安全管理体系的其他机遇。同样，这也是 GB/T 45001—2020 与 GB/T 28001—2011 的重大区别。

（八）细化了运行控制

GB/T 45001—2020 职业健康安全管理体系标准更加详细地规定了运行策划和控制的要求。将运行策划和控制分成了几个子条款，包括：“8.1.1 总则”“8.1.2 消除危险源和降低职业健康安全风险”“8.1.3 变更管理”和“8.1.4 采购”。

在“8.1.1 总则”中要求，组织应策划、实施、控制所需的过程，以实施第 6 章中所确定的措施。这就将“6.1.4 措施的策划”的结果落实到运行控制中，实现了从策划（P）到实施运行（D）的连接。

在“8.1.2 消除危险源和降低职业健康安全风险”中，提出采用控制层级（hierarchy of control）的要求，以消除危险源和降低职业健康安全风险。

在“8.1.3 变更管理”中要求：组织应建立过程，用于实施和控制所策划的、影响职业健康安全绩效的临时性和永久性变更。包括新的产品、服务或过程的变更，如工作场所、设施设备、工作组织、工作条件和工作强度的变更以及法律法规要求的变更等。

在“8.1.4 采购”中对与组织的采购提出了三条要求：“8.1.4.1 总则”“8.1.4.2 承包方”和“8.1.4.3 外包”。

在总则中要求：组织应建立、实施和保持用于控制产品和服务采购的过程，以确保采购符合其职业健康安全管理体系。

在标准条款 8.1.4.2 中要求，组织应与承包方协调其采购过程，以辨识由下列方面所产生的危险源并评价和控制职业健康安全风险：

a）对组织造成影响的承包方的活动和运行；

b）对承包方工作人员造成影响的组织的活动和运行；

c）对工作场所内其他相关方造成影响的承包方的活动和运行。

组织应确保承包方及其工作人员满足组织的职业健康安全管理体系要求。组织的采购过程应规定和应用选择承包方的职业健康安全准则。

在标准条款 8.1.4.3 中要求组织还应确保外包过程得到控制，并确保其外包安排符合法律法规要求和其他要求。

总的来说，GB/T 45001—2020 在运行控制方面的要求，与 GB/T 28001—2011 相比更加细化、更加全面了。GB/T 45001—2020 采用了 ISO/IEC 导则规定的框架结构，并总结了各国多年实施 OHSAS 18001 职业健康安全管理体系的经验，与 GB/T 28001—2011 标准相比，在很多方面有了明显的提高和改进。

四、职业健康安全管理体系基本理论

从职业健康安全管理体系自身来看，无论是标准的提出与制定，还是体系的具体运用、建立、运行，都是在坚实的原理和理论基础上产生和运行的，脱离这些原理和理论，职业健康安全管理体系将无从谈起。

（一）戴明 PDCA 循环管理理论

戴明（William Edwards Deming）博士是世界著名的质量管理专家，他因对世界质量管理发展做出的卓越贡献享誉全球。戴明博士最早提出了 PDCA 循环的概念，所以又称其为“戴明环”。PDCA 循环是能使任何一项活动有效进行的一种合乎逻辑的工作程序，特别是在质量管理中得到了广泛的应用。P、D、C、A 四个英文字母所代表的意义如下：

- P（Plan）——计划。包括方针和目标的确定以及活动计划的制定。
- D（Do）——执行。执行就是具体运作，实现计划中的内容。
- C（Check）——检查。就是要总结执行计划的结果，分清哪些对了，哪些错了，明确效果，找出问题。
- A（Act）——行动（或处理）。对总结检查的结果进行处理，成功的经验加以肯定，并予以标准化，或制定作业指导书，便于以后工作时遵循；对于失败的教训也要总结，以免重现。对于没有解决的问题，应提给下一个 PDCA 循环中去解决。

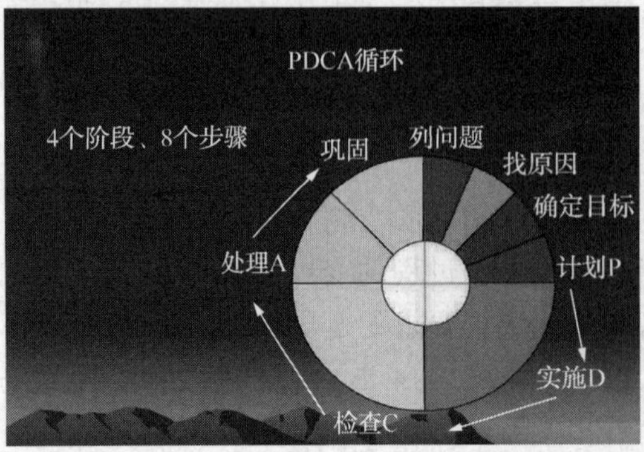

图 1-2　PDCA 循环管理流程图

OHSMS 标准的思想是建立在戴明 PDCA 管理理论基础上的，其运行程式按如下过程进行：方针、目标、计划（P）→职责、运行、实施（D）→监测、检查、审核（C）→评审、纠正、改进（A），图 1-2 表示 OHSMS 管理体系按照 PDCA 循环管理思想运行的相互关系。从图 1-3 可以看出循环的起点线又高于第二次的……，逐次提高，持续改进。

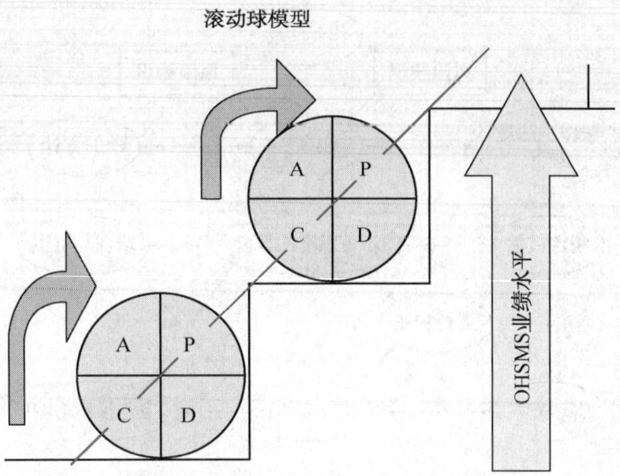

图 1-3　PDCA 循环层级关系图

OHSMS 是企业总的管理体系中的一个子系统，其循环也是企业整个管理体系循环的一个子循环。

企业通过 OHSMS 不断循环运行和改善，最终达到以下目标：使职工和其他有关人面临的风险减少到最低程度；改善经营效果和帮助企业在市场竞争中树立起一种负责的形象。

（二）风险管理是职业健康安全管理体系的基础

OHSMS 标准是建立在“所有事故都是可以避免的”这一管理理念上的，即：如果我们能够预先知道会发生特定的一种危害，我们就能够通过管理和发挥我们的技能来避免事故发生或是设法使人、环境和财产免受损害，即能够对风险进行控制。其核心就是控制风险，降低或消除危险。

风险是可能发生有害后果的定量描述，即在一定时期产生有害事件的概率与有害事件后果的乘积，常用以下公式来表示其量化指标：

$$R=P\cdot S \tag{1-1}$$

式中　R——风险表征；

P——出现风险的概率，即单位时间内发生有害事件的次数；

S——风险事件的后果。

风险的大小既要看风险的发生概率，更要看风险的后果影响及造成损失的大小。风险是描述未来的随机事件，意味着不希望事件状态的存在，更表明了不希望有转化为事故的机制和可能性。人类社会要生产、技术要进步、经济要发展，不可避免地要遇到各种事故的风险。风险是一种客观存在，是一种不以人的意志为转移的可能发生的潜在危险。

职业安全健康管理体系运行，实质是对安全风险控制的全过程，其理论基础是风险管理，即危害辨识、风险评价和风险控制的策划与实施。如图 1-4 所示。

为了控制风险，首先要对用人单位所有作业活动中存在的危害加以风险识别，然后进行风险评价，对每种危害性事件判定出相应的风险等级，即高风险、中风险和低风险等级，依据法规要求和组织 OHSMS 方针确定不可承受的风险，而后针对不同等级风险采取不同的控制措施，尤其是对不可承受风险的控制。制定目标、管理方案、落实运行控制，准备紧急应变，加强培训，提高 OHSMS 意识，通过监控机制发现问题并予以纠正。

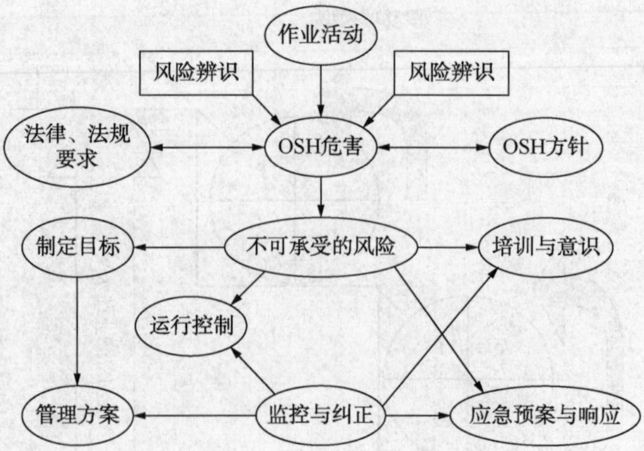

图 1-4　OHSMS 中风险控制示意

危害辨识、风险评价和风险控制策划的结果是体系的主要输入，即体系的几乎所有其他要素的运行均以危害辨识、风险评价和风险控制策划的结果作为重要的依据。

危害辨识、风险评价是体系运行的动力。这个过程是没有穷尽的，要求组织或单位应定期或及时评审和更新危害辨识、风险评价和控制措施的相关信息。

（三）安全系统理论

人类的安全系统是人、社会、环境、技术、经济等因素组成的大协调系统，安全系统的基础功能和任务是：

① 满足人类安全的生产与生存的需要（安全物质财富、安全精神财富）；

② 保障社会稳定和国民经济建设持续发展（安全环境）；

③ 保障生产经营单位安全生产，推进工业文明（安全生产、工业文明）；

④ 消除或减少意外伤亡事故及灾害对人类生命和健康的危害（生命、健康的安全）。

人类认识安全的运动规律和本质是从认识事故系统发展到预防事故的安全系统。

1. 事故致因系统

事故致因系统以认识事故为目的和对象。人们认为，发生事故的主要原因是人、物、环境、管理 4 大要素综合作用的结果。

人的因素主要是指人的不安全行为（最直接的因素），物的因素是指物的不安全状态（最直接的因素），环境因素是指环境不良和危害（重要因素），管理因素是指管理缺陷或不善（重要或者直接因素）。

认识事故系统因素是把人们的目的和对象集中在防范事故上，对指导人们打破事故系统、保障人民的安全健康有现实意义，但具有认识滞后、被动、经验、事后型的特点。

2. 事故致因模型

（1）事故因果连锁论

1931 年海因里希（W. H. Heinrich）首先提出了事故因果连锁论，用以阐明导致事故的各种原因因素及事故的关系。该理论认为，事故的发生不是一个孤立的事件，尽管事故发生可能在某一瞬间，却是一系列互为因果的原因事件相继发生的结果。人们用多米诺骨牌来形象地描述这种事故因果连锁关系。

在事故因果连锁论中，以事故为中心，事故的原因概括为 3 个层次：直接原因、间接原因、基本原因。海因里希最初提出的事故因果连锁过程包括如下5个因素：遗传及社会环境、人的缺点、人的不安全行为或物的不安全状态、事故和伤害，如图1-5所示。

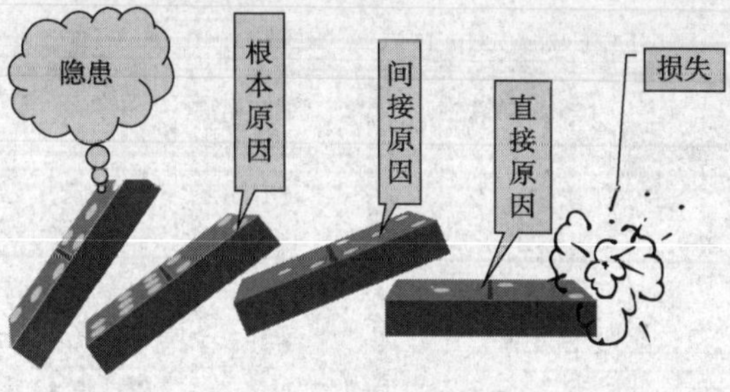

图1-5　海因里希事故因果连锁论示意图

海因希里的事故因果连锁论，提出了人的不安全行为和物的不安全状态是导致事故的直接原因这个工业安全中最重要、最基本的问题。但是，海因希里理论也和事故频发倾向理论一样，把大多数工业事故的责任都归因于人的缺点等，表现出时代的局限性。

(2) 日本劳动省事故致因模型

日本劳动省认为事故是由于物与人之间发生了不希望的接触所致，之所以发生这种接触，是因为存在物的不安全状态和人的不安全行为，而物的不安全状态和人的不安全行为是安全管理的缺陷造成的。

图1-6所示是基本模型，它表明伤害是物、人相接触的结果。图中水平的虚线框代表的运动系列，竖的虚线框代表人的运动系列。由于起因物存在不安全状态、人有不安全行为，导致加害物与人体发生了接触。起因物指由于存在不安全状态引起事故或使事故能发生的物体或物质，加害物指与人体接触(直接接触或人体暴露于其中)而造成事故的物体或物质。

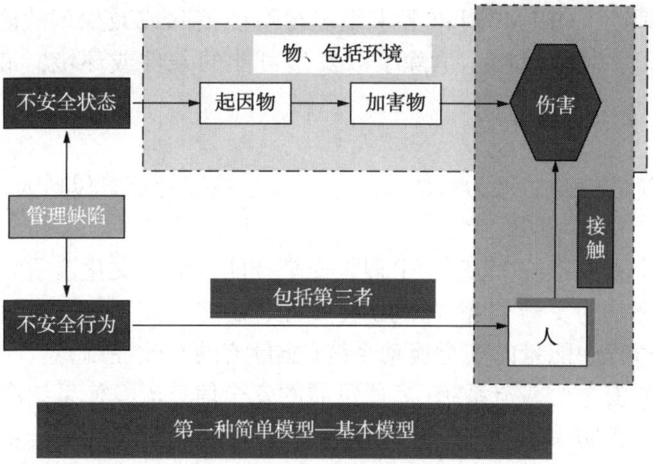

图1-6　日本劳动省基本模型

(3) 事故冰山理论

造成死亡事故与严重伤害、未遂事件、不安全行为形成一个像冰山一样的三角形，一个暴露出来的严重事故必定有成千上万的不安全行为掩藏其后，就像浮在水面的冰山只是冰山整体的一小部分，而冰山隐藏在水下看不见的部分，却庞大的多，如图1-7所示。

图 1-7　事故冰山理论模型

事故的冰山理论相当于 1000 人去抽签，每 10000 次抽签都要决定一个人会丢掉性命。这并不是说，只有不安全行为达到 10000 次才会发生事故，就像买彩票，不是第一千万个人去买才会中，运气好的话，第一个人买就可能中奖。条件具备的话，你的第一次不安全行为，就可能带给你一生的遗憾。如果大家都认识到不安全行为和事故关系是如此的直接，就会感觉到事态的严重。何况可能的背后是必然。一枚硬币自由落地可能是正面也可能是反面，但他必然会出现正反面。不安全行为可能会产生隐患，隐患可能会带来事故。数量累积到一定程度，就不是可能，是必然，必然会造成事故。隐患，必然会导致事故发生。

在工业事故中，人员受到伤害的严重程度具有随机性质。人员在受到伤害之前，已经数百次来自物的方面的危险。事故常常起因于人的不安全行为和机械、物质(统称为物)的不安全状态。人的不安全行为是大多数工业事故的原因。人员产生不安全行为的主要原因有：不正确的态度、缺乏知识或操作不熟练、身体状况不佳、物的不安全状态及不良的物理环境。这些原因是采取预防不安全行为措施的依据。

根据事故冰山理论，OHSMS 标准要求组织尽可能消除或减少事故隐患，即减少不符合或轻微不符合的数量，降低风险，消除事故发生可能的条件或环境，最终降低或减少事故发生。

3. 安全系统

安全系统以系统的综合协调为目的和对象。安全系统的要素包括人、物、能量及信息四大安全子系统。

人——人的安全素质系统(心理、生理、安全技能、安全文化素质)。

物——设备与环境的安全、可靠性系统(设计、制造、使用的安全性)。

能量——活动过程中能量的安全流动系统(能量流的有效控制)。

信息——可靠的安全信息流系统(高速可靠的安全信息流，使系统内协调、管理有效)。

安全系统是超前预防事故，科学、动态、深层次认识安全的综合协调系统是非常必要的。从安全系统的动态特性出发，人类的安全系统是人、社会、环境、技术、经济等因素构成的大协调系统。无论从社会的局部还是整体来看，人类的安全生产和生存需要多因素的协调与组织才能实现。安全系统的基本功能和任务是满足人类的安全生产和生存的需要，因此，安全活动要以保障社会生产、促进社会经济发展、降低事故和灾害对人类生命和健康的影响为目的。为此，安全活动首先应与社会发展基础、科学技术背景和经济条件相适应、相协调。安全活动的进行需要经济和科学技术等资源的支持，安全活动既是一种消费活动，以生命和健康为目的，也是一种投资活动，以保障经济生产和社会发展为目的。

（四）全面管理原理

全面管理顾名思义就是说对涉及的各个环节、过程、人员、财物等均进行控制与管理，概括起来，可表述为三个大的方面：①全员参与管理；②全过程管理；③全方位管理。

在全面管理原理中，特别强调坚持以下几个原则。

系统性原则：强调人—机—环境因素的综合管理。

动态性原则：建立空间-时间相联系的动态管理体系。

效果性原则：强调闭环的管理，要讲求最终的效果和业绩。

阶梯性原则：不断改进、不断完善，建立持续发展的机制。

闭环原则：要求安全管理要讲求目的性和效果性，要有评价。

分层原则：管理目标结合实际，针对条件和可行性确定，不能不切实际的贪高，也不能无所追求。

分级原则：管理和控制要有主次，要讲求抓住重点、单项解决。

等同原则：无论从人的角度还是物的角度必须是管理因素的功能大于和高于被管理因素的功能。

反馈原则：对于计划或系统的输入要有自检、评价、修正的功能。

基于该理论，OHSMS 标准把职业安全卫生管理体系当作一个系统工程，以系统分析的理论和方法要求人、机、环境和管理全方位管理，全员参与，对全过程进行监控、实现系统目的。

第二节　GB/T 45001、GB/T 19001 和 GB/T 24001 的整合与一体化

GB/T 45001 和其他 ISO 管理体系标准，如 GB/T 19001—2016 质量管理体系（简称 QMS）和 GB/T 24001—2016 环境管理体系（简称 EMS）一样采用了高阶结构。在制定标准的时候，对其他国际标准的内容给予了考虑。

正是因为提前考虑了和其他标准的融合，GB/T 45001 发布之后，我们可以发现它和那些标准、指南和要求是一致的。如果现在已经建立了职业健康安全管理体系，那么今后切换到 GB/T 45001 就相对比较容易，同时，也便于组织将职业健康安全管理要求融入和整合到总体的管理过程中去。

一、GB/T 45001、GB/T 19001 和 GB/T 24001 三个体系整合可能性

通过 ISO 9001 质量管理体系、ISO 14001 环境管理体系和 ISO 45001 职业健康安全管理体系等三个管理体系的建立和运行，企、事业单位（组织）、咨询及认证中介机构、相关方面、政府主管部门都积累了许多经验，在某些领域取得共识，发现了问题，提出了各自的要求。加上市场经济主导和经贸活动发展的需要，促使三个体系的各方，加强彼此间的学习和研究，进行结合与交叉，通过咨询和认证实践，都不同程度表达了希望对现有的几个管理体系整合或一体化的意向。学习和吸收国内外管理体系整合及一体化的经验，为我国管理体系的整合提供了更多的依据，更有利的条件，更成熟的时机。这就为 QMS、EMS、OHSMS 三个管理体系有可能整合以及一体化创造了有利的条件，奠定了良好的基础。

1. 三个管理体系寓于全面管理体系之中

QMS、EMS、OHSMS 均属于全面管理一体化系统(Total Integrated Management System，TIMS)的重要成分，其总目标、特点、共性都有其内在有机联系和互补性，而三体系的整合与一体化的管理体系是以质量 Q、环境 E 和职业健康安全 OHSMS 为核心，实现顾客满意、社会满意和企业员工满意，以全面质量管理理论为基础，以国际管理性标准为框架，融合其他管理要求的协调一致的管理体系。

2. 体系咨询、认证对象的迫切需求

被咨询、认证的组织，为了建立 QMS、EMS、OHSMS 三体系，要分别建立三个专业性管理队伍，分别经历三次大动荡、大改进、大投入、事后整改、持续改进、抽查、复审等，并非一劳永逸。当前，企业需要用更多的精力、时间、资金，投入市场的竞争和自身发展，若能帮助企业同步建立和实施三个管理体系或建立一个包含 Q、E、OHSMS 管理的一体化管理体系，是企、事业单位极为赞同的事。

3. 管理体系咨询认证中介机构生存和发展的需求

QMS、EMS、OHSMS 的咨询机构、认证中心要同时取得 ISO 9000、ISO 14000、ISO 45001 的咨询或认证的资质证书，都在培养和选聘身具这三个体系认证资格的外审员、主任审核员。其目的是适应企业咨询或认证市场的需求，中介组织联合咨询，实施联合审核，并在国内取得了一些成功经验。

4. 有效的管理提高了效益，急需多个管理体系整合与一体化

由于 GB/T 45001、GB/T 19001 和 GB/T 24001 系列标准问世的时间差异，按各自的对象和目标，分别建立了各自的管理体系标准。通过实施和实践发现，有许多要素交叉、重叠，给体系管理工作带来了麻烦，使管理效率及企业效益低下，不能适应企业发展和市场竞争的需要，急需解决三体系整合或一体化问题。

5. 三套标准的兼容性为其整合与一体化创造了有利条件

三个管理体系的内容(要素)多数是相同或相似的。

(1) GB/T 45001、GB/T 19001 和 GB/T 24001 三个体系在结构和要素内容上有许多相同或相似指出，尤其是 GB/T 45001 和 GB/T 24001 的核心要素都是 17 个，并且条款号一一对应，框架结构一致，具有相同的控制逻辑图。

(2) 早在 2001 年 11 月，国家标准化管理委员会和国家认证认可监督管理委员会联合发布的 GB/T 28001—2001《职业健康安全管理体系 规范》，强调了 GB/T 28001 与 GB/T 24001—1996、GB/T 19001—2000 之间的对应关系，以充分体现三个标准的相容性，为职业健康安全、环境和质量管理体系整合提供了内在联系和应用的理论基础。

(3) 在 2001 年 12 月国家经贸委发布的《职业健康安全管理体系审核规范》的条款中，容纳了国际劳工组织(ILO)2001 年颁布的《职业健康安全管理体系导则》(ILO/OHSMS 2001)的主要内容，《导则》本身也充分体现了对 QMS 和 EMS 的相容性。

6. 三套标准的管理原理相同，模式相似

QMS、EMS、OHSMS 均以戴明原理为基础，遵照 PDCA 循环原则，不断提升和持续改进的管理思想；三者都运用了系统论、控制论、信息论的原理和方法，其分目标相似、总目标一致；三者都是为了满足顾客、社会、员工和其他相关方的要求，推动现代化企业的发展和取得最佳绩效。

7. GB/T 24001 与 GB/T 28001 整合已取得成功经验

由于 EMS 与 OHSMS 的管理体系运作模式及标准条款内容基本相对应，构成了兼容、整合或一体化的天然良机。在国内外石油、天然气行业，甚至海事领域的远洋运输管理中，都建立了环境与职业健康安全管理体系相融合的 HSE 管理体系，并取得了成功经验。

二、三个管理体系整合的必然性和原则

（一）三个管理体系整合的必然性

基于企业自身改善的渴望和市场的发展形势，以及客户的要求，近 10 年来，我国各类企业正在实施 ISO 9001 质量、ISO 14001 环境、OHSAS 18001 职业健康与安全以及精益生产 6SIGMA 等诸多管理体系，少则两三个管理体系，多则八九个。很多企业在实施了多种管理体系之后，虽某一方面的管理获得了不同程度的改善，但企业的整体运行效率却严重降低。其中一个重要的原因就是很多企业并没有把所实施的多种管理体系进行有效整合而是独立运行，以致各类管理流程繁多，重叠并行与互相矛盾屡见不鲜；各类文件表格汗牛充栋；各种管理会议与审查层出不穷。无论何种类型的企业，任何管理体系要求，最终要靠中基层管理人员与员工来执行。因此，为了消除各主管部门的各自为政所带来的此类乱象，需要顶层设计的思维，即对独立的管理体系进行整合运行。三个体系的整合，可有效促进质量、环境、职业健康安全工作按照体系标准体系要素和法律法规的要求，针对生产工艺流程中可能发生的质量、环境或安全等问题，实施全员全方位全过程的运行控制，运用 PDCA 运行模式的手段和方法，强化管理，持续改进，使企业管理不断上升。

另外，按照国际贸易规则，充分满足顾客、社会、相关方和员工的需要，构筑整合型管理体系，有利于提高组织参与国内外市场竞争的综合能力。构筑整合型管理体系，还可大大减少组织建立各种不同体系的工作量。把三个标准的相同要求统一在一个管理系统中，可以避免不同子体系之间的不协调甚至矛盾，保证管理体系的统一、有序，提高管理的有效性。另外如培训程序、信息沟通程序、标识和可追溯性程序、校正程序等，由于管理要求相同，都可整合在一起编制。

（二）三个管理体系整合的基本原则

1. 体系整合的基本条件

作为一个企业整合三个体系必须具有以下基本条件：

（1）企业的产品涉及质量、环境和职业安全健康三个方面的要求，企业有愿望实施综合控制；

（2）有满足体系整合所需的人力资源和其他资源；

（3）组织的资源能实现充分的共享；

（4）组织需进行相关标准的宣贯培训。

2. 体系整合的基本原则

（1）对管理对象相同管理特性要求基本一致的内容应进行整合。凡是三项标准中管理的对象相同，管理性要求基本一致的内容，企业对体系文件资源配置运行控制都要整合。

（2）整合后的管理性要求应覆盖三个标准的内容，就高不就低，以三个标准中最高要求为准。整合型管理体系是适应三个标准要求的管理体系，只有三个标准的全部要求都满足，才能说明组织建立的整合性管理体系能够确保其质量管理环境管理职业安全健康管理符合规定的要求，能够实现组织制定的质量环境和职业安全健康目标。

(3) 整合后的管理体系文件应具有可操作性。保持文件之间的协调性和针对性整合后的管理体系程序并不是越多越好，在具有可操作性的前提下，还要方便操作。

(4) 整合应有利于减少文件数量，便于文件使用。有利于统一协调体系的策划运行与检测，实现资源共享；有利于提高管理效率，降低管理成本。

三、组织如何构筑整合型管理体系

一般来讲，组织构筑整合型管理体系应按以下步骤做好下列工作：

(1) 企业领导层统一思想并作出决策。

(2) 建立构筑整合型管理体系的领导班子和工作班子。

领导班子必须由最高管理者亲自负责，其职责为：

① 审定和确定组织构筑整合型管理体系的工作计划；

② 根据组织的总方针和总目标，制定并批准发布质量、环境和职业健康安全的方针；

③ 各部门职责、权限、职能的分配；

④ 手册、主要体系文件的会审；

⑤ 配备实施和保持整合型管理体系持续改进的资源。

工作班子的职责为：

① 执行工作计划；

② 对组织内部进行建立整合型管理体系分层次的教育培训；

③ 根据企业的性质、规模和产品特点，法律法规的要求组织编写整合型管理体系的文件；

④ 协调、督促、检查组织各部门在构筑整合型管理体系工作中承担的具体工作任务。

(3) 在组织内部开展构筑整合型管理体系分层次的教育培训。

(4) 根据法律法规和顾客、相关方、社会、员工的要求和企业的总方针制定组织的质量、环境、职业健康安全方针。

(5) 确定整合型管理体系各项要求在组织内开展的过程和活动。

(6) 在企业内部进行整合型管理体系职能的分配，完善相应的职责、权限。

(7) 根据各项方针，制定质量、环境和职业安全卫生的目标。

(8) 根据目标制定产品实现、环境和职业健康安全的管理方案。

(9) 编制整合型管理体系的文件：①手册；②程序文件；③工作标准、作业指导书、记录。

(10) 发布并宣教整合型管理体系文件。

(11) 配备和落实整合型管理体系人力、财力、基础设施和工作环境的资源。

(12) 整合型管理体系运行 3~6 个月。

(13) 整合型内审员的培训，经考核合格后由最高管理者聘任。

(14) 根据组织的实际情况，至少进行一次覆盖全部部门和要求的整合型管理体系的内部审核。

(15) 跟踪验证不符合项纠正措施。

(16) 召开由最高管理者主持的整合型管理体系管理评审，评审组织整合型管理体系的适宜性、有效性和充分性，并提出组织的持续改进方向。

三个体系整合，便于我们认识和掌握管理的规律性在组织建立一致性的管理基础条件下，能够科学的调配人力资源，优化组织的管理机构，统筹开展管理性要求一致的活动，提高工作效率，有利于培养复合型人才，降低管理成本，提高管理体系运行的效率。

第三节　安全生产标准化介绍

2004年，《国务院关于进一步加强安全生产工作的决定》（国发〔2004〕2号）提出了在全国所有的工矿、商贸、交通、建筑施工等企业普遍开展安全质量标准化活动的要求。国家安全生产监督管理总局发布了《关于开展安全质量标准化活动的指导意见》，煤矿、非煤矿山、危险化学品、冶金、机械、电力等行业、领域均开展了安全质量标准化创建工作。

随后，除煤炭行业强调了煤矿安全生产状况与质量管理相结合外，其他多数行业逐步弱化了质量的内容，提出了安全生产标准化的概念。

一、安全生产标准化的内涵及其发展

（一）安全生产标准化的内涵

安全生产标准化就是通过建立安全生产责任制，制定安全管理制度和操作规程，排查治理隐患和监控重大危险源，建立预防机制，规范生产行为，使各生产环节符合有关安全生产法律法规和标准规范的要求，人、机、物、环处于良好的生产状态，并持续改进，不断加强企业安全生产规范化建设。

安全生产标准化体现了"安全第一、预防为主、综合治理"的方针和"以人为本"的科学发展观，强调企业安全生产工作的规范化、科学化、系统化和法制化，强化风险管理和过程控制，注重绩效管理和持续改进，符合安全管理的基本规律，代表了现代安全管理的发展方向，是先进安全管理思想与我国传统安全管理方法、企业具体实际的有机结合，有效提高企业安全生产水平，从而推动我国安全生产状况的根本好转。

安全生产标准化包括：安全目标，组织机构和职责，安全生产投入，法律法规与安全管理制度，教育培训，生产设备设施，作业安全，隐患排查和治理，重大危险监控，职业健康，应急救援，事故报告、调查和处理，绩效评定和持续改进13个方面。

企业以隐患排查治理为基础，通过严格执行国家有关安全生产的法律法规、标准规范，建立起纵向到底、横向到边，能够覆盖企业全部生产经营活动的安全生产责任制，制定符合法律法规要求及本企业实际情况的安全管理制度和操作规程；通过排查治理隐患和监控重大危险源，建立预防机制，规范生产行为，使各生产环节符合有关安全生产法律法规和标准规范的要求，人（人员）、机（机器、设备、设施）、物（物料、物品）、环（生产经营环境）处于良好的生产状态，并持续改进，不断加强企业安全生产规范化建设。

（二）安全生产标准化的发展历程

2006年6月27日，全国安全生产标准化技术委员会成立大会暨第一次工作会议在北京召开。

《企业安全生产标准化基本规范》（AQ/T 9006—2010），于2010年4月15日公布，自2010年6月1日起施行，这意味着我国广大企业的安全生产标准化工作将得到规范。该标准由国家安全生产监督管理总局提出，由全国安全生产标准化技术委员会归口。

2011年5月6日，国务院安委会下发了《国务院安委会关于深入开展企业安全生产标准化建设的指导意见》（安委〔2011〕4号），要求全面推进企业安全生产标准化建设，进一步规

范企业安全生产行为，改善安全生产条件，强化安全基础管理，有效防范和坚决遏制重特大事故发生。

2011 年 5 月 16 日，国务院安委会下发了《关于深入开展全国冶金等工贸企业安全生产标准化建设的实施意见》（安委办〔2011〕18 号），提出工贸企业全面开展安全生产标准化建设工作，实现企业安全管理标准化、作业现场标准化和操作过程标准化。2013 年年底前，规模以上工贸企业实现安全达标，2015 年年底前，所有工贸企业实现安全达标。

2011 年 6 月 7 日，国家安全监管总局下发《关于印发全国冶金等工贸企业安全生产标准化考评办法的通知》（安监总管四〔2011〕84 号），制定了考评发证、考评机构管理及考评员管理等实施办法，进一步规范工贸行业企业安全生产标准化建设工作。

2011 年 8 月 2 日，国家安全监管总局下发《关于印发冶金等工贸企业安全生产标准化基本规范评分细则的通知》（安监总管四〔2011〕128 号），发布《冶金等工贸企业安全生产标准化基本规范评分细则》，进一步规范了冶金等工贸企业的安全生产。

2013 年 1 月 29 日，国家安全监管总局等部门下发《关于全面推进全国工贸行业企业安全生产标准化建设的意见》（安监总管四〔2013〕8 号）。提出要进一步建立健全工贸行业企业安全生产标准化建设政策法规体系，加强企业安全生产规范化管理，推进全员、全方位、全过程安全管理。力求通过努力，实现企业安全管理标准化、作业现场标准化和操作过程标准化，2015 年年底前所有工贸行业企业实现安全生产标准化达标，企业安全生产基础得到明显强化。

新版《企业安全生产标准化基本规范》（GB/T 33000—2016，简称《基本规范》）于 2017 年 4 月 1 日起正式实施。该标准规定了企业安全生产标准化管理体系建立、保持与评定的原则和一般要求，以及目标职责、制度化管理、教育培训、现场管理、安全风险管控及隐患排查治理、应急管理、事故管理和持续改进 8 个体系的核心技术要求。

二、安全生产标准化的原则、特点和作用

1. 安全生产标准化的原则

（1）政府推动、企业为主

安全生产标准化是企业安全生产工作满足国家安全法律法规、标准规范要求，落实企业主体责任的重要途径，是企业安全管理的自身需求。

（2）总体规划、分步实施

各级政府在制定安全生产标准化达标方案时，必须摸清辖区内企业的规模、种类、数量等基本信息，按照分级属地原则，依据企业大小、素质、能力、时限等实际情况，进行总体规划，整体推动所有企业全面开展建设工作。

（3）立足创新、分类指导

各地在推进安全生产标准化建设过程中，存在企业量多面广、工作任务重问题，因此要从本地的实际出发，充分发挥市县安监部门的主动性和积极性，创新评审模式，提高创建质量。

（4）持续改进、巩固提升

企业安全生产标准化的重要步骤是建设、运行、检查和持续改进，是一项长期工作。外部评审定级仅仅是检验建设效果的手段之一，不是安全生产标准化建设的最终目的。企业建设工作不是简单整理文件的过程，需要根据安全生产规章制度，实施运行，不可能一蹴而就。达标之后，每年需要通过进行自评和改进，不断检验建设效果。

2. 安全生产标准化的主要特点

（1）管理方法的先进性

采用了国际通用的PDCA动态循环的现代安全管理模式，根据对管理制度和操作规程的评估情况、各种形式的安全检查反馈的问题、本企业和其他单位生产安全事故案例、安全绩效的评定结果、安全生产预测预警分析的趋势等，及时、动态地对安全生产管理规章制度和操作规程进行修订，实现自我检查、自我纠正和自我完善，达到持续改进的目的，具有管理方法上的先进性。

（2）内容的系统性

《基本规范》的内容涉及安全生产的各个方面，从目标职责、制度化管理、教育培训、现场管理、安全风险管控及隐患排查治理、应急管理、事故查处和持续改进等八个方面提出了比较全面的要求，而且这八个方面是有机、系统的结合，具备系统性和全面性。

（3）较强的可操作性

结合我国已经制定的标准化工作的做法和经验，对核心要素的都提出了具体、细化的内容要求。企业在贯彻时，全员参与规章制度、操作规程的制定，并进行定期评估检查，这样使得规章制度、操作规程与企业的实际情况紧密结合，避免“两张皮”情况的发生，有较强的可操作性，便于企业实施。

（4）广泛的适用性

《基本规范》总结归纳了煤矿、危险化学品、金属非金属矿山、烟花爆竹、冶金、机械等已经颁布的行业安全生产标准化标准中的共性内容，提出了安全生产管理的共性基本要求，普遍适用于各行业，是各行业安全生产标准化的“基本”标准，保证了各行业安全生产管理工作的一致性。

（5）管理的量化性

《基本规范》吸收了传统标准化量化分级管理的思想，有配套的评分细则，在企业自主建立和外部评审定级中，根据对比衡量，得到量化的评价结果，能够比较真实地反映自身的安全管理水平和改进方向，便于企业进行有针对性的改进、完善。量化的评价结果也是监管部门分类监管的依据。

（6）法律法规的贯彻性

安全生产法律法规对安全生产工作提出了原则要求，设定了各项基本的法律制度。《基本规范》是对这些法律原则和法律制度内容的具体化和系统化，并通过运行使之成为企业的生产行为规范，从而更好地促进安全生产法律法规的贯彻落实。

（7）强调预测预警

《基本规范》要求企业应根据生产经营状况及隐患排查治理情况，运用定量的安全生产预测预警技术，建立体现企业安全生产状况及发展趋势的预警指数系统。

企业应根据安全生产标准化的评定结果和安全生产预警指数系统所反映的趋势，对安全生产目标、指标、规章制度、操作规程等进行修改完善，持续改进，不断提高安全绩效。

3. 安全生产标准化的作用

（1）全面贯彻我国安全法律法规、落实企业主体责任的基本手段

各行业安全生产标准化考评标准，无论从管理要素到设备设施要求、现场条件等，均体现了法律法规、标准规程的具体要求，以管理标准化、操作标准化、现场标准化为核心，制定符合自身特点的各岗位、工种的安全生产规章制度和操作规程，做到安全管理有章可循、

有据可依、照章办事的良好局面，规范和提高从业人员的安全操作技能。

(2) 体现安全管理先进思想、提升企业安全管理水平的重要方法

安全生产标准化是在传统的质量标准化基础上，根据我国有关法律法规的要求、企业生产工艺特点和中国人文社会特性，借鉴国外现代先进安全管理思想，强化风险管理，注重过程控制，做到持续改进，比传统的质量标准化具有更先进的理念和方法，比引进的职业安全健康管理体系有更具体的实际内容，形成了一套系统的、规范的、科学的安全管理体系，是现代安全管理思想和科学方法的中国化，有利于形成和促进企业安全文化建设，促进安全管理水平的不断提升。

(3) 改善设备设施状况、提高企业本质安全水平的有效途径

开展安全生产标准化活动重在基础、重在基层、重在落实、重在治本。各行业的考核标准在危害分析、风险评估的基础上，对现场设备设施提出了具体的条件，促使企业淘汰落后生产技术、设备，特别是危及安全的落后技术、工艺和装备，从根本上解决了企业安全生产的根本素质问题，提高企业的安全技术水平和生产力的整体发展水平，提高安全保障能力。

(4) 预防控制风险、降低事故发生的有效办法

通过创建安全生产标准化工作，对危险有害因素进行系统的识别、评估，制订相应的防范措施，使隐患排查工作制度化、规范化和常态化，切实改变运动式的工作方法，对危险源做到可防可控，提高了企业的安全管理水平，提升了设备设施的本质安全程度，尤其是通过作业标准化，大大减少了习惯性违章指挥和违章作业现象，控制了事故多发的关键因素，全面降低事故风险，将事故消灭在萌芽状态，减少一般事故，进而扭转重特大事故频繁发生的被动局面。

(5) 建立约束机制、树立企业良好形象的重要措施

安全生产标准化强调过程控制和系统管理，将贯彻国家有关法律法规、标准规程的行为过程及结果定量化或定性化，使安全生产工作处于可控状态，通过绩效考核、内部评审等方式、方法和手段的结合，形成了有效的安全生产激励约束机制。通过安全生产标准化，企业管理上升到一个新的水平，减少伤亡事故，提高企业竞争力，促进了企业发展，加上相关的配套政策措施及宣传手段，以及全社会关于安全发展的共识和社会各界对安全生产标准化的认同，将为达标企业树立良好的社会形象。

第四节　OHSMS 与安全生产标准化的关系

安全生产管理的出发点和落脚点在生产现场，重点是管理的标准化和作业的标准化。在创建安全标准化企业过程中，对于已建立职业健康安全管理体系的企业来说，如何正确理解和处理好职业健康安全管理体系和安全质量标准化这两者之间关系显得尤其重要，现就安全标准化与职业健康安全管理体系两者之间区别和联系进行对比分析，以供企业安全管理人员参考。

一、OHSMS 与安全生产标准化的总体异同分析

职业健康安全管理体系具有高度的概括性和抽象性，逻辑结构完整，适用于各类组织，通用性强，可作为认证准则。由于有如此的特点，其真正实施的有效性难以保证，易流于形式和走过场。为保证体系的正常运行，就需要企业的管理人员和从业人员具有很高的安全及

管理素质，能够把体系的要求，按照国家有关法律、法规、规程、标准的要求，自行与实际工作进行有机结合及衔接。然而，现实情况是，很多已经建立了职业健康安全管理体系并运行多年的企业，在实际操作中并没有有效运行，出现了认证和实际运行“两层皮”的现象，究其根本原因是：

① 为认证而认证。OHSMS 认证证书成为一些企业的“遮羞布”。

② OHSMS 的推行离不开我国的生产力状况、社会人文特点、从业人员能力和素质等，但是我国的实际情况还不能与 OHSMS 有效实施和运行的要求相适应。

③ 大量缺乏经验、专业知识不足的认证人员、咨询人员提供服务，因此认证的实际效果受到影响，甚至给实际安全生产工作造成了一定的消极影响。

④ OHSMS 自身的特点：其提供的就是一个框架体系而不是一个具体的实施细则。

安全生产标准化借鉴国外现代先进安全管理思想，强化隐患排查治理，注重过程控制，做到持续改进，是一套具有现代安全管理思想和科学方法的、与当前我国经济社会发展水平相适应的安全管理体系。

安全生产标准化与职业健康安生管理体系都是现代化安全管理方法研究的产物。二者均强调预防为主和 PDCA 动态管理的现代安全管理理念。两者的目标是基本一致的，主要异同表现在：

① 安全标准化采取强制原则，而建立职业健康安全管理体系采取自愿原则。

企业安全标准化是指企业具有健全、科学的安全生产责任制、规章制度与操作规程，并通过实施严格管理，使企业各个生产岗位、生产环节的安全工作符合有关安全生产法律、法规、规章、规程的要求，使企业生产始终处于良好的安全运行状态，以适应企业发展的需要，满足广大从业人员对自身安全和文明生产的愿望。

早在 2010 年，《国务院关于进一步加强企业安全生产工作的通知》(国发〔2010〕23 号)中明确指出：“全面开展安全达标。深入开展以岗位达标、专业达标和企业达标为内容的安全生产标准化建设，凡在规定时间内未实现达标的企业要依法暂扣其生产许可证、安全生产许可证，责令停产整顿；对整改逾期未达标的，地方政府要依法予以关闭。”

职业健康安全管理体系是通过周而复始地进行 PDCA 循环，即“计划、行动、监察、改进”活动，使体系功能不断加强。它要求组织在实施管理体系时始终保持持续改进意识，对体系进行不断修正和完善，最终实现预防和控制工伤事故、职业病及其损失的目标。组织是否实施该标准，是否进行职业健康安全管理体系的认证，取决于组织自身的意愿。

② 安全标准化是管理标准，而职业健康安全管理体系是管理方法。

安全标准化是一个标准，它分为基础管理评价、设备设施安全评价、工艺技术评价、作业环境与职业健康评价四部分，它对每一项管理活动、每一项工艺技术、每一台设备设施、每一个作业环境的评价都有明确的量值规定，以此来判定企业是否达到安全标准。

职业健康安全管理体系是一套企业管理的做法和程序，它表达了一种对组织职业健康安全进行管理的思想和规范，主要强调系统化的健康安全管理思想，即通过建立一整套职业健康安全保障机制，旨在控制和降低职业健康安全风险，最大限度地减少安全事故和职业病的发生，是与质量管理体系和环境管理体系并列的三大管理体系之一，这种体系是科学的、有效的、可行的，而且与组织的其他活动及整体的管理是相容的。

③ 安全标准化有起点要求，而职业健康安全管理体系并没有起点要求。

安全标准化适用于各类企业，采用百分制考核，分为三级：国家级为一级，省级为二级，市级为三级，安全标准化考核评分根据行业不同考核标准不同，但都有每个行业都有达标的最低得分情况，考核分不到规定的分值就不能达到相应的安全等级。

职业健康安全管理体系用于所有行业，旨在使用一个组织能够控制职业健康安全风险并改进其绩效，它并未提出具体的职业健康安全绩效准则，也未作出设计管理体系的具体规定，也就是说不管这个企业是事故低发单位，还是事故高发、频发单位，都可以建立体系。

二、OHSMS 与安全生产标准化的区别和联系

1. 安全标准化与 OHSMS 认证的区别

适用对象不同：职业健康安全管理体系的适用对象是组织或用人单位，而安全生产标准化体系主要适用于生产经营单位或企业。

强制性不同：安全生产标准化建设是贯彻国家安全生产法律、法规、标准，是政府的强制行为，具有强制性，而 OHSMS 认证为组织的自愿行为。

关注焦点不同：OHSMS 关注的焦点是员工满意；安全生产标准化的主要关注焦点是政府满意。

侧重点不同：OHSMS 主要侧重于管理体系框架的构建，管理流程的设计和规范；而安全生产标准化，更加重视可操作性和实效性，特别是生产现场的实际效果和状态。

控制目标范围不同：OHSMS 的控制目标范围是作业现场的人员安全和健康；而安全生产标准化的控制目标范围，除了作业现场的人员安全和健康，还有生产经营过程事故造成的财产安全问题、防灾减灾问题和交通安全问题，以及生产安全事故对作业现场外部的影响等。

2. 安全生产标准化与 OHSMS 的联系

安全生产标准化建设与 OHSMS 建立两者并不矛盾。没有建立体系的企业，在开展安全生产标准化基础上，通过文件化和监控程序，完成体系的建立工作；已建立体系的企业，通过开展安全生产标准化，能完善程序文件，增加其操作性，把体系运行效果提高到更高层次，可避免认证和实际运行“两层皮”的现象。

（1）都是强调预防为主、持续改进以及动态管理

建立职业健康安全管理体系是企业安全管理从传统的经验型向现代化管理转变的具体体现，是实现安全管理从事后查处的被动型管理向事前预防的主动型管理转变的重要途径。通过建立职业安全健康管理体系，利用“危险源辨识、风险评价和风险控制”的科学方法和动态管理，可进一步明确重大事故隐患和重大危险源。通过持续改进，加强对重大事故隐患和重大危险源的治理和整改，降低职业安全风险，不断改善生产现场作业环境。

安全标准化中通过“开展危险源辨识、评价与管理，以及对重要危险源制定应急预案”，从源头上加强了对职业风险的管理，采用动态管理方式，降低了事故事件的发生概率，体现了“安全第一、预防为主”的方针，与职业健康安全管理体系有异曲同工的效果。

（2）都是强调遵守法律法规和其他要求

我国已建成完善的安全生产法律体系，对于强化安全生产监督管理，规范生产经营单位和从业人员的安全生产行为，维护人民群众的生命安全，保障生产经营活动顺利进行，促进经济发展和社会稳定具有重大而深远的意义。

安全标准化考评标准中所列的考评条款是根据国家和行业法规、标准以及安全健康的有关规定编制的，企业开展安全标准化活动，就是以法律法规和其他要求为底线，把安全生产

工作纳入了法制轨道。安全生产法律法规和其他要求是预测、度量系统的安全性、规范性、科学性的依据，是达到安全标准化的一条最基本的保障线。

遵守法律法规和其他要求也是建立职业健康安全管理体系的基本要求，组织通过管理方案、运行控制等活动的实施确保满足法律法规要求，并对法律法规遵守情况进行监视检查。这与安全标准化活动的精神完全吻合。

（3）安全标准化是建立体系的核心和基础

安全标准化是建立职业健康安全管理体系的核心和基础，它相当于体系运行中的作业指导书，可以为危险源的辨识、运行控制、绩效改进提供方法和手段，它的产生使体系的具体化更有可操作性和实效性，有利于体系的有效运行。综上所述，安全标准化与职业健康安全管理体系是企业开展安全生产工作两种必不可少、相辅相成的手段和管理标准。两者各有侧重，既不能偏废，也不能绝对化，要有机地结合起来，通过职业健康安全管理体系的有效运行，来实现安全标准，最终达到降低职业风险，提高本质安全的目的。因此，在安全管理工作的不断探索过程中，我们要始终坚定不移地将安全标准化和职业健康安全管理体系、环境管理体系融合起来，坚持落实管理体系不走样、坚持标准不放松，使企业建立自我约束、不断完善的安全生产长效机制，实现安全生产状况的持续稳定。

总之，无论是否建立了职业健康安全管理体系的企业，都应开展安全生产标准化建设，二者没有矛盾。真正做到职业健康安全管理体系有效运行的企业，其安全管理水平应能满足安全生产标准化的要求，也就是说能达到可直接进行安全生产标准化评审申请的安全管理水平。否则，应有针对性地解决“两层皮”问题。在安全管理制度等软件方面可以在职业健康安全管理体系的原有管理体系文件的基础上，进行查漏补缺，做到管理标准化；在现场运行方面，对照相应专业评定标准等，进一步达到操作标准化、现场标准化的要求，使安全生产标准化建设与职业健康安全管理体系有效融合，成为一套企业安全生产管理行之有效的方法和系统。

第五节　相关法规发展过程

一、国家有关 OHSMS 标准的文件

1.《职业健康安全管理体系 要求》(GB/T 28001—2011)

2011 年 12 月 30 日，中华人民共和国质量监督检验检疫总局和中国国家标准化委员会共同公布了《职业健康安全管理体系要求》(GB/T 28001—2011/OHSAS 18001：2007)，并宣布 2012 年 2 月 1 日正式实施，该标准代替 GB/T 28001—2001。

该标准更强调了“健康”的重要性。该标准考虑了与 GB/T 19001—2008《质量管理体系 要求》、GB/T 24001—2004《环境管理体系要求及使用指南》的相容性，以便满足组织整合职业健康安全、环境管理和质量管理体系的需求。2020 年 3 月 6 日，《职业健康安全管理体系 要求及使用指南》(GB/T 45001—2020) 颁布实施，《职业健康安全管理体系 要求》(GB/T 28001—2011) 就此废止。

2. 有关 ISO 45001 标准的文件

国家认监委于 2015 年 9 月 28 日发布《国家认监委关于管理体系认证标准换版工作安排的公告》(2015 年第 30 号) 中明确了在等同采用国际标准的管理体系认证领域中，在国际标准发布后新版国家标准发布前的时期内依据国际标准开展认证及相关工作的安排。

标准转换过渡期问题说明：

ISO 45001 是一个定义职业健康安全管理体系要求的国际标准，此标准适用于职业健康与安全领域。

2016 年 11 月 IAF(国际认可论坛)通过了 IAF 2016-15 号决议，规定了 ISO 45001 的转换期过渡期为 ISO 45001 标准发布后的 3 年，即在 2021 年 3 月 12 日前完成 ISO 45001：2018 代替 OHSAS 18001 认证标准的转换工作。IAF 于 2018 年 1 月发布了 IAF MD21，对认证标准由 OHSAS 18001 转换成 ISO 45001 的相关工作提出了要求，CNCA(国家认监委)于 2015 年 9 月发布了《关于管理体系认证标准换版工作安排的公告》(2015 年第 30 号)。

CNAS(国家认可委)于 2018 年 4 月发布了 CNASEC-050 2018《关于认证标准由 GB/T 28001—2011 转换为 ISO 45001：2018 的认可转换说明》，要求原 OHSMS 获证客户需在过渡期内完成相关的标准换版审核并换发新版证书。未在规定时限内完成新版标准转换的获证组织，其相应的体系证书将自动失效。也就是说截至 2021 年 3 月 11 日，此后原 GB/T 28001—2011 标准体系证书失效。

需要转版的企业应根据实际情况做好相应的转版工作计划，核心步骤如下：

① 提前计划公司内部新版职业健康安全管理体系标准的培训安排。

② 组织人员进行新旧标准内容比对，列出差异对比分析表。

③ 按照新标准的要求对照公司旧版职业健康安全管理体系文件，找出文件存在的不足或缺失。

④ 针对公司旧版职业健康安全管理体系文件存在的不足或缺失列出清单。

⑤ 修订或聘请专业的管理顾问公司辅导修订公司旧版职业健康安全管理体系文件。

⑥ 组织培训学习修订后的新版职业健康安全管理体系文件。

⑦ 按照新版职业健康安全管理体系文件的要求实施各项工作。

⑧ 组织培训新版职业健康安全管理体系内审员，颁发新版内审员证书。

⑨ 组织新版职业健康安全管理体系第一次内审工作。

⑩ 组织新版职业健康安全管理体系管理评审工作。

⑪ 组织新版职业健康安全管理体系第二次内审工作。

⑫ 迎接认证机构现场审核前对公司职业健康安全管理体系重点场所检查，必要时整改。

⑬ 认证机构现场审核前，组织培训新版职业健康安全管理体系迎审指导。

⑭ 迎接认证机构对新版职业健康安全管理体系审核。

⑮ 针对认证机构开出的不合格整改，提交认证机构确认。

⑯ 等待认证机构颁发新版的职业健康安全管理体系证书。

3. 国家有关 GB/T 45001—2020 新标准的文件

2020 年 3 月 6 日，国家市场监管总局国家标准化管理委员会(SAC)发布 2020 年第 1 号公告，批准 GB/T 45001—2020《职业健康安全管理体系 要求及使用指南》，该标准是等同采用 ISO 45001：2018《Occupational health and safety management systems—Requirements with guidance for use》代替了 GB/T 28001—2011，GB/T 28002—2011，批准和发布日期均为 2020 年 3 月 6 日。

二、国家有关安全生产标准化的文件规定

1.《企业安全生产标准化基本规范》(AQ/T 9006—2010)

2010 年 4 月 15 日，国家安全生产监督管理总局发布了《企业安全生产标准化基本规范》

（AQ/T 9006—2010）安全生产行业标准，该标准自2010年6月1日起施行。

为全面推进企业安全生产标准化工作，有必要制定规范企业安全生产工作的基本规定，使企业的安全生产工作有据可依，有章可循。同时对各行业已经开展的安全生产标准化工作，在形式要求、基本内容、考评办法等方面也有必要作出相对一致的规定，以进一步规范各项工作的开展。为调动企业开展安全生产标准化工作的积极性和主动性，结合企业安全生产工作的共性特点，有必要制定可操作性较强的安全生产工作规范，并以行业标准的形式予以发布。

《企业安全生产标准化基本规范》（AQ/T 9006—2010）由国家安全生产监督管理总局提出，由全国安全生产标准化技术委员会归口。起草单位为中国安全生产协会、中国石油化工股份有限公司北京燕山分公司、中国神华煤制油化工有限公司。该标准适用于工矿企业开展安全生产标准化工作以及对标准化工作的咨询、服务和评审；其他企业和生产经营单位可参照执行。

《企业安全生产标准化基本规范》（AQ/T 9006—2010）依据国发〔2004〕2号文《关于进一步加强安全生产工作的决定》制定，自此，“安全生产标准化”得到明确而正式的定义，这一定义涵盖了企业安全生产工作的全局，是企业开展安全生产工作的基本要求和衡量尺度，也是企业加强安全管理的重要方法和手段。而《标准化法》中的“标准化”，主要是通过制定、实施国家、行业等标准，来规范各种生产行为，以获得最佳生产秩序和社会效益的过程，二者有所不同。

AQ/T 9006—2010明确指出安全生产标准化的原则，即企业开展安全生产标准化工作，遵循“安全第一、预防为主、综合治理”的方针，以隐患排查治理为基础，提高安全生产水平，减少事故发生，保障人身安全健康，保证生产经营活动的顺利进行。

AQ/T 9006—2010共分为范围、规范性引用文件、术语和定义、一般要求、核心要求等5章。在核心要求这一章，对企业安全生产工作的目标、组织机构、安全投入、安全管理制度、人员教育培训、设备设施运行管理、作业安全管理、隐患排查和治理、重大危险源监控、职业健康、应急救援、事故的报告和调查处理、绩效评定和持续改进等13个方面的内容做了具体规定。2017年4月1日，新版《企业安全生产标准化基本规范》（GB/T 33000—2016）正式实施，原有《企业安全生产标准化基本规范》（AQ/T 9006—2010）废止。

2.《国务院安委会关于深入开展企业安全生产标准化建设的指导意见》

为深入贯彻落实《国务院关于进一步加强企业安全生产工作的通知》（国发〔2010〕23号，以下简称《国务院通知》）和《国务院办公厅关于继续深化“安全生产年”活动的通知》（国办发〔2011〕11号，以下简称《国办通知》）精神，全面推进企业安全生产标准化建设，进一步规范企业安全生产行为，改善安全生产条件，强化安全基础管理，有效防范和坚决遏制重特大事故发生，2011年5月3日国务院安全生产委员会以安委〔2011〕4号下发了《国务院安委会关于深入开展企业安全生产标准化建设的指导意见》（简称《指导意见》）。

《指导意见》指出充分认识深入开展企业安全生产标准化建设的重要意义，提出了总体要求和目标任务，明确了具体的实施方法及工作要求。

3.《企业安全生产标准化评审工作管理办法（试行）》

2014年6月3日，经国家安全监管总局2014年第4次局长办公会议审定通过，国家安全监管总局发布《企业安全生产标准化评审工作管理办法（试行）》（简称《管理办法》，安监总办〔2014〕49号）。

为有效实施《企业安全生产标准化基本规范》（AQ/T 9006—2010），规范和加强企业安全生产标准化评审工作，推动和指导企业落实安全生产主体责任，根据《安全生产法》《国务院关于进一步加强企业安全生产工作的通知》(国发〔2010〕23号)，制定《管理办法》。

《管理办法》将企业安全生产标准化达标等级分为一级企业、二级企业、三级企业，其中一级为最高。要求企业应自主开展安全生产标准化建设工作，成立由其主要负责人任组长的自评工作组，对照相应评定标准开展自评，形成自评报告并网上提交。

《管理办法》对“评审”“公告”“证书和牌匾”“满期复评”和“监督管理”都做出明确规定。

4.《关于征求〈企业安全生产标准化基本规范(修改稿)〉意见的函》

为进一步规范企业安全生产标准化建设内容，提升企业安全生产标准化建设水平，指导企业建立一套自主创建、持续改进的安全生产管理体系，国家安全监管总局办公厅组织开展了《企业安全生产标准化基本规范》(AQ/T 9006—2010)修订工作。2015年1月30日，安全监管总局办公厅发布《关于征求〈企业安全生产标准化基本规范(修改稿)〉意见的函》(简称《意见》)。并附《企业安全生产标准化基本规范(修改稿)》修订说明和《企业安全生产标准化基本规范(修改稿)》。

该《意见》说明了修订《企业安全生产标准化基本规范》(AQ/T 9006—2010)的必要性，指出AQ/T 9006—2010自2010年6月1日发布实施以来，在各级安全监管部门和相关行业管理部门的大力推动下，广大企业积极开展安全生产标准化创建工作。经不断探索与实践，安全生产标准化工作在增强安全发展理念、强化安全生产红线意识、夯实企业安全生产基础、推动落实企业安全生产主体责任、提升安全生产管理水平等方面发挥了重要作用。但是，随着形势的不断发展，AQ/T 9006—2010的有些条款已难以适应当前安全生产工作和企业实际需要，有些引用的专业标准已进行了修订完善，特别是新《安全生产法》首次将推进安全生产标准化建设写入法律条文。按照精简、效能原则，充分发挥AQ/T 9006—2010在企业安全生产标准化建设中的促进和规范作用，切实减轻企业负担，便于广大企业自主推进标准化工作，以保证其科学性和普遍适用性，修订完善AQ/T 9006—2010势在必行。

自2014年起，国家安全监管总局组织中国安全生产协会开展AQ/T 9006—2010修订工作，共组织有关专家进行了10余次标准的修订研讨，并完成了AQ/T 9006—2010(修订稿)。2015年1月30日，在总局网站上公开征求了社会意见；5月29日，组织召开座谈会征求了部分大中小型企业代表的意见；7月14日，召开座谈会征求了安全监管部门和中介机构的意见；9月11日发函征求了安全监管总局有关司局和国家应急救援指挥中心的意见。

修订的主要内容有涉及：

(1) 思路修订

对AQ/T 9006—2010中逻辑分类相近、内容交叉重叠的有关要素进行优化简化，将原13个一级要素优化为目前的8个，即：目标职责，法律法规及其他管理制度，教育培训，运行控制，隐患、风险及预防预控，应急管理，事件事故查处，持续改进。原42个二级要素也优化到目前的24个。

(2) 调整一级要素

将“目标职责”由AQ/T 9006—2010原“5.1 目标”“5.2 组织机构和职责”“5.3 安全生产投入”三个要素精简归并；“运行控制”由AQ/T 9006—2010原“5.6 生产设备设施”“5.7 作业安全”“5.10 职业健康”三个要素合并；“隐患、风险及预防预控”由AQ/T 9006—2010原“5.8 隐患排查和治理”和“5.9 重大危险源监控”两个要素合并。

(3) 新增或变更条款内容

为贯彻落实《社会信用体系建设规划纲要(2014—2020年)》和《国务院安全生产委员会关于加强企业安全生产诚信体系建设的指导意见》(安委会〔2014〕8号)要求，新修订的《基本规范》在“5.2.2规章制度”中增加了“安全生产承诺”制度建设的有关要求，推动企业依法守信生产经营，也为今后企业安全生产标准化和企业安全生产诚信等级一体化评审、管理创造条件。

5. 新版《企业安全生产标准化基本规范》(GB/T 33000—2016)

企业安全生产标准化建设是《安全生产法》的重要内容，成为企业法定职责。新版《企业安全生产标准基本规范》(GB/T 33000—2016)由国家安全生产监督管理总局提出，安全标准技术(SACITC 288)归口，中国安全生产协会、中国安全生产科学研究院、中国建材检验认证集团股份有限公司、中钢集团武汉安全环保研究院有限公司负责起草，2016年12月13日发布，并于2017年4月1日起正式实施，适用于工矿商贸企业开展安全生产标准化建设工作，其他企业和生产经营单位可参照执行。该标准实施后，原有的《企业安全生产标准化基本规范》(AQ/T 9006—2010)废止。

《中共中央国务院关于推进安全生产领域改革发展的意见》要求，企业对本单位安全生产和职业健康工作负全面责任，要严格履行安全生产法定责任，建立健全自我约束、持续改进的内生机制。建立企业全过程安全生产和职业健康管理制度，坚持管安全生产必须管职业健康。新版《企业安全生产标准化基本规范》(GB/T 33000—2016)将安全生产与职业健康要求一体化，强化企业职业健康主体责任的落实。同时，实现了企业安全生产标准化体系与国际通行的职业健康管理体系的对接。

新版《企业安全生产标准化基本规范》(GB/T 33000—2016)是企业建立安全生产管理体系的重要依据，能够深化企业安全生产标准化建设成效，引导企业科学发展、安全发展，做到安全不是“投入”而是“投资”，实现企业生产质量、效益和安全的有机统一，产生广泛而实际的社会效益和经济效益。

第二章 《职业健康管理体系 要求及使用指南》（GB/T 45001—2020）的理解

《职业健康安全管理体系 要求及使用指南》(GB/T 45001—2020)提出了实现系统化、规范化的职业健康安全管理要求，全面、正确地理解新版职业健康安全管理体系标准内容是建立和实施职业健康安全管理体系的基础。

第一节 GB/T 45001—2020 的术语和定义

《职业健康安全管理体系 要求及使用指南》(GB/T 45001—2020)共陈述了 37 个术语，这些术语对职业健康安全管理有特定的含义，是正确地理解职业健康安全管理体系标准的基础。与 GB/T 28001—2011 比较，GB/T 45001—2020 在术语和定义部分做了较大的调整和变动，包括：

① 新增 19 个术语。分别是“员工”“参与”“协商”“承包商”“要求”“法律法规要求和其他要求”“管理体系”“最高管理者”“有效性”“方针”“目标”“职业健康安全风险”“职业健康安全机遇”“能力”“处理”“绩效”“外包”“测量”“符合”。

② 删除 5 个术语。分别是“可接受的风险”“危险源辨识”“职业健康安全”“预防措施”“风险评价”。

③ 原有术语“文件”已被“形成文件的信息”所取代；原有术语“健康损害”已被“伤害和健康损害”所取代；原有术语“记录”已被“监视”所取代。

下面解释其中一些职业健康安全管理体系术语。

一、相关方

> **3.2　相关方 interested party（首选术语）**
>
> **利益相关方 stakeholder（许用术语）**
>
> 可影响决策或活动、受决策或活动影响，或者自认为受决策或活动影响的个人或组织(3.1)。
>
> **注：**该术语和定义是《“ISO/IEC 导则 第 1 部分”的 ISO 补充合并本》附录 SL 所给出的 ISO 管理体系标准的通用术语和核心定义之一。

相关方的对象有个人和团体，与组织的职业健康安全绩效有关个人或团体有：政府、员工、律师、保险公司、银行、认证机构等。受组织职业健康安全绩效影响的个人或团体有：投资方、顾客、供应商、员工、社区居民、家属等。

相关方可以在组织工作场所内或外，在组织工作场所内的，如：员工、承包方人员、访问者等，组织内部员工是组织很重要的相关方。在组织工作场所外的，如：政府、供方、非政府组织等。

相关方是组织建立、实施和保持职业健康安全体系所要考虑的重要因素，职业健康安全管理体系的策划和实施，应尽可能考虑满足相关方的要求。

二、工作场所

> **3.6　工作场所 workplace**
>
> 在组织(3.1)控制下，人员因工作需要而处于或前往的场所。
>
> **注：** 在职业健康安全管理体系(3.11)中，组织对工作场所的责任取决于其对工作场所的控制程度。

工作场所是确定具体组织所涉及的职业健康安全范围的依据。

首先，工作场所是一种有形的对象，在此对象范围内，与工作相关的活动在开展。

其次，工作场所是与工作相关活动开展的地方，这些活动一定要被组织所控制。

第三，组织考虑其工作场所构成时要全面，不但要考虑组织所在地的场所，还要考虑出差、运输，在客户或顾客处所开展工作的场所。

第四，从法律或职业健康安全的角度，需考虑工作场所交叉的组织间的职业健康安全责任，以及拥有实际场所的组织的职业健康安全责任。

三、伤害和健康损害

> **3.18　伤害和健康损害 injury and ill health**
>
> 对人的生理、心理或认知状况的不利影响。
>
> **注 1：** 这些不利影响包括职业疾病、不健康和死亡。
>
> **注 2：** 术语“伤害和健康损害”意味着存在伤害和(或)健康损害。

死亡、伤害和健康损害，是组织工作场所健康安全条件和因素所涉及的三种有害的结果。与死亡和伤害相比，健康损害是指劳动者由劳动过程引起的身体或心理疾病。

根据《中华人民共和国职业病防治法》规定：职业病是特指劳动者在职业活动中，因接触粉尘、放射性物质和其他有毒有害物质而引起的疾病。职业病危害是指对从事职业活动的劳动者可能导致职业病的各种危害。职业病危害因素包括职业活动中存在的各种有害的化学、物理、生物因素以及在作业过程中产生的其他职业有害因素。由国家卫生计生委会同安全监管总局、人力资源社会保障部和全国总工会共同修订的新版《职业病危害因素目录》(国卫疾控 2015 年 92 号)，按照粉尘、化学因素、物理因素、放射因素、生物因素和其他因素几个大类明确了 459 种危害因素。

GB/T 45001 中的“健康损坏”与上述“职业病”存在着区别和联系，健康损坏不单指劳动者在职业活动中，因接受粉尘、放射性物质和其他有毒、有害物质等因素造成的疾病，还涉及所有劳动者在职业活动中由于工作活动或与工作相关的状况引起或加重对身体造成的疾病，同时包括精神上的。

四、危险源

3.19　危险源 hazard

危害因素 hazard

危害来源 hazard

可能导致**伤害和健康损害**(3.18)的来源。

注1：危险源可包括可能导致伤害或危险状态的来源，或可能因暴露而导致伤害和健康损害的环境。

注2：考虑到中国安全生产领域现实存在的相关称谓，本标准视“危险源”“危害因素”和“危害来源”同义。但对于中国安全生产领域中那些仅涉及对“物”或“财产”的损害而不涉及对“人”的伤害和健康损害(3.18)的情况，本标准的术语“危险源”“危害因素”或“危害来源”则不适用。

危险源是可能导致人身伤害或物质损失事故的潜在的不安全因素。按《生产过程危险和有害因素分类与代码》(GB/T 13861—2009)导致事故、危害的危险因素分类：①人的因素；②物的因素；③环境的因素；④管理的因素。

所谓根源、状态或行为可以理解为风险源或事故隐患，如高温高压或有毒物质，机械存在故障的不安全状态，人违法操作规程或误操作等不安全行为等。造成人身伤害的危害类别有：高处坠落、机械伤害、灼伤等。造成人健康损坏危害类型有：噪声致人听力损失、粉尘致人尘肺病等。

五、风险

3.20　风险 risk

不确定性的影响。

注1：影响是指对预期的偏离——正面的或负面的。

注2：不确定性是指对事件及其后果或可能性缺乏甚至部分缺乏相关信息、理解或知识的状态。

注3：通常，风险以潜在“事件”(见 GB/T 23694—2013，3.5.1.3)和“后果”(见 GB/T 23694—2013，3.6.1.3)，或两者的组合来描述其特性。

注4：通常，风险以某事件(包括情况的变化)的后果及其发生的“可能性”(见 GB/T 23694—2013，3.6.1.1)的组合来表述。

注5：在本标准中，使用术语“风险和机遇”之处，意指**职业健康安全风险**(3.21)、**职业健康安全机遇**(3.22)以及管理体系的其他风险和其他机遇。

注6：该术语和定义是《“ISO/IEC 导则 第1部分”的 ISO 补充合并本》附录 SL 所给出的 ISO 管理体系标准的通用术语和核心定义之一。为了澄清本标准内所使用的术语“风险和机遇”，在此增加了注5。

风险一般是潜在的危害，可能致伤、致命、中毒等损害。风险具有两个特性，即可能性和严重性，可能性取决于诱发能量物质或载体意外释放能量的因素，而后果取决于能量物质或载体对象，如果其中一个不存在，则可认为这种风险不存在。风险性可按其严重程度进行分类，因而对系统的风险性应进行风险评价。

六、程序

3.26　程序 procedure

为执行某活动或**过程**(3.25)所规定的途径。

注：程序可以文件化或不文件化。

[GB/T 19000—2016，3.4.5，“注”被改写]

规范的管理过程一般需要在规定的程序下开展，即程序要求下开展。程序必然包含活动或过程开展所规定的目的、职责、时间、内容的要求，及如何开展活动或过程的方法和量上的要求。程序要求是否形成文件要根据组织对形成文件程序来确保活动或过程开展规范、一致性需求。

七、职业健康安全绩效

3.28　职业健康安全绩效 occupational health and safety performance；职业健康安全绩效 OH&S performance

与防止对**工作人员**(3.3)的**伤害和健康损害**(3.18)以及提供健康安全的**工作场所**(3.6)的**有效性**(3.13)相关的**绩效**(3.13)。

绩效是基于职业健康安全方针和目标，与组织的职业健康安全风险控制有关的，职业健康安全管理体系的可测量结果。

职业健康安全绩效是职业健康安全管理体系运行的结果，是组织通过建立和实施一个职业健康安全管理体系，控制自身的职业健康安全风险所取得的实际成效。

职业健康安全绩效是可以测量和评价的。绩效测量包括职业健康安全管理活动和结果的测量。

八、不符合

3.34　不符合 nonconformity

未满足**要求**(3.8)。

注1：不符合与本标准的要求和**组织**(3.1)自己确定的**职业健康安全管理体系**(3.11)附加的要求有关。

注2：该术语和定义是《“ISO/IEC导则 第1部分”的ISO补充合并本》附录SL所给出的ISO管理体系标准的通用术语和核心定义之一。为了澄清不符合与本标准的要求和组织自身的职业健康安全管理体系要求之间的关系，增加了注1。

不符合是任何与工作标准、惯例、程序、法规、管理体系绩效等的偏离，其结果能够直接或间接导致伤害或健康损坏、死亡或这些情况的组合。

组织依据职业健康安全管理体系标准建立管理体系，其作业标准、惯例、程序、规章、管理体系绩效等构成了职业健康安全管理体系的基本内容。在职业健康安全管理体系的运行过程中，可能会出现与上述内容的偏差，由此可能会直接或者间接地导致事故的发生，从而这种偏差构成了与职业健康安全管理体系标准的不一致，即不符合。

九、事件

3.35 事件 incident

由工作引起的或在工作过程中发生的可能或已经导致**伤害和健康损害**(3.18)的情况。

注1：发生伤害和健康损害的事件有时被称为“事故”。

注2：未发生但有可能发生伤害和健康损害的事件在英文中称为“near-miss”“near-hit”或“close call”，在中文中也可称为“未遂事件”“未遂事故”或“事故隐患”等。

注3：尽管事件可能涉及一个或多个**不符合**(3.34)，但在没有**不符合**(3.34)时也可能会发生。

事件是国际职业健康安全专业领域使用的一种术语表达。事件的发生可能造成事故，也可能并未造成任何损失，结果尚不确定，其包含两种情况：一是非期待发生的造成人身伤害、健康损害或死亡的事情；二是工作活动中有可能造成人身伤害、健康损害或死亡的事情，但实际并没人身伤害、健康损害或死亡。如果发生了造成人身伤害、健康损害或死亡的事情，那该事情就是一个事故，反之就是一个未遂事件，在英文中也可称为“near-miss”“near-hit”“close call”“dangerous occurrence”。

事件与事故之间的关系是：事件包含事故，事故是事件中的一种情况。

十、纠正措施

3.36 纠正措施 corrective action

为消除**不符合**(3.34)或**事件**(3.35)的原因并防止再次发生而采取的措施。

注：该术语和定义是《“ISO/IEC 导则 第1部分”的 ISO 补充合并本》附录 SL 所给出 ISO 管理体系标准的通用术语和核心定义之一。由于“事件”是职业健康安全的关键因素，通过纠正措施来应对事件所需的活动与应对不符合所需的活动相同。因此，该术语定义被改写为包括对“事件”的引用。

纠正措施是针对已发生的不符合或其他不期望情况的原因所采取的措施，是防止这些情况重复发生。

十一、持续改进

3.37 持续改进 continual improvement

提高**绩效**(3.27)的循环活动。

注1：提高绩效涉及使用**职业健康安全管理体系**(3.11)，以实现与**职业健康安全方针**(3.15)和**职业健康安全目标**(3.17)相一致的整体**职业健康安全绩效**(3.27)的改进。

注2：持续并不意味着不间断，因此活动不必同时在所有领域发生。

注3：该术语和定义是《“ISO/IEC 导则 第1部分”的 ISO 补充合并本》附录 SL 所给出的 ISO 管理体系标准的通用术语和核心定义之一。为了澄清在职业健康安全管理体系背景下“绩效”的含义，增加了注1。为了澄清“持续”的含义，增加了注2。

持续改进是强化职业健康安全管理体系过程，是整体职业健康安全绩效的改进和提高。对于持续改进还应从以下几个方面理解：

① 持续改进是职业健康安全管理体系运行的基本要求和基本特点之一。对于已成功建立起职业健康安全管理体系的组织而言，仅仅维护和保持现状还不能满足职业健康安全管理体系标准的要求，还必须不断进行改进和完善。

② 持续改进强调的不仅是组织的职业健康安全绩效，同时也强调对体系自身的改进、完善。

③ 持续改进"不必同时发生于所有的活动领域"。职业健康安全绩效是多方面的，是对各种活动不同风险危害因素的控制和不同目标、指标的实现与完成的体现。本规范不要求持续改进同时体现所有风险危害因素的管理改进和提高。

第二节　组织所处的环境

《职业健康安全管理体系 要求及使用指南》(GB/T 45001—2020)中所述的"4 组织所处的环境"主要包括4个方面，分别是："4.1 理解组织及其所处的环境""4.2 理解工作人员和其他相关方的需求和期望""4.3 确定职业健康安全管理体系的范围""4.4 职业健康安全管理体系"。

一、理解组织及其所处的环境

> **4.1　理解组织及其所处的环境**
>
> 组织应确定与其宗旨相关并影响其实现职业健康安全管理体系预期结果的能力的内部和外部议题。

组织所处的环境具有综合性、广泛性、重要性和不确定性，如何才能准确定位，需要我们做大量的信息收集和分析工作，用数据说话，对组织的优势与劣势、风险与机遇、正面与负面因素搞清楚，从而确定出组织的战略方向，把握机遇的措施，内部薄弱环节的应对措施，制定出组织的切实可行的职业健康安全管理计划。

二、理解工作人员和其他相关方的需求和期望

> **4.2　理解工作人员和其他相关方的需求和期望**
>
> 组织应确定：
>
> a) 除工作人员之外的、与职业健康安全管理体系有关的其他相关方；
>
> b) 工作人员及其他相关方的有关需求和期望(即要求)；
>
> c) 这些需求和期望中哪些是或将可能成为法律法规要求和其他要求。

每个员工以及相关方对组织的需求和期望是不同的，因此需要组织对这些需求和期望进行识别和理解，并在建立和运行质量管理体系中加以考虑。

三、确定职业健康安全管理体系的范围

> **4.3　确定职业健康安全管理体系的范围**
>
> 组织应界定职业健康安全管理体系的边界和适用性，以确定其范围。
>
> 在确定范围时，组织：
>
> a）应考虑4.1中所提及的内部和外部议题；
>
> b）必须考虑4.2中所提及的要求；
>
> c）必须考虑所计划的或实施的与工作相关的活动。
>
> 职业健康安全管理体系应包括在组织控制下或在其影响范围内可能影响组织职业健康安全绩效的活动、产品和服务。
>
> 范围应作为文件化信息可被获取。

组织可以自由、灵活地实施职业健康安全管理体系的范围，可选择在整个组织范围内，也可以选择组织内部的某特定运行单位或活动。但应注意的是：不要在确定范围时由于其他目的而背离了组织改善职业健康安全绩效这一根本宗旨。不能将导致组织职业健康安全管理体系完整性的破坏，从而使职业健康安全管理体系绩效评价缺乏完整性、真实性和宏观性。

四、职业健康安全管理体系

> **4.4　职业健康安全管理体系**
>
> 组织应按照本标准的要求建立、实施、保持和持续改进职业健康安全管理体系，包括所需的过程及其相互作用。

职业健康安全管理体系要求，首先要以实施企业OHSMS方针为目的，其次是要能够保证这一方针得以有效实施。它不仅应与企业的全面管理职能实现有机的结合，而且它也是一个动态的自我调整和完善的管理系统，涉及用人单位OHSMS的一切活动。它要求把企业OHSMS管理中的计划、组织、实施和检查、监控等活动，集中、归纳、分解和转化为相应的文件化的目标、程序和作业文件。

第三节　领导作用与工作人员参与

《职业健康安全管理体系 要求及使用指南》(GB/T 45001—2020)条款共包含6个一级要素，分别是："5 领导作用与工作人员参与""6 策划""7 支持""8 运行""9 绩效评价""10 改进"。其中，"5 领导作用与工作人员参与"要素包括4个二级要素："5.1 领导作用与承诺""5.2 职业健康安全方针""5.3 组织的角色、职责和权限""5.4 工作人员的协商和参与"。

一、领导作用与承诺

> **5.1　领导作用和承诺**
>
> 最高管理者应通过以下方式证实其在职业健康安全管理体系方面的领导作用和承诺：

a）对防止与工作相关的伤害和健康损害以及提供健康安全的工作场所和活动全面负责并承担责任；

b）确保职业健康安全方针和相关职业健康安全目标得以建立，并与组织战略方向相一致；

c）确保将职业健康安全管理体系要求融入组织业务过程之中；

d）确保可获得建立、实施、保持和改进职业健康安全管理体系所需的资源；

e）就有效的职业健康安全管理和符合职业健康安全管理体系要求的重要性进行沟通；

f）确保职业健康安全管理体系实现其预期结果；

g）指导并支持人员为职业健康安全管理体系的有效性做出贡献；

h）确保并促进持续改进；

i）支持其他相关管理人员证实在其职责范围内的领导作用；

j）在组织内建立、引导和促进支持职业健康安全管理体系预期结果的文化；

k）保护工作人员不因报告事件、危险源、风险和机遇而遭受报复；

l）确保组织建立和实施工作人员的协商和参与的过程（见5.4）；

m）支持健康安全委员会的建立和运行［见5.4e）1）］。

注：本标准所提及的"业务"可从广义上理解为涉及组织存在目的的那些核心活动。

1. 领导作用和承诺

承诺始于最高管理者，他（们）应制定OHSMS方针，并确保职业健康安全管理体系的实施，并指定专门的管理者代表。要求最高管理者从职责和责任、目标、过程、资源、参与、沟通、结果、有效性、职业健康安全绩效、支持和安全文化等11个方面做出承诺并保证职业健康安全管理体系的有效实施。主要有：

① 确定涉及职业健康安全管理体系的组织成员的工作内容，确保组织成员意识到他们的职责和责任，确保不同的职能衔接具有明确的职责（例如，在部门之间、管理层面之间、员工之间、组织和承包方之间、组织和邻居之间）；

② 要建立实施职业健康安全方针和职业健康安全目标，并组织的业务过程中实现；

③ 及时和有效提供保持工作场所安全所需要的全部资源，包括人员、资金、设备设施，以及技术上的各类资源；

④ 确保承担职业健康安全管理体系职责的成员能参与其中，具有发挥其作用的权限，能够有效沟通，支持其发挥作用；

⑤ 任命最高管理者中的成员负责职业健康安全管理体系的日常指导和监督，确保职业健康安全体系运行的绩效，并培养维护好组织的安全文化。

2. 管理者代表

对于大型或复杂的组织，可以不限一个管理者代表。对于中、小型组织，可由一个人承担这些职责。管理者代表是专职的也可以是兼职的，其具体负责OHSMS事务，并对最高管理者负责。在职业健康安全管理体系标准中，OHSMS管理者代表的责任就是建立、实施、维护职业健康安全管理体系，并向上级汇报，监督、指导下级开展职业健康安全管理活动。

二、职业健康安全方针

5.2 职业健康安全方针

最高管理者应建立、实施并保持职业健康安全方针。职业健康安全方针应：

a）包括为防止与工作相关的伤害和健康损害而提供安全和健康的工作条件的承诺，并适合于组织的宗旨和规模、组织所处的环境，以及组织的职业健康安全风险和职业健康安全机遇的特性；

b）为制定职业健康安全目标提供框架；

c）包括满足法律法规要求和其他要求的承诺；

d）包括消除危险源和降低职业健康安全风险的承诺（见8.1.2）；

e）包括持续改进职业健康安全管理体系的承诺；

f）包括工作人员及其代表（若有）的协商和参与的承诺。

职业健康安全方针应：

——作为文件化信息而可被获取；

——在组织内予以沟通；

——在适当时可为相关方所获取；

——保持相关和适宜。

（一）“5.2 职业健康安全方针”条文理解

职业健康安全方针是组织在职业健康安全方面的宗旨和方向，是总体方针的组成部分，它体现了组织管理者对职业健康安全问题的指导思想和承诺。标准要求组织的最高管理者应制定、批准、签发职业健康安全方针，并对方针的制定提出要求，其中主要的内容是提出两个承诺和定期评审。

两个承诺包括对持续改进的承诺和对遵守法律、法规及其他要求的承诺。对持续改进的承诺是表明组织最高管理者对待职业健康安全的态度，反映组织对职业健康安全的认识和责任。对法律、法规和其他要求的承诺则是一项基本要求，因为组织遵守法律、法规仅满足职业健康安全管理体系标准最基本的要求。为此，后一个承诺是组织应努力达到的，而且组织在履行后一个承诺时，必须和我国的职业健康安全管理制度相吻合。

此外，方针的制定要适合组织的职业健康风险性质和规模，方针的内容应能对全体员工的行动起指南作用，可以包括最高管理者的价值观和期望，体现组织的目标、承诺和义务、企业文化和信念、顾客的期望和需求。

方针要形成文件，要传达到全体员工。方针由最高管理者制定，通过组织各级管理者、专业技术人员和各层次的操作人员来具体实施完成。显然，方针是纲领性的文件，文字上要简洁明了，易于理解。

方针可以以不同的陈述形式传达，如通过利用规则、指令、程序、皮夹卡片、标语等。方针要求“可为相关方所获取”，即组织所制定的职业健康方针不是保密的，而是向公众开放的。例如可通过将方针发布在网站上或按要求提供方针的复印件。

组织的职业健康方针和管理体系应定期评审，确保其持续的适宜性和有效性。如果进行修改、更新，应尽可能与相关方进行交流。

总体来说，职业健康方针是建立、实施与改进组织的职业健康安全管理体系的推动力，并具有保持和改进职业健康行为的作用，一个组织必须具有符合标准要求的职业健康方针，且应形成文件并予以传达。下面是一些公司职业健康安全管理方针的实例：

例1：杜邦公司建立的安全理念。

所有的伤亡事故都能够预防；
管理者有责任预防伤亡事故的发生；
安全开展工作是员工从业的条件；
所有操作暴露都能够被安全防护；
对员工实施安全培训是必要的；
预防人员伤亡是一项好的经营。

例2：某煤矿企业的职业安全健康管理方针。

坚持安全第一方针，遵守相关法律法规：
突出瓦斯综合治理，立足事前预防危害；
改善健康安全绩效，持续优化作业环境。

承诺：

① 遵守国家、地方和煤炭行业的职业健康安全法律法规和标准的要求；

② 建立职业健康安全目标，并教育广大职工；

③ 应用科学技术，加强煤炭生产和服务中的安全管理，积极开展危害预防，保护员工健康。

例3：某电建公司的职业安全健康管理方针

我们注重施工质量和效益，但更注重安全生产。实现“505”目标是我们的追求。避免电建施工中的高处坠落、物体打击、起重伤害、触电等伤害是我们心中长存的警惕和坚持不懈的行动。

我们承诺：遵守相关的法律、法规和其他要求；视培训为对员工最大的爱护和企业发展的根本，不断提高员工的职业安全健康素质和能力；投入充足的资源以控制安全卫生风险，包括来自相关方的风险；完善并严格执行有关程序和规章制度；建立全员参与机制，实施有效的协商与沟通；不断实现明确的职业安全健康目标，持续改进职业安全健康绩效。

(505目标：重伤以上人身伤亡事故为零；重大机械事故为零；重大火灾事故为零；主要责任在我方的重大交通事故为零；重大设备事故为零；轻伤事故频率控制在5‰以内)。

例4：某机械工厂的职业安全健康方针

安全生产是劳动者合法权益的保障，也是企业必须履行的社会责任。因此，努力营造人与作业环境的和谐，预防、减少、消除因工伤亡事故和设备、火灾事故，始终是本企业关注的焦点。

本企业职业安全健康目标：

死亡事故为零，有效控制重伤事故的发生，轻伤事故频率在1.8‰以内，重大机械设备事故和重大火灾事故为零。

为实现上述目标，我们承诺：

遵守相关的法律、法规、标准和其他要求；保证职业安全健康方面的投入；加强全员教育和培训，提高员工的职业安全健康意识和能力；健全、完善并执行有关程序和规章制度，有效地控制所有不可容许的风险；全员参与全过程管理，采取PDCA循环法，持续改进职业安全健康绩效。质量、环境与职业健康安全(QHSE)三合一方针依靠科学管理，满足需求注重质量，创建“亚通”名牌充分利用资源，降低环境影响全员参与，保障健康安全。

（二）“5.2 职业健康安全方针”审核要点

① 组织是否建立了与其生产活动、产品、服务相适应的职业健康安全管理方针；

② 方针是否由最高管理者批准、发布、是否授权某人监督与实施；

③ 方针是否对组织的目标和指标给予指导；

④ 方针采取何种形式被相关方所获取；

⑤ 方针中包含哪些承诺，是否符合组织的实际情况，是否定期评审；

⑥ 方针采取何种方法使全体员工理解。

三、组织的角色、职责和权限

5.3　组织的角色、职责和权限

最高管理者应确保将职业健康安全管理体系内相关角色的职责和权限分配到组织内各层次并予以沟通，且作为文件化信息予以保持。组织内每一层次的工作人员均应为其所控制部分承担职业健康安全管理体系方面的职责。

注 1：尽管职责和权限可以被分配，但最高管理者仍应为职业健康安全管理体系的运行承担最终责任。

注 2：对于原国际标准中的单词“roles”，本标准译为“角色”，与 GB/T 24001—2016 相同；但在 GB/T 19001—2016 中，则译为“岗位”，与本标准的“角色”具有相同的含义。

最高管理者应对下列事项分配职责和权限：

a）确保职业健康安全管理体系符合本标准的要求；

b）向最高管理者报告职业健康安全管理体系的绩效。

（一）“5.3 组织的角色、职责和权限”条文理解

职业健康安全管理体系的成功实施，依赖于全体员工的参与，职业健康安全管理体系的成功实施要求在组织控制下工作的所有人员都做出承诺。因此，不能认为只有 OHSMS 职能部门才负有这方面的责任，组织内的其他所有部门都不能置身事外，建立 OHSMS 必须覆盖组织所有的部门和活动。

1. 角色、职责和权限

在建立、实施和保持职业健康安全管理体系中，组织应将各级人员的职业健康安全作用、职责、责任和权限加以明确。要求对其职责加以规定的人员有：

① 最高管理者；

② 组织各层次上的业务经理；

③ 工艺操作员和普通工人；

④ 对承包方的 OHSMS 进行管理的人员；

⑤ 负责 OHSMS 培训的人员；

⑥ 对安全健康有影响的关键设备的负责人；

⑦ 组织内具有 OHSMS 资质的员工或其他职业健康安全管理体系专业人员；

⑧ 在协商的基础上确定的员工职业健康安全管理体系代表。

无论用什么方法，组织应该传达和宣传这种思想，即 OHSMS 是每个人的责任，而不仅仅是那些具有确定的职业健康安全管理体系职责人员的责任。

在 OHSMS 管理者代表之外，各级管理和职能部门也要承担相应的职责。OHSMS 方针也要传达到全体员工，所形成机构职责的文件也要予以传达，培训与信息交流中也强调了全体员工意识的提高，只有每一个人都做好自己的本职工作，提高安全意识，并共同参与 OHSMS 的建设与维护，才能真正实现持续改进和事故预防。

机构和职责是职业健康安全管理体系运行的关键问题，我国的 OHSMS 问题中许多是由于职责不清、权限不明确造成的，职业健康安全管理体系标准的特点就是分清职责，严格界限。

2. 岗位、职责、责任和权限应形成文件

组织应将所有人员的职业健康安全作用、职责、责任和权限形成文件。可以以下述文件形式将人员的职业健康安全作用、职责、责任和权限予以描述：

① 职业健康安全管理体系程序；

② 运行程序或工作台程序；

③ 项目或任务书；

④ 工作描述；

⑤ 入职培训文件包。

职业健康安全管理体系的建立不可能改变组织原有的管理模式，职业健康安全管理体系机构的设置是在原有管理基础之上补充完成的，这就更要求明确职责、规定权限，为职业健康安全管理体系的运行打好基础。另外是要配备必要的资源，保证 OHSMS 目标、指标的实现。

（二）“5.3 组织的角色、职责和权限”审核要点

① 是否有清晰的 OHSMS 组织机构及职责图，最高管理者 OHSMS 职责是否明确；

② 最高管理者是否赋予 OHSMS 管理者代表充分的职权和提供必备资源；

③ 管理者代表是否明确并理解其职责和权限；

④ 部门、岗位人员的 OHSMS、角色、职责和权限是否明确，是否予以规定并形成文件；

⑤ 通过什么方式使内部全体人员了解与其相关的 OHSMS 作用、职责和权限。

四、工作人员的协商和参与

5.4　工作人员的协商和参与

组织应建立、实施和保持过程，用于在职业健康安全管理体系的开发、策划、实施、绩效评价和改进措施中与所有适用层次和职能的工作人员及其代表（若有）的协商和参与。

组织应：

a）为协商和参与提供必要的机制、时间、培训和资源；

注 1： 工作人员代表可视为一种协商和参与机制。

b）及时提供对明确的、易理解的和相关的职业健康安全管理体系信息的访问渠道；

c）确定和消除妨碍参与的障碍或壁垒，并尽可能减少那些难以消除的障碍或壁垒；

注 2： 障碍和壁垒可包括未回应工作人员的意见和建议，语言或读写障碍，报复或威胁报复，以及不鼓励或惩罚工作人员参与的政策或惯例等。

d）强调与非管理类工作人员在如下方面的协商：

1）确定相关方的需求和期望(见4.2)；

2）建立职业健康安全方针(见5.2)；

3）适用时，分配组织的角色、职责和权限(见5.3)；

4）确定如何满足法律法规要求和其他要求(见6.1.3)；

5）制定职业健康安全目标并为其实现进行策划(见6.2)；

6）确定对外包、采购和承包方的适用控制(见8.1.4)；

7）确定所需监视、测量和评价的内容(见9.1)；

8）策划、建立、实施和保持审核方案(见9.2.2)；

9）确保持续改进(见10.3)。

e）强调非管理类工作人员在如下方面的参与：

1）确定其协商和参与的机制；

2）辨识危险源并评价风险和机遇(见6.1.1和6.1.2)；

3）确定消除危险源和降低职业健康安全风险的措施(见6.1.4)；

4）确定能力要求、培训需求、培训和培训效果评价(见7.2)；

5）确定沟通的内容和方式(见7.4)；

6）确定控制措施及其有效的实施和应用(见8.1、8.1.3和8.2)；

7）调查事件和不符合并确定纠正措施(见10.2)。

注3：强调非管理类工作人员的协商和参与，旨在适用于执行工作活动的人员，但无意排除其他人员，如受组织内工作活动或其他因素影响的管理者。

注4：需认识到，若可行，向工作人员免费提供培训以及在工作时间内提供培训，可以消除工作人员参与的重大障碍。

(一)"5.4 工作人员的协商和参与"条文理解

组织通过沟通和协商过程，鼓励那些受组织活动影响或与组织职业健康安全管理体系相关的人员，参与好的职业健康安全实践活动和支持职业健康安全方针和目标。

组织应建立能够使工人参与的程序。程序应鼓励积极参与好的职业健康安全实践活动，以及能够使工人融入职业健康安全管理体系的开展，从而体现员工在OHSMS方面的权利和义务。

工人参与的程序内容包括：员工参与OHSMS方针、目标、计划、制度的制定、评审，参与危害辨识、危险评价与控制措施和事故调查处理、改进职业健康安全绩效建议等事务。

在制定工人参与的程序时，组织应该考虑对参与可能的激励和阻碍(例如，语言和文化问题、报复的恐惧)、保密和隐私问题。

组织的管理者应该做出安排，以使工人和他们的安全健康代表具备时间和资源来积极参与组织、策划、实施、评价和职业健康安全管理体系改进活动的过程中。

(二)"5.4 工作人员的协商和参与"审核要点

① 组织内员工以什么方式或渠道了解本单位的OHSMS信息；

② 组织内员工是否充分了解OHSMS状况的改进情况；

③ 是否有接受和答复员工关心的OHSMS问题的程序和制度；

④ 是否有接受和答复相关方关心的OHSMS问题的程序和制度；

⑤ 组织以什么方式将管理体系审核和评审的结果传达给所有相关人员；

⑥ 是否有收集和公布各界对 OSH 意见和看法的制度；

⑦ OHSMS 方针是否被员工和相关方充分了解；

⑧ 员工及其代表和工会 OHSMS 方面的权利和责任如何体现。

第四节 策 划

《职业健康安全管理体系 要求及使用指南》(GB/T 45001—2020)条款中“6 策划”要素包括两个二级要素：“6.1 应对风险和机遇的措施”“6.2 职业健康安全目标及其实现的策划”。

一、应对风险和机遇的措施

6.1 应对风险和机遇的措施

6.1.1 总则

在策划职业健康安全管理体系时，组织应考虑 4.1(所处的环境)所提及的议题、4.2(相关方)所提及的要求和 4.3(职业健康安全管理体系范围)，并确定所需应对的风险和机遇，以：

a) 确保职业健康安全管理体系实现预期结果；

b) 防止或减少不期望的影响；

c) 实现持续改进。

在确定所需应对的与职业健康安全管理体系及其预期结果有关的风险和机遇时，组织必须考虑：

——危险源(见 6.1.2.1)；

——职业健康安全风险和其他风险(见 6.1.2.2)；

——职业健康安全机遇和其他机遇(见 6.1.2.3)；

——法律法规要求和其他要求(见 6.1.3)。

在策划过程中，组织应结合组织及其过程或职业健康安全管理体系的变更来确定和评价与职业健康安全管理体系预期结果有关的风险和机遇。对于所策划的变更，无论是永久性的还是临时性的，这种评价均应在变更实施前进行(见 8.1.3)。

组织应保持以下方面的文件化信息：

——风险和机遇；

——确定和应对其风险和机遇(见 6.1.2 至 6.1.4)所需的过程和措施。其文件化程度应足以让人确信这些过程和措施可按策划执行。

6.1.2 危险源辨识及风险和机遇的评价

6.1.2.1 危险源辨识

组织应建立、实施和保持用于持续和主动的危险源辨识的过程。该过程必须考虑(但不限于)：

a) 工作如何组织，社会因素(包括工作负荷、工作时间、欺骗、骚扰和欺压)，领导作用和组织的文化。

b) 常规和非常规的活动和状况，包括由以下方面所产生的危险源：

1）基础设施、设备、原料、材料和工作场所的物理环境；

2）产品和服务的设计、研究、开发、测试、生产、装配、施工、交付、维护或处置；

3）人的因素；

4）工作如何执行。

c）组织内部或外部以往发生的相关事件(包括紧急情况)及其原因。

d）潜在的紧急情况。

e）人员，包括考虑：

1）那些有机会进入工作场所的人员及其活动，包括工作人员、承包方、访问者和其他人员；

2）那些处于工作场所附近可能受组织活动影响的人员；

3）处于不受组织直接控制的场所的工作人员。

f）其他议题，包括考虑：

1）工作区域、过程、装置、机器和(或)设备、操作程序和工作组织的设计，包括它们对所涉及工作人员的需求和能力的适应性；

2）由组织控制下的工作相关活动所导致的、发生在工作场所附近的状况；

3）发生在工作场所附近、不受组织控制、可能对工作场所内的人员造成伤害和健康损害的状况；

g）组织、运行、过程、活动和职业健康安全管理体系中的实际或拟定的变更(见8.1.3)；

h）危险源的知识和相关信息的变更。

6.1.2.2　职业健康安全风险和职业健康安全管理体系的其他风险的评价

组织应建立、实施和保持过程，以：

a）评价来自于已辨识的危险源的职业健康安全风险，同时必须考虑现有控制的有效性；

b）确定和评价与建立、实施、运行和保持职业健康安全管理体系相关的其他风险。

组织的职业健康安全风险评价方法和准则应在范围、性质和时机方面予以界定，以确保其是主动的而非被动的，并被系统地使用。有关方法和准则的文件化信息应予以保持和保留。

6.1.2.3　职业健康安全机遇和职业健康安全管理体系的其他机遇的评价

组织应建立、实施和保持过程，以评价：

a）提升职业健康安全绩效的职业健康安全机遇，同时必须考虑所策划的对组织及其方针、过程或活动的变更，以及：

1）使工作、工作组织和工作环境适合于工作人员的机遇；

2）消除危险源和降低职业健康安全风险的机遇。

b）改进职业健康安全管理体系的其他机遇。

注：职业健康安全风险和职业健康安全机遇可能会给组织带来其他风险和其他机遇。

6.1.3　法律法规要求和其他要求的确定

组织应建立、实施和保持过程，以：

a）确定并获取最新的适用于组织的危险源、职业健康安全风险和职业健康安全管理体系的法律法规要求和其他要求；

b）确定如何将这些法律法规要求和其他要求应用于组织，以及所需沟通的内容；

c）在建立、实施、保持和持续改进其职业健康安全管理体系时，必须考虑这些法律法规要求和其他要求。

组织应保持和保留有关法律法规要求和其他要求的文件化信息，并确保及时更新以反映任何变化。

注：法律法规要求和其他要求可能会给组织带来风险和机遇。

6.1.4 措施的策划

组织应策划：

a）措施，以：

1）应对这些风险和机遇（见6.1.2.2和6.1.2.3）；

2）满足法律法规要求和其他要求（见6.1.3）；

3）对紧急情况做出准备和响应（见8.2）。

b）如何：

1）在其职业健康安全管理体系过程中或其他业务过程中融入并实施这些措施；

2）评价这些措施的有效性。

在策划措施时，组织必须考虑控制的层级（见8.1.2）和职业健康安全管理体系的输出。

在策划措施时，组织还应考虑最佳实践、可选技术方案以及财务、运行和经营等要求。

（一）"6.1 应对风险和机遇的措施"条文理解

1. "6.1.1 总则"条文理解

风险指不确定的影响，负面的影响常称为风险，正面的影响常称为机遇。所以，风险和机遇可以理解为一个词。风险无处不在，而我们又希望能奔向目标，不出差错。我们需要采取必要的措施，尽可能地识别、策划、控制那些风险。当机遇出现时，要能利用、抓住机遇。

建立过程，指对这些活动要进行分析研究，识别这些活动的输入和结果，分析并规定活动需要遵守的要求，有时还可能策划相应的目标，落实相关职责和权限等。

2. "6.1.2 危险源辨识及风险和机遇的评价"条文理解

（1）"6.1.2.1 危险源辨识"条文理解

GB/T 45001要求组织有一个或多个程序，用于识别、确定、评价风险，实施控制措施，特别是对重大危险源。这一条强调的是对程序的要求，不是对危险因素本身的要求。程序应能够满足确定危险因素及判断其重要程度，并在出现新问题时及时更新等要求。在此基础上，采用策划、实施、检查、改进（PDCA）的运行模式开展管理活动。图2-1说明了危险源辨识和职业健康安全风险评价的过程。

① 危险源辨识的内容及步骤：

在任何工作场所都会有可能导致伤害或健康损害的根源（如：运动的机械；辐射或能源）、状态（如：工作在高处）或行为（如：手举重物），或它们的组合。危险源辨识要识别组织活动产生的所有的根源、状态和行为。

两类危险源：第一种类型危险源，可能发生意外释放的能量（能源或能量载体）或危险物质或能量，如：机械能、热能、电能、化学能、辐射能、生物能等。

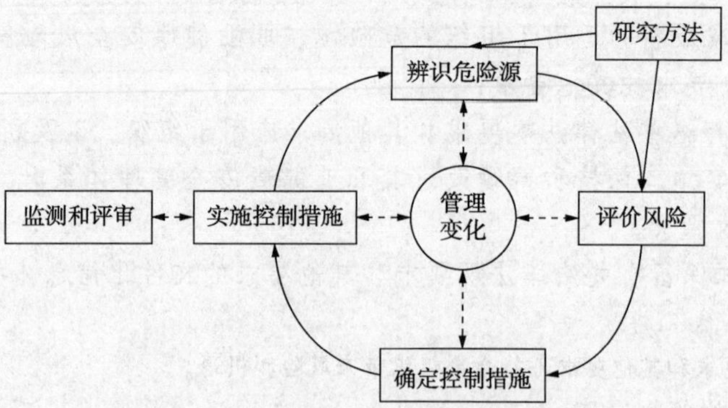

图 2-1　危险源辨识、风险评价的过程

第二种类型危险源，可能导致能量或危险物质约束或限制措施破坏或失控的各种危险源，包括物的障碍，人的失误和其他职业健康安全危害危险源。

危险源产生原因：

a. 存在第一类危险源：

- 存在能量；
- 存在有害物质。

b. 存在第二类危险源：

- 失控；
- 系统发生故障；
- 人员失误(决策失误，过负荷，人机学方面)；
- 管理缺陷；
- 环境因素。

一起事故是两类危险源共同作用的结果，第一类危险源为前提，第二类危险源为条件。

② 危险源分类：

按《生产过程危险和有害因素分类与代码》(GB/T 13861—2009)导致事故、危害的危险因素分类：

a. 人的因素；

b. 物的因素；

c. 环境的因素；

d. 管理的因素；

参照 GB 6441—1986《企业伤亡事故分类》综合起因物，引起事故的先发的诱导性原因、致害物伤害方式将危险源分为 20 类：

物体打击；车辆伤害；机械伤害；起重伤害；触电；淹溺；灼烫；火灾；高处坠落；坍塌；冒顶片帮；透水；放炮；瓦斯爆炸；火药爆炸；锅炉爆炸；化学性爆炸；物理性爆炸；中毒和窒息；其他伤害。

③ 在危险源辨识过程中，下列信息源或输入需要考虑：

a. 职业健康安全法律法规和其他要求，例如，规定危险源如何辨识的法规；

b. 职业健康安全方针；

c. 监测数据；

d. 职业暴露和健康评价；

e. 事件记录；

f. 以前的审核、评价或评审报告；

g. 员工和其他相关方的输入信息；

h. 其他管理体系的信息(例如，质量管理体系或环境管理体系)；

i. 员工的职业健康安全协商信息；

j. 工作场所的过程评审和改进活动；

k. 类似组织好的实践和典型危险源的信息；

l. 类似组织已发生的事件报告；

m. 组织设施、过程和活动的信息。

④ 危险源辨识途径：

a. 例行活动：生产、开停机、例行检修活动。

b. 非例行活动：开停机、例行检修期间异常情况，临时抢修、毒物泄漏、火灾、台风、洪水等情况。

c. 所有进入作业场所人员的活动：包括员工、合同方、访问者等。

d. 作业场所内的设施：建筑物、装置、设备、车辆及租赁设施。

e. 组织的活动、设施和过程的信息，包括：

- 厂房建筑、平面布置图；
- 工艺过程流程；
- 劳动组织和制度、工作环境；
- 健康安全法规及标准要求；
- 执法机构的监察和监视数据；
- 工作场所职业健康安全控制现状；
- 危险场所、有毒有害部位、特种工、设施、材料；
- 事故应急抢救设施和辅助生产、生活卫生设施。

⑤ 危险源识别方法：

询问、交谈；现场观察；查阅有关记录；获取外部信息；安全检查表；工作任务分析；危险与可操作性研究(HAZOP)；故障树分析(FTA)；事件树分析(ETA)。

⑥ 危险源辨识的注意事项：

a. 危险、危害危险源的分布；

b. 危险、危害的伤害方式、途径；

c. 不遗漏重大危险、危害危险源。

(2)“6.1.2.2 职业健康安全风险和职业健康安全管理体系的其他风险的评价”条文理解

风险是危险事件或有害暴露的发生可能性与由危险事件或有害暴露造成的伤害或健康损害严重性的组合，即：

风险=可能性×后果

风险评价是评估风险大小以及确定风险是否可容许的全过程。

风险评价的目的是对危险源带来的风险进行分级，从而确定不同的风险控制措施

可接受风险是根据组织的法律义务和职业健康安全方针，已降至组织可容许程度的风险。

① 风险评价方法

组织针对不同的区域或活动可使用不同的风险评价方法。在寻求伤害的可能性时，应考虑现行控制措施的充分性。风险评价要足以明细，以确定适当的控制措施。以下列举些常见的评价方法：

LEC 法；矩阵方法；安全检查表；预先危险分析（PHA）；故障类型及影响分析（FMEA）；危险可操作性研究（HAZOP）；事故树分析（ETA）；事件树分析（FTA）；风险概率评价法（PRA）；头脑风暴法等。

安全检查表：为系统地辨识和诊断某一系统的安全状况而事先拟好的问题清单。

危险与可操作性研究（HAZOP）：是应用正规系统标准的检查方法检查工艺过程和设备工程的意图，以评价工艺和设备个别项目的误操作或故障的潜在危险和其对整个设备的影响后果。

事件树分析（ETA）：是一种从原因到结果的过程分析，最早用于分析系统的可靠性。

故障树分析（FTA）：是一种根据系统可能发生的事故或已经发生的事故结果，去寻找与该事故发生有关的原因、条件和规律，同时可以辨识出系统中可能导致事故发生的危险源。

② 风险评价考虑的其他因素

一些组织对若干现场或场所的典型活动进行了一般性的风险评价。此一般性的评价可作为开展进一步针对性评价的起点，但需要修改以适用于特定情况。这种评价方法能够提高风险评价过程的速度和效率，以及相似作业风险评价的一致性。

当组织的风险评价方法使用描述类别来评价伤害的严重性和可能性时，类别要清楚地予以界定。例如，需要“可能”和“不可能”术语的清晰定义，以确保不同人员对其理解的一致性。

组织应考虑敏感人群（如，怀孕员工）和易受伤群体（如，没有经验的员工）的风险，以及在进行特殊作业的人员的特殊敏感性（如，一个阅读指令的色盲的人员的能力）。组织应评估风险评价如何考虑可能暴露于特定危险源的员工数目。可能导致大规模人员伤害的危险源，即使是导致事故的可能性较低，也要特别细心地加以考虑。

③ 确定风险等级

直接法：违反法规和其他要求、相关方强烈投诉、受到主管部门警告等直接判为重大风险。

系统安全分析方法：就是利用系统安全工程的评价方法来确定风险等级，例如 LEC 风险评价法。

LEC 法定量计算每一种危险源所带来的风险可采用下列方法（表 2-1~表 2-4）：

$$D=LEC \tag{2-1}$$

式中 D——险值；

L——发生事故的可能性大小；

E——暴露与危险职业健康安全的频繁程度；

C——发生事故产生的后果。

表 2-1　事故发生可能性大小

分数值	事故发生的可能性	分数值	事故发生的可能性
10	完全可以预料相当可能	0.5	很不可能，可以设想
6	相当可能	0.2	极不可能
3	可能，但不经常	0.1	实际不可能
1	可能性小，完全意外		

表 2-2　暴露于危险职业健康安全的频繁程度

分数值	频繁程度	分数值	频繁程度
10	连续暴露	2	每月一次暴露
6	每天工作时间内暴露	1	每年几次暴露
3	每周一次，或偶然暴露	0.5	非常罕见地暴露

表 2-3　发生事故产生的后果

分数值	后　果	分数值	后　果
100	大灾难，许多人死亡	7	严重，重伤
40	灾难，数人死亡	3	重大，致残
15	非常严重，一人死亡	1	引人注目，不利于基本的安全卫生要求

表 2-4　风险等级划分

D 值	危险程度	D 值	危险程度
>320	极其危险，不能继续作业	20~70	一般危险，需要注意
160~320	高度危险，需立即整改	<20	稍有危险，可以接受
70~160	显著危险，需整改		

(3)“6.1.2.3 职业健康安全机遇和职业健康安全管理体系的其他机遇的评价”条文理解

增强职业健康安全机遇和其他机遇的识别能力，可以建立风险和机遇的应对措施，明确包括风险应对措施风险规避、风险降低和风险接受在内的操作要求，并为在质量环境管理体系中纳入和应用这些措施及评价这些措施的有效性提供操作指导。

3.“6.1.3 法律法规要求和其他要求的确定”条文理解

对职业健康安全法律法规及其他要求的遵守是组织职业健康安全方针中必须予以承诺的，也是对组织建立职业健康安全管理体系的基本要求，是持续改进的基础。

职业健康安全法律法规体系庞大、复杂，且包含的内容繁多，组织要认识和了解其活动受到哪些法律、法规和其他要求的影响。又因为法律法规是随着时间不断更新变化的，所以需要组织不断识别、更新、获取最新的信息。并将这方面的信息传达给全体员工和其他相关方。这里强调的也是程序的要求，强调的是组织应有获得这些要求的程序，而不是法律、法规本身。上述要求应在程序指导下进行。

在我国职业健康安全法律法规的表现形式有：

- 法律；
- 行政法规；
- 地方法律法规和部委规章；

- 国家签署的国际劳动公约；
- 我国颁布的职业健康安全强制性标准。

此外，还有组织依照需求签署的法律法规之外的其他要求，如：

- 契约；
- 与雇员的协议；
- 与相关方的协议；
- 与卫生官方机构的协议；
- 非法规性指南；
- 志愿性原则，最佳惯例或操作规则、许可；
- 组织或其上级组织的公开承诺；
- 公司的要求。

组织不仅应获取国家有关法律和法规的要求，也要联系获取地方职业健康安全主管部门和地方政府最新版本的法规标准以及获取相关行业的法规。另外，当这些法规标准存在相互矛盾时，则应与安全健康主管部门、行业部门沟通，形成一致意见。

法律、法规和其他要求的获取及管理：

组织应建立并保持一个程序，以便适应当前安全意识增强、职业健康安全方面的法律、法规逐年更改的情况，从而能够确定并获取所有已经批准发布的且适用的法律、法规和其他有关的要求，这可以通过利用组织内部的掌握和外部的资源来实现，如：

- 网络；
- 图书馆；
- 协会；
- 立法机构；
- 法律服务机构；
- 研究机构；
- 职业健康安全顾问；
- 设备生产商；
- 材料供应商；
- 承包方；
- 顾客。

组织的程序需要确定应接收法律法规和其他要求信息的对象，并及时将最新信息传达给相关人员和相关方。可通过以下方式传达法律法规和其他要求：

- 网络；
- 文件、信函；
- 培训；
- 会议；
- 答卷；
- 板报；
- 刊物；
- 影视宣传片。

4.“6.1.4 措施的策划”条文理解

组织在完成风险评价和考虑现存控制措施之后，能够确定现存控制措施是否充分或需要改进、或是否需求新的控制措施(表 2–5)。

表 2–5　风险控制策划

风险	措　施
可忽略的	不需采取且不必保留文件记录
可容许的	不需要另外的控制措施，应考虑投资效果更佳的解决方案或不增加额外成本的改进措施，需要监测来确保控制措施得以维持
中度的	应努力降低风险，但应仔细测定并限定预防成本，并应在规定时间期限内实施降低风险措施。 在中度风险与严重伤害后果相关的场合，必须进行进一步的评价，以更准确地确定伤害的可能性，以确定是否需要改进的控制措施
重大的	直至风险降低后才能开始工作。为降低风险有时必须配给大量资源。当风险涉及正在进行中的工作时，就应采取应急措施
不可容许的	只有当风险已降低时，才能开始或继续工作。如果无限的资源投入也不能降低风险，就必须禁止工作

风险控制的目的是确定将风险降至可允许程度的措施。风险控制的措施途径有：制定目标、管理方案、运行控制、应急准备与响应等。

风险控制措施例子：

消除——改变设计消除危险源。例如，引进机械提升装置，消除人工手举重物的危险源。

代替——用危害性低的材料进行替代或降低系统能量(如，降低力的强度、电流强度、压力、温度等)。

工程控制——安装通风系统、机械防护、噪声封闭等。

信号/警示和或管理控制——安全标识、危险区域标识、发光性照片标识、人行道标识、警告器/灯、报警器、安全程序、设备检查、准入控制、工作安全系统、标签和工作许可等。

个体防护设备——安全眼镜、听力保护器具、面部防护器具、安全服、绳、口罩、手套。

(1) 确定风险控制措施的考虑因素

- 综合的控制措施(如，工程加管理措施)；
- 对特定的危险源的控制形成好的惯例；
- 针对个人安排适合的工作(如，考虑个人的脑力和体力)；
- 利用技术进步改进控制措施；
- 使用保护每个人的措施(如，优先选择工程措施保护接近危险源的每个人，而不是个人防护用品)；
- 人员行为和特定的控制措施是否被采纳和有效实施；
- 典型基本的人员失误(如，反复动作的简单失误、记忆和注意力的失误、缺乏理解或判断错误、违反规则和程序)和防止失误的方法；
- 有计划的维护需求，例如，机械防护装置的维护；
- 如果风险控制措施失效，对紧急和意外情况安排的需求；
- 非组织聘用人员，如访问者和承包方人员，对工作场所和现有控制措施可能缺乏熟知。

(2) 将结果记录和形成文件

组织应将危险源辨识、风险评价和确定控制措施的结果形成文件和予以保存。下列类型的信息应予以记录：

- 危险源辨识；
- 与危险源相关的风险和风险程度；
- 为控制风险所确定的控制措施；
- 为实施控制措施所确定的人员能力要求。

当已存在的或策划的控制措施用于评价职业健康安全风险时，这些措施应清晰地形成文件，以使在后续对风险评价过程进行评审时，风险评价的依据是清晰的。

监测和控制风险的措施的描述可以包含在运行控制措施程序中。能力要求的确定可包含在培训程序中。

(3) 风险控制措施计划评审

应在实施前进行，应针对下列内容进行评审：

① 计划的控制措施是否使风险降低到可容许的水平；

② 是否产生新的危险源；

③ 是否已选定了投资效果最佳的解决方案；

④ 受影响的人员参与评价计划的预防措施的必要性和可行性；

⑤ 计划的控制措施是否会被应用于实际工作中。

(4) 定期评审和修订风险控制措施

风险控制措施应定期被评审，特别是发生以下变化时：

① 厂房和设备、材料；

② 人员、活动或过程；

③ 劳动者的职业健康安全状况；

④ 风险评价的结果与其他条款关系。

(二)"6.1 应对风险和机遇的措施"审核要点

① 组织的活动中主要的危险因素是什么，是否已列出重大危险源清单；

② 组织识别危险因素的程序是否正确，能否满足和适应现场生产需要；

③ 组织的活动、产品和服务是否产生某些重大风险，及进行风险分级；

④ 组织是否具备新项目 OHSMS 预评价的程序；

⑤ 组织的现场是否有特殊的 OHSMS 要求；

⑥ 组织危险辨识程序是否考虑了供应商和合同方的影响；

⑦ 活动、产品、服务等任何更改或补充，致危险因素的变化和影响；

⑧ 是否依风险评价结果，制定了风险控制措施(包括技能和培训)计划；

⑨ 如何依其影响、可能性、严重度和频次的情况来评价什么是重大危险因素；

⑩ 如何监测危害辨识、评价、控制，保证实施的有效性和及时性。

法律法规和其他要求审核要点：

① 组织如何获取和确定相关的 OHSMS 法律、法规和其他要求；

② 组织是否建立并保持和获取适用的法律、法规和其他要求的程序；

③ 组织采取何种方法定期跟踪法律、法规和其他要求的变化；

④ 组织如何向员工和相关方传达有关法律、法规和其他要求的信息；

⑤ 组织是否建立了适合自己特点的法律、法规和其他要求的清单。

二、职业健康安全目标及其实现的策划

6.2　职业健康安全目标及其实现的策划

6.2.1　职业健康安全目标

组织应在相关职能和层次上制定职业健康安全目标，以保持和持续改进职业健康安全管理体系和职业健康安全绩效(见10.3)。

职业健康安全目标应：

a）与职业健康安全方针一致；

b）可测量(可行时)，或能够进行绩效评价；

c）必须考虑：

1）适用的要求；

2）风险和机遇的评价结果(见6.1.2.2和6.1.2.3)；

3）与工作人员及其代表(若有)协商(见5.4)的结果；

d）得到监视；

e）予以沟通；

f）在适当时予以更新。

6.2.2　实现职业健康安全目标的策划

在策划如何实现职业健康安全目标时，组织应确定：

a）要做什么；

b）需要什么资源；

c）由谁负责；

d）何时完成；

e）如何评价结果，包括用于监视的参数；

f）如何将实现职业健康安全目标的措施融入其业务过程。

组织应保持和保留职业健康安全目标和实现职业健康安全目标的策划的文件化信息。

(一)"6.2.1 职业健康安全目标及其实现的策划"条文理解

建立目标是职业健康安全管理体系策划整体所需的一部分，组织建立OHSMS的重要目的是使自己的职业健康安全管理水平得到整体改善。标准要求做到持续改进，而持续改进可见证性的数据就是反映在每年不断更新的目标和指标上，它直接反映组织职业健康安全管理体系整体水平的改善状况。

组织应该建立目标来实现职业健康安全方针中做出的承诺，包括防止伤害和健康损害的承诺。建立目标应考虑的因素有：

- 已经识别出来的法律法规和其他要求；
- 组织的职业健康安全风险；
- 可选技术方案、财务、运行和经营要求；
- 组织整体的经营方针和目标；
- 危险源辨识、风险评价和现有控制措施的结果；
- 职业健康安全管理体系有效性评价(如外部审核)；
- 员工的观点(如员工的感觉或满意调查)；

- 有关雇员的职业健康安全协商、评审和工作场所的改进活动的信息(这些活动在性质上可以是主动的也可以是被动的);
- 针对以前建立的职业健康安全目标的绩效分析;
- 职业健康安全不符合和事件的记录;
- 管理评审的结果;
- 资源的需求和提供。

1. 职业健康安全目标的量化要求

组织的职业健康安全目标是职业健康安全方针的具体体现，而要实现这些目标，需要指定具体的指标。

标准要求在建立职业健康安全管理体系时，凡属可行目标要具体、可测量、可实现、相关、时限(Specific，Measurable，Achievable，Relevant，Timely；SMART)的目标能够使目标实现的进展被组织很容易地测量。在制定目标、指标时，应考虑设置可测量的参数，为职业健康安全管理和体系运行提供信息。

目标、指标是根据组织方针和考虑其规模、经济、技术等情况制定的，并且要体现出危害识别与风险评价和风险控制的连续性。另外，标准要求目标、指标是有层次的，是一个逐渐细化、分解的过程。目标要符合国家职业健康安全规划的要求、安全技术政策的要求。指标的制定要体现先进性、可操作性、可调整性和量化的要求。

组织应注重目标、指标的经济技术可行性，一个组织不能为通过认证而制定出不可行、不合理的、空洞的目标。否则，目标和指标不能完成，也有可能成为认证不通过的原因。

职业健康安全目标的类型包括：风险级别的减低；工伤事故和职业病事件的减少等。

标准中明确指出组织在制定目标和指标时要包括对持续改进的承诺。

目标的例子可包括：

- 提高或降低职业健康安全相关问题的数量(如，降低手工操作事故 20%)；
- 引入控制措施或消除危险源(如，降低车间的噪声)；
- 在特定产品中引入无害物质;
- 提高员工职业健康安全方面的满意度(如，减低工作压力)；
- 降低有害物质、设备或工艺过程的暴露(如，引入准入控制措施或防护措施)；
- 提高安全完成工作任务的意识或能力;
- 在法规颁布前满足其要求。

2. 职业健康安全目标的分解

目标、指标是具体的、有层次的，实现这些目标、指标的责任也是有层次的，要细化分解，并落实到各个职能部门。依据组织的规模、职业健康安全目标的复杂程度和时间要求，职业健康安全目标可分解为不同的任务对象。在不同层面的任务与职业健康安全目标之间应有清晰的衔接。

具体的职业健康安全目标在组织内可由不同职能建立在不同层次上。适合于组织整体的某些目标需要由最高管理者来建立，其他职业健康安全目标可以由或为相关的每个部门或职能建立。并非所有的职能和部门都要求有具体的目标。

(二)“6.2 职业健康安全目标及其实现的策划”审核要点

1. “6.2.1 职业健康安全目标”审核要点

① 目标和指标如何体现职业健康安全方针，是否考虑了与组织活动相关的重大危险因素；

② 制定的目标和指标是否层层分解，负有责任的员工是怎样将职责纳入实施活动的；

③ 相关方的观点在制定目标和指标时是如何考虑的；

④ 所有的目标和指标是否设置了具体的可测量的参数；

⑤ 如何评审和修订目标和指标，以反映组织所期望的职业健康状况的改进管理。

2. “6.2.2 实现职业健康安全目标的策划”审核要点

（1）实现的策划

实现的策划即方案，目标和指标的实现方法和时间表，是方案具体的实施计划。组织应通过制定职业健康安全管理方案，努力实现其职业健康方针和目标。这要求制定风险控制对策和行动计划，并应形成文件。应对实现目标的进度进行监测、评审和记录，并进行对策和计划的更新或改进。

管理方案包含两个方面的含义：①规定职责；②实现目标的方法和时间表。

其中包括：职责落实、资源配置落实、技术措施落实、完成的具体时间。

职业健康安全管理方案通常应包括：

① 总计划和目标；

② 各级管理部门的职责和指标的要求；

③ 满足危害辨识、风险评价、控制和法律、法规要求的实施方案；

④ 详细的行动计划、时间表及方法；

⑤ 方案形成过程的评审和方案执行中的控制；

⑥ 项目文件的记录方法。

职业健康安全管理方案要具体，有完成时间、具体负责人、如何完成、所需费用的分析及批准情况等，以保证方案实施的有效性。

（2）策划的编制和评审

职业健康安全管理方案是管理体系成功实施的关键要素，也是实现职业健康方针的关键。具体编制时可按风险级别序号或优化的目标序号，说明现状、目标、指标、措施、责任单位、责任人、支持条件(人、财、物)、启动日期、完成时间。

管理方案需要定期和按计划间隔进行评审，必要时对方案进行调整或修订。对方案的评审可作为管理评审的一部分，也可增加频次。职业健康安全管理方案有助于改进职业健康状况，方案应是动态的，定期予以修订，以反映目标和指标的变化情况。组织应：

① 组织是否有一个明确的实现 OHSMS 目标和指标的 OHSMS 管理方案；

② 组织制定其职业健康安全管理方案的依据是什么；

③ OHSMS 管理方案是否对有关责任人员、部门任务和职责有明确的界定；

④ 职业健康安全管理方案安排过程是否涉及所有的责任方；

⑤ 职业健康安全管理方案是否已阐述了资源、职责、时间安排和优先次序；

⑥ 职业健康安全管理方案是否适应方针和总体计划活动；

⑦ 对职业健康安全管理方案是否有定期的评审和修订制度。

第五节　支　　持

《职业健康安全管理体系 要求及使用指南》(GB/T 45001—2020)条款中“7 支持”要素包括 5 个二级要素：“7.1 资源”“7.2 能力”“7.3 意识”“7.4 沟通”“7.5 文件化信息”。

一、资源

7.1 资源

组织应确定并提供建立、实施、保持和持续改进职业健康安全管理体系所需的资源。

建立、实施和保持职业健康安全管理体系需要必备的资源，最高管理者应确保提供实施于保持职业健康安全管理体系所需的必备资源。在确定建立、实施和保持职业健康安全管理体系所需的资源时，组织要考虑：

- 财力、人力和组织运行的其他资源；
- 组织运行的技术；
- 基础设施和设备；
- 信息系统；
- 技能和培训需求。

要对资源和它的配置进行定期的评审。通过管理评审确保为实施职业健康安全方案和活动，包括绩效测量和监测，提供充分的资源。对于已建立职业健康安全管理体系的组织，至少可部分通过职业健康安全目标的计划进展与实际结果的比较，对资源的充分性进行评价。在评价资源的充分性时，也应对计划的变化或新的项目和运行加以考虑。

二、能力

7.2 能力

组织应：

a）确定影响或可能影响其职业健康安全绩效的工作人员所必需具备的能力；

b）基于适当的教育、培训或经历，确保工作人员具备胜任工作的能力(包括具备辨识危险源的能力)；

c）在适用时，采取措施以获得和保持所必需的能力，并评价所采取措施的有效性；

d）保留适当的文件化信息作为能力证据。

注：适用措施可包括：向现有所雇人员提供培训、指导或重新分配工作；外聘或将工作承包给能胜任工作的人员等。

组织在确定哪些活动或工作可能影响职业健康安全产生时，应该考虑：

- 组织风险评价已经确定的、造成工作场所内职业健康安全风险的因素；
- 意在控制职业健康安全风险的措施；
- 实施职业健康安全管理体系所针对的方面。

管理者应该确定每项工作的能力要求，在界定能力要求时组织可寻求外部的咨询。

组织要确保所有的人员，包括最高管理者，在允许他们开展能够影响职业健康安全的工作之前，具备相应的能力。

组织应该确定和评价开展工作需要的能力和个人具有完成工作所要求的能力的差异。考虑到个人现有的能力，这些差异宜通过培训或其他措施，如附加的教育和技能拓展等来消除。

三、意识

> **7.3 意识**
>
> 工作人员应意识到：
>
> a）职业健康安全方针和职业健康安全目标；
>
> b）其对职业健康安全管理体系有效性的贡献作用，包括提升职业健康安全绩效的益处；
>
> c）不符合职业健康安全管理体系要求的影响和潜在后果；
>
> d）与其相关的事件和调查结果；
>
> e）与其相关的危险源、职业健康安全风险和所确定的措施；
>
> f）从其所认为的存在急迫且严重危及其生命或健康的工作状况中逃离的能力，以及为保护其免遭由此而产生的不当后果所做出的安排。

（一）“7.3 意识”条文理解

我国的工伤事故85%以上是由于人的因素和管理问题引起的。职业健康安全管理体系的建立和维护过程，就是一个提高全体员工安全意识的过程，只有在全体员工的共同参与和支持下，才能保证管理体系的良好运行。为使在组织控制下工作的人员安全地工作和开展活动，组织应使这些人员有效地掌握：

- 应急程序；
- 他们的与职业健康安全风险相关的活动和行为的后果；
- 改进职业健康安全绩效的效益；
- 偏离规定程序的潜在后果；
- 符合职业健康安全方针和程序的必要性；
- 任何可能影响职业健康安全的其他方面。

意识要求说明书和程序应考虑职业健康安全风险和个人能力，如文化和语言能力。

意识要求说明书应按照其接触的风险程度，提供给承包方、临时工和访问者等。

组织可采取以下措施来提高人员的能力和意识：

广告式：包括安全广告、标语、宣传画、标志、展览、板报等。它们以精练的语言，醒目的方式，在醒目的地方展示，提醒人们注意安全和怎样才能安全。

演讲式：包括教学、讲座、经验介绍、现身说法、演讲比赛等。这种形式可以是系统教学，也可以专题论证、讨论。

会议讨论式：包括事故现场分析会、班前班后会、专题研讨会等。

竞赛式：包括口头、笔头知识竞赛，安全知识技能竞赛，以及其他各种安全活动评比等。

声像式：主要有安全宣传广播、电影、电视、录像等。

文艺演出式：它是以安全为题材编写和演出的相声、小品、话剧等文艺演出的形式。

学校正规教学：利用国家或企业办的大学、中专、技校，开办职业健康安全课程。

（二）“7.3 意识”审核要点

① 组织是否建立和保持员工培训程序；

② 组织的 OHSMS 管理者代表是否具有必要的 OHSMS 知识和技能；

③ 组织中可能产生重大风险的岗位有哪些，这些岗位的人员是否都经过培训，培训记录是否妥善保存；

④ 如何确定组织中各层次人员的安全培训需求，员工对安全重要性的理解、接受和认识程度如何；

⑤ 是否根据需要对培训计划进行了制定、评审和修改；

⑥ 培训活动和效果是否进行了跟踪检查和记录；

⑦ 组织的各层管理者是否具备必要的 OHSMS 知识和技能；

⑧ 是否明确特殊工种的培训，是否有上岗操作证和资格考核记录；

⑨ 如何对相关方、临时工实施必要的培训。

四、沟通

7.4 沟通

7.4.1 总则

组织应建立、实施并保持与职业健康安全管理体系有关的内外部沟通所需的过程，包括确定：

a）沟通什么；

b）何时沟通；

c）与谁沟通：

1）与组织内不同层次和职能；

2）与进入工作场所的承包方和访问者；

3）与其他相关方；

d）如何沟通。

在考虑沟通需求时，组织必须考虑到各种差异（如性别、语言、文化、读写能力、残障）。

在建立沟通过程中，组织应确保外部相关方的观点被考虑。

在建立沟通过程时，组织：

——必须考虑其法律法规要求和其他要求；

——应确保所沟通的职业健康安全信息与职业健康安全管理体系内所形成的信息一致且可靠。

组织应对有关其职业健康安全管理体系的沟通做出响应。

适当时，组织应保留文件化信息作为其沟通的证据。

7.4.2 内部沟通

组织应：

a）就职业健康安全管理体系的相关信息在其不同层次和职能之间进行内部沟通，适当时还包括职业健康安全管理体系的变更；

b）确保其沟通过程能够使工作人员为持续改进做出贡献。

7.4.3 外部沟通

组织应按其所建立的沟通过程就职业健康安全管理体系的相关信息进行外部沟通，并必须考虑法律法规要求和其他要求。

组织应通过协商和交流，鼓励所有员工参与 OHSMS 管理，实现 OHSMS 方针和目标。沟通包括两方面的含义：一是内部各部门、各层次间的协商与交流；二是与外部的协商与交流。组织应建立用于组织不同职能和层次间的内部沟通和与相关方外部沟通的程序。

(1) 内部沟通

内部协商与交流体现在各层次、部门之间的协作上，如技术部门与生产部门的合作，保证危险因素不仅得到良好控制，而且技术经济指标也在不断地改进。

又如 OHSMS 管理者代表并不对各部门直接负责，但对组织的 OHSMS 事务进行全面的管理，这就要求各部门向管理者代表上报有关事宜。内部信息的迅速交流是明确 OHSMS 责任的另一重要内容，任何信息的停滞和不畅都会造成体系运行的失败。

内部沟通应包括如下信息：

- 与管理者对职业健康安全管理体系的承诺相关的信息(如，为改进职业健康安全绩效所采取的方案和承诺的资源)；
- 涉及危险源辨识和风险评价的信息(如，过程流量、材料使用、设备规范和工作实践状况)；
- 关于职业健康安全目标和持续改进活动的信息；
- 与事件调查相关的信息(如，发生的事件类型、导致事件发生的因素、事件调查的结果)；
- 关于消除职业健康安全危险源和风险程度的信息(如，表明已经完成和正在开展的项目进展的状况报告)；
- 关于可能影响职业健康安全管理体系的变化的信息。

(2) 外部沟通

外部沟通是标准特别强调的，即要重视相关方的要求。随着安全意识的提高，OHSMS 问题引起人们越来越多的关注，有关 OHSMS 事件的投诉增多，OHSMS 形象已成为市场竞争的必要条件。如何对待这些问题，反映出一个组织对 OHSMS 的总体态度。外部信息的交流包含了对所有事故、事件、OHSMS 意见的处理及反馈。另外，外部交流也是确定危险因素和评价其重要性的手段之一，被相关方所重视的 OHSMS 问题应予以优先的考虑。

在制定与承包方沟通的程序时，除了现场开展活动的具体职业健康安全要求外，下列事项也可能与组织相关：

- 关于承包方的职业健康安全管理体系信息(如，针对相关的职业健康安全危险源已建立的方针和程序)；
- 影响沟通的方法和范围的法律法规或规章要求；
- 以前的职业健康安全经历(如，职业健康安全绩效数据记录)；
- 在工作现场多个承包方的存在；
- 为完成职业健康安全活动(如，职业暴露监测、设备检查)配备人员；
- 应急响应；
- 在工作现场承包方与组织及其他承包方的职业健康安全方针和惯例结合的需求；
- 对于高风险的任务，附加协商和合同规定的需求；
- 评价约定的职业健康安全绩效准则的符合性的需求；
- 事件调查过程，不符合和纠正措施的报告；
- 每日信息沟通的安排。

对于访问者(包括交付人员、顾客、公众成员、服务提供者等)，沟通可以包括警告标志、安全屏障、口头和书面沟通。应沟通的信息包括：

- 与他们访问相关的职业健康安全要求；
- 疏散程序和报警的响应；
- 交通控制措施；
- 进入的控制措施和陪同的要求；
- 需要穿戴的个体防护设备(如，安全眼镜)。

信息交流是双向的，无论是内部还是外部沟通都应有相应的程序，并有相应的记录反映出交流的效果与成绩。交流的方式包括报纸、广告、宣传单、会议、意见箱等多种方式。管理体系的监测、审核和管理评审的结果，应传达给全体员工并对内部成员和其他相关方提供信息，这可有效激发员工的热情，并使其为改进 OHSMS 状况而付出的努力被公众更进一步理解和认可。

五、文件化信息

7.5 文件化信息

7.5.1 总则

组织的职业健康安全管理体系应包括：

a) 本标准要求的文件化信息；

b) 组织确定的实现职业健康安全管理体系有效性所必需的文件化信息。

注：对于不同组织而言，其职业健康安全管理体系的文件化信息的程度可能因以下方面存在差异而不同：

——组织的规模及其活动、过程、产品和服务的类型；

——证实满足法律法规要求和其他要求的需要；

——过程的复杂性及其相互作用；

——工作人员的能力。

7.5.2 创建和更新

创建和更新文件化信息时，组织应确保适当的：

a) 标识和说明(如标题、日期、作者或文件编号)；

b) 形式(如语言文字、软件版本、图表)与载体(如纸质载体、电子载体)；

c) 评审和批准，以确保适宜性和充分性。

7.5.3 文件化信息的控制

职业健康安全管理体系和本标准所要求的文件化信息应予以控制，以确保：

a) 在需要的场所和时间均可获得并适用；

b) 得到充分的保护(如防止失密、不当使用或完整性受损)。

适用时，组织应针对下列活动来控制文件化信息：

——分发、访问、检索和使用；

——存储和保护，包括保持易读性；

——变更控制(如版本控制)；

——保留和处置。

组织应识别其所确定的、策划和运行职业健康安全管理体系所必需的、来自外部的文件化信息，适当时应对其予以控制。

注1："访问"可能指仅允许查阅文件化信息的决定，或可能指允许并授权查阅和更改文件化信息的决定。

注2："访问"相关文件化信息包括工作人员及其代表(若有)的"访问"。

(一)"7.5 文件化信息"条文理解

1."7.5.1 总则"条文理解

组织实施职业健康安全管理，文件的作用是不容忽视的，将管理要求形成文件有利于沟通和操作，使所要求的活动更易于实施、检查、落实。组织应当建立并保持文件以确保对职业健康安全管理体系的理解和有效实施。形成文件的目的是为员工和其他相关方提供所需的信息。文件的收集和保持应当能体现组织文化及其需求，将其建立在现有的信息系统的基础上，并使后者得到改进。文件的详略程度可因组织的情况而异，但对职业健康安全管理体系的描述是必要的。

组织应将足量的文本形成文件并保持是最新的，以确保能够使职业健康安全管理体系得到充分理解和有效地运行。

职业健康安全管理体系文件是一个涉及组织全范围的要素。职业健康安全管理体系标准关于管理体系文件的表达中，没有强求将其形成专门手册的形式，也没有苛求将体系文件分成三个层次，但依据 ISO 9000 的成功经验，在具体实施中，为便于运作并具有可操作性，建议把职业健康安全管理体系文件也分成三个层次，即管理手册、程序文件和作业文件。

① 管理手册应阐述 OHSMS 方针、目标和管理方案，管理体系核心要素，管理体系有关的组织机构、职责和权限以及手册的评审、修改和控制等规定。

② 程序文件是指为完成体系要求的 OHSMS 活动所规定方法的程序描述文件。组织应建立与职业健康安全管理体系要求和自己 OHSMS 方针描述相一致的有关文件，它是职业健康安全管理体系手册的支持性文件，应具有可操作性和可检查性，程序文件是职业健康安全管理体系实施中的内部法规性文件。

③ 作业文件可包括表格、报告、作业指导书、危险因素清单、法律法规文件与程序、手册一起共同组成一套有机结合、接口紧密、互相支持、整体统一的职业健康安全管理体系文件。

2."7.5.2 创建和更新"条文理解

制定和建立文件时应对职业健康安全管理体系的文件需求进行评审，应考虑：

① 员工的安全知识和技能；

② 文件的价值；

③ 审核的需要；

④ 若某一过程或活动会因没有文件而导致事故或不符合发生则必须制定文件。

对于不同的组织，职业健康安全管理体系文件的规模可能由于以下方面的差别而各不相同：

- 组织及其活动、产品或服务的规模和类型；
- 过程及其相互作用的复杂程度；
- 人员的能力。

3.“7.5.3 文件化信息的控制”条文理解

所有对职业健康安全管理体系运行和OSH活动重要的文件和资料均应予以管理和控制，对职业健康安全管理体系文件的管理，如文件的标识、分类、归档、保存更新、处置等，是文件控制的主要内容，关键要做好如下方面的工作：

（1）发放

按相应的组织、部门、职能、活动或联系人来标识文件；并在发布前由授权人员审批。

（2）修订

必要时对文件(不包括记录)进行评审和修订，并重新审批；确保对文件的更改和现行修订状态做出标识。

（3）有效、失效文件控制

对有效发挥体系功能起重要作用的运行场所都得到相应文件的现行版本；及时从所有发放和使用场所撤回失效的文件。在某些情况下，如出于法律和(或)保留知识的目的，失效的文件可以保留。

文件可以通过以下过程有效控制：

- 规定适用的文件格式，其中包括统一的标题和编号方式、日期、修订版次和历史有关权限等内容；
- 指定具有足够技术能力和职权的人员评审和签署文件；
- 保持一个有效的文件发放系统。

关于实施结果或活动证据的记录也属于文件，但通常以不同的管理过程予以控制。

文件的管理可采用各种实用的、清晰的、易于理解并可获得的媒介(如，纸张、电子、照片、张贴物等)。保持电子版文件可能有多种好处，例如便于网络传输和更新、易于控制其存取，以及确保使用文件的有效版本。

另一方面，职业健康安全管理体系侧重对体系的运行和危险因素的有效控制，而不是建立过于烦琐的文件控制系统，在建立体系和运行体系中要注重实效。

(二)“7.5 文件化信息”审核要点

（1）文件化信息

① 组织是否有文件化的职业健康安全管理体系和文件清单；

② 组织职业健康安全管理体系程序是否确定、形成文件、传达并予以实施；

③ 组织是否有建立和保持管理体系文件的程序；

④ 职业健康安全管理体系文件是否与现行管理文件相结合；

⑤ 员工如何获取与其工作相关的职业健康安全管理体系文件；

⑥ 组织的关键活动和作业是否有安全控制程序；

⑦ 组织各层次文件接口是否良好，是否相互支撑，文件的一致性如何。

（2）文件化信息的控制

① 是否建立和保持了文件和资料控制程序；

② 各部门使用的文件是否受控，关键岗位是否得到有关文件的现行版本；

③ 文件和资料的标识及查找方法；

④ 对文件和资料进行定期评审计划；

⑤ 文件发放的控制；

⑥ 文件修订的控制；

⑦ 失效文件的管理；

⑧ 对出于法规或保留信息的需要而留存的档案文件和资料的管理等。

第六节　运　　行

《职业健康安全管理体系 要求及使用指南》(GB/T 45001—2020)条款中“8 运行”要素包括两个二级要素：“8.1 运行策划和控制”“8.2 应急准备和响应”。

一、运行策划和控制

8.1　运行策划和控制

8.1.1　总则

为了满足职业健康安全管理体系要求和实施第6章所确定的措施，组织应策划、实施、控制和保持所需的过程，通过：

a）建立过程准则；

b）按照准则实施过程控制；

c）保持和保留必要的文件化信息，以确信过程已按策划得到实施；

d）使工作适合于工作人员。

在多雇主的工作场所，组织应与其他组织协调职业健康安全管理体系的相关部分。

8.1.2　消除危险源和降低职业健康安全风险

组织应通过采用下列控制层级，建立、实施和保持用于消除危险源和降低职业健康安全风险的过程：

a）消除危险源；

b）用危险性低的过程、操作、材料或设备替代；

c）采用工程控制和重新组织工作；

d）采用管理控制，包括培训；

e）使用适当的个体防护装备。

注：在许多国家，法律法规要求和其他要求包括了组织无偿为工作人员提供个体防护装备(PPE)的要求。

8.1.3　变更管理

组织应建立过程，用于实施和控制所策划的、影响职业健康安全绩效的临时性和永久性变更。这些变更包括：

a）新的产品、服务和过程，或对现有产品、服务和过程的变更，包括：

——工作场所的位置和周边环境；

——工作组织；

——工作条件；

——设备；

——劳动力；

b）法律法规要求和其他要求的变更；

c）有关危险源和职业健康安全风险的知识或信息的变更；

d）知识和技术的发展。

组织应评审非预期性变更的后果，必要时采取措施，以减轻任何不利影响。

注：变更可带来风险和机遇。

8.1.4　采购

8.1.4.1　总则

组织应建立、实施和保持用于控制产品和服务采购的过程，以确保采购符合其职业健康安全管理体系。

8.1.4.2　承包方

组织应与承包方协调其采购过程，以辨识由下列方面所产生的危险源并评价和控制职业健康安全风险：

a）对组织造成影响的承包方的活动和运行；

b）对承包方工作人员造成影响的组织的活动和运行；

c）对工作场所内其他相关方造成影响的承包方的活动和运行。

组织应确保承包方及其工作人员满足组织的职业健康安全管理体系要求。组织的采购过程应规定和应用选择承包方的职业健康安全准则。

注：在合同文件中包含选择承包方的职业健康安全准则是有益的。

8.1.4.3　外包

组织应确保外包的职能和过程得到控制。组织应确保其外包安排符合法律法规要求和其他要求，并与实现职业健康安全管理体系的预期结果相一致。组织应在职业健康安全管理体系内确定对这些职能和过程实施控制的类型和程度。

注：与外部供方进行协调可助于组织应对外包对其职业健康安全绩效的任何影响。

（一）"8.1 运行策划和控制"条文理解

1."8.1.1 总则"条文理解

职业健康安全运行控制的总体目标是管理职业健康安全风险以满足方针和目标的要求。在建立和实施运行控制措施时要考虑的信息包括：

- 职业健康安全方针和目标；
- 危险源辨识、风险评价、现存控制措施评价和新的措施的确定；
- 变更过程的管理；
- 内部规范(例如，用于材料、设备、设施布局的)；
- 现有运行程序的信息；
- 组织要遵守的法律法规和其他要求；
- 与采购货物、设备和服务相关的产品供应链；
- 参与和协商的反馈结果；
- 由承包方和其他外部人员完成的任务的性质和范围；
- 访问者、交付人员、服务承包方等工作场所的进入。

组织不仅要对自身的危险因素予以考虑，也要对相关方的危险因素给予关注。这就要对承包方、供方提出要求，制定程序，使他们的行动符合自己 OHSMS 方针和其他要求。即组织有责任对承包方提出 OHSMS 方面的要求，要求承包方按照自己的 OHSMS 方针和程序规定，从事作业活动。在承包方的行为出现错误时，应以合同的约定对其实行纠正、处罚、撤销合同等管理措施。

2.“8.1.2 消除危险源和降低职业健康安全风险”条文理解

(1) 风险控制原则

① 如果可能，完全消除危险源或风险，如：用安全品取代危险品；

② 如果不可能消除，应努力降低风险，如：使用低压电气；

③ 利用工程和技术进步，改善控制措施，并将技术与管理程序结合起来；

④ 采用教育培训等管理措施，通过组织手段降低或消除风险；

⑤ 在其他控制方案均已考虑过后，作为最终手段，使用个人防护用品降低风险。

(2) 建立和实施运行控制措施

对于运行区域和活动，例如，采购、研究开发、销售、服务、办公室、非现场工作、家庭工作、制造、运输和维修，为将职业健康安全风险管理至可接受程度，必要的运行控制措施应予以建立和实施。运行控制措施能够采用不同的方法，例如，物理装置(如屏障、进入控制)、程序、工作指令、警报和标识。

组织应建立运行控制措施，以消除、减少和控制可能由员工、承包方、其他外部人员、社会人员和访问者引入的职业健康安全风险。运行控制措施可能也需要考虑职业健康安全风险延伸至公共区域或由其他方面控制的区域的状况(例如，当组织的员工工作在客户现场)。

运行控制是职业健康安全管理体系实际的运作过程，也是逐步实现目标、指标的过程，其三个要素是控制、检查、不符合与纠正措施。

运行(作业)控制的内容包括：

- 作业场所危害辨识、风险评价；
- 产品和工艺设计安全；
- 作业许可制度；
- 设备维护保养；
- 安全设施与个体劳动防护用品；
- 安全标志；
- 物料搬运与储存；
- 运输安全；
- 采购控制；
- 供应商与承包商评估与控制等。

(3) 规定运行准则

组织应规定防止伤害和健康损害的必要的运行准则。运行准则应针对组织的运行和活动，并与组织的如果缺乏运行准则就会偏离职业健康安全方针和目标的风险相关。需要规定运行准则的例子有：

① 危险作业

- 使用指定的设备，及设备使用的程序和工作指令；
- 能力要求；
- 使用规定的进入过程和设备；
- 在接近作业开始前，对人员的风险评价的权限、指南、指令、程序。

② 危险化学品

- 批准的化学品清单；
- 职业暴露限制；

- 规定的存量限制；
- 规定的储存场所和条件。

③ 进入危险区域的作业

- 个体防护设备要求的说明；
- 规定的进入条件；
- 卫生和健康条件。

④ 由承包方完成的作业

- 对承包方的职业健康安全绩效准则要求；
- 对承包方人员的能力和培训要求；
- 对承包方所提供的设备的规格和检查要求。

⑤ 访问者的职业健康安全危险源

- 进入控制(出入的标识，准入限制)；
- 个体防护设备要求；
- 路线要求；
- 应急要求。

(4) 保持运行控制措施

对运行控制措施要实施定期的评审，以评价它们的持续适宜性和有效性。应建立确定需要新的控制措施和改进现存控制措施情况的程序。对现存运行措施的更改，在其实施前，应对职业健康安全危险源和风险进行评价，同时要考虑是否需要新的或改进的培训。

3. "8.1.3 变更管理"条文理解

为了确定各种变更行为的管理过程，本着事故预防的宗旨，以达到控制或降低风险的目的，同时也起到提高效率，避免重复工作和节约资金费用的目的，来确保产品的完整性和一致性。

(1) 范围

该程序适用于对设备、工艺、程序、人员或新的组织机构的所有变更，作业流程的变更、设备设施的变更，以确保不因变更给员工、社会及社区带来不能接受的风险。

(2) 变更过程管理要求

变更管理的首要目标是保证组织能以一种标准的方法和步骤，高效、快速地处理所有变更，从而将变更对服务质量和业务连续性的影响降到最低，并对变更影响、资源需求和变更批准进行控制的管理。这一方法对维持变更需求和变更影响之间的适度平衡非常重要。为了促进变更的平衡过渡，高可见性的变更管理过程和公开的沟通渠道特别重要。

4. "8.1.4 采购"条文理解

(1) "8.1.4.1 总则"条文理解

采购，是指企业在一定的条件下从供应市场获取产品或服务作为企业资源，以保证企业生产及经营活动正常开展的一项企业经营活动。是指个人或单位在一定的条件下从供应市场获取产品或服务作为自己的资源，为满足自身需要或保证生产、经营活动正常开展的一项经营活动。

在整个采购活动过程中，一方面，通过采购获取了资源，保证了企业正常生产的顺利进行，这是采购的效益；另一方面，在采购过程中，也会发生各种费用，这就是采购成本。我们要追求采购经济效益的最大化，就是不断降低采购成本，以最少的成本去获取最大的效益。而要做到这一点，关键的关键，就是要努力做到科学采购。科学采购是实现企业经济利益最大化的基本利润源泉。

（2）“8.1.4.2 承包方”条文理解

① 工程开工前生产经营单位应对承包方负责人、工程技术人员进行全面的安全技术交底，并应有完整的记录。

必要时，在承包商教育培训的基础上对承包商管理人员和工程技术人员、工人进行安全教育培训和考试，提供有关安全生产的规程、制度、要求。

② 在有危险性的生产区域内作业，有可能造成火灾、爆炸、触电、中毒、窒息、机械伤害、烫伤、坠落、溺水等事故，生产经营单位应要求承包方做好作业安全风险分析，并制订安全措施，经生产经营单位审核批准后，监督承包方实施。承包商应按有关行业安全管理法规、条例、规程的要求，在工作现场设置安全监护人员。

③ 在承包商队伍进入作业现场前，发包单位要对其进行消防安全、设备设施保护及社会治安方面的教育。所有教育培训和考试完成后，办理准入手续，凭证件出入现场。证件上应有本人近期免冠照片和姓名、承包商名称、准入的现场区域等信息

④ 生产经营单位协助做好办理开工手续等工作，承包商取得经批准的开工手续后方可开始施工。

⑤ 发包单位、承包商安全监督管理人员，应经常深入现场，检查指导安全施工，要随时对施工安全进行监督，发现有违反安全规章制度的情况，及时纠正，并按规定给予惩处。

⑥ 同一工程项目或同一施工场所有多个承包商施工的，生产经营单位应与承包商签订专门的安全管理协议或者在承包合同中约定各自的安全生产管理职责，发包单位对各承包商的安全生产工作统一协调、管理。

⑦ 承包商施工队伍严重违章作业，导致设备故障等严重影响安全生产的后果，生产经营单位可以要求承包商进行停工整顿，并有权决定终止合同。

（3）“8.1.4.3 外包”条文理解

外包是指安排外部组织执行组织的部分职能或过程。组织应确保外包的职能或过程得到控制。组织应确保其外包安排与法律法规和其他要求以及取得的职业健康安全管理体系预期结果相一致。安全体系内规定对这些职能和过程实施控制的类型和程度。《中华人民共和国安全生产法》第十三条、第四十六条提出了对外包职能或过程方面的要求。

外包过程不仅仅是统一认证行业和“贯标”组织对“外包过程”的理解需要，更是标准为适应社会经济发展的需要。随着社会经济不断发展变化，一个组织的经济运行形式，某些过程或环节，“由外部方实施”的情况，已经越来越普遍。一些公司的“供、产、销”系统，一头或两头在外（“由外部方实施”），有的只抓两头，中间生产过程“由外部方实施”，因此说，标准的这一修改，是适应社会经济形态发展，提升标准的“活力”所需。

组织应根据以下因素，确立对外包的职能或过程的控制程度：

① 外部组织满足组织职业健康安全管理体系要求的能力。

② 组织确定适当控制或评价充分性的技术能力。

③ 外包过程或职能对组织实现其职业健康安全管理体系预期结果能力的潜在影响。

④ 外包过程或职能分摊的程度。

⑤ 组织通过应用其采购过程实现所必要控制的能力。

⑥ 改进机会。

（二）"8.1 运行策划和控制"审核要点

① 是否列出了职业健康安全管理控制点；

② 在与重大危险因素有关的操作岗位和场所，是否确定和制定了文件化的安全操作程序；

③ 这些程序中是否详细规定了运行标准和应达到的规范要求；

④ 是否对在用的安全设施、设备进行正常、有效的维护保养；

⑤ 是否按照控制层级，建立、实施和保持了消除危险源和降低职业健康安全风险的控制措施；

⑥ 是否建立了变更管理程序，以实施和控制所有临时性和永久性的变更过程；

⑦ 是否建立、实施和保持了控制产品和服务采购的管理程序，以确保采购符合职业健康安全管理要求；

⑧ 是否建立、实施和保持了控制产品和服务采购的过程程序，并规定选择和使用承包方的职业健康安全准则，以确保承包方及其工作人员满足职业健康安全管理体系要求；

⑨ 是否建立、实施和保持了外包控制的过程程序，以确保外包安排符合法律法规要求和其他要求。

二、应急准备和响应

> **8.2　应急准备和响应**
>
> 为了对 6.1.2.1 中所识别的潜在紧急情况进行应急准备并做出响应，组织应建立、实施和保持所需的过程，包括：
>
> a）针对紧急情况建立所策划的响应，包括提供急救；
>
> b）为所策划的响应提供培训；
>
> c）定期测试和演练所策划的响应能力；
>
> d）评价绩效，必要时(包括在测试之后，尤其是在紧急情况发生之后)修订所策划的响应；
>
> e）与所有工作人员沟通并提供与其义务和职责有关的信息；
>
> f）与承包方、访问者、应急响应服务机构、政府部门、当地社区(适当时)沟通相关信息；
>
> g）必须考虑所有有关相关方的需求和能力，适当时确保其参与制定所策划的响应。
>
> 组织应保持和保留关于响应潜在紧急情况的过程和计划的文件化信息。

（一）"8.6 应急准备和响应"条文理解

1. 识别潜在的紧急情况

在事故发生前就要进行在危害辨识与风险评价，企业应考虑到潜在的事件和紧急情况的发生。

可能发生的不同规模的紧急情况包括：

- 导致严重伤害或健康损害的事件；
- 火灾和爆炸；
- 有害物质或气体的泄漏；
- 自然灾害，恶劣天气；

- 供应中断，如电力供应中断；
- 传染病、流行病的扩散；
- 社会骚乱、恐怖行为、破坏活动、工作场所暴力；
- 关键设备故障；
- 交通事故。

当识别潜在的紧急情况时，应考虑在正常运行和异常状况下可能发生的紧急情况(如，运行的启动或关闭，建造或拆除等)。

2. 应急响应程序的建立与实施

为尽可能降低有害紧急事件的职业健康安全后果，应制定应急响应程序。应急准备和响应程序也应考虑适用的法律法规和其他要求。应急程序应清楚、简明，以便在紧急情况下使用。在应急计划与响应中，外部机构的参与应明确地形成文件，应向这些机构报告他们所参与的可能情况，向他们提供参与响应活动要求的信息。

3. 应急响应设备

确定应急设备的需求，并能充分提供。为保证持续的可操作性，应定期对应急设备进行检测。例如：

- 报警系统；应急照明和动力；
- 逃生器具；
- 安全避难场所；
- 安全隔离阀、开关和切断阀；
- 消防设备；
- 急救设备(包括应急喷淋、眼冲洗站等)；
- 通信设备。

4. 应急响应演练和培训

组织应按照应急预案的内容适时组织员工进行应急演练，同时应对人员进行培训如何启动应急响应和疏散程序。

① 应急演练应按预定计划进行；

② 如果适宜和可行，应鼓励外部的应急机构参与演习。

5. 评审和修订应急程序

应定期开展应急准备和响应程序的评审。例如，可以以下述的时间方式开展评审：

- 组织界定的时间表；
- 管理评审期间；
- 组织发生变化后；
- 作为变化管理、纠正措施或预防措施的结果；
- 启用了应急反应程序的事件后；
- 识别出了应急反应缺陷的演练和测试后；
- 法律法规要求变化后；
- 影响应急反应的外部变化后。

当对应急准备和响应程序修订时，应将修订结果沟通于被修订影响的人员和职能。他们的培训需求也应被评价。

（二）“8.6 应急准备和响应”审核要点

① 对处理意外事件有无制定相关的程序，包括应急反应和事后处理、修订程序等；
② 对这些程序运行的有效性有无定期的验证，包括设备、监测仪器、消防器材等；
③ 对重大事故可能导致的影响和后果是否有所考虑；
④ 是否有分析导致意外事件原因的程序，如异常作业、操作人员缺乏培训等；
⑤ 是否有和消防、城市规划、安全与健康部门相互配合的行动计划；
⑥ 事故发生后，组织内、外部的联络是否有效。

第七节　绩效测评

《职业健康安全管理体系 要求及使用指南》(GB/T 45001—2020)条款中“9 绩效测评”要素包括三个二级要素：“9.1 监视、测量、分析和评价绩效”“9.2 内部审核”“9.3 管理评审”。

一、监视、测量、分析和评价绩效

9.1　监视、测量、分析和评价绩效

9.1.1　总则

组织应建立、实施和保持用于监视、测量、分析和评价绩效的过程。

组织应确定：

a）需要监视和测量的内容，包括：

1）满足法律法规要求和其他要求的程度；

2）与所辨识的危险源、风险和机遇相关的活动和运行；

3）实现组织职业健康安全目标的进展情况；

4）运行控制和其他控制的有效性；

b）适用时，为确保结果有效而所采用的监视、测量、分析和评价绩效的方法；

c）组织评价其职业健康安全绩效所依据的准则；

d）何时应实施监视和测量；

e）何时应分析、评价和沟通监视和测量的结果。

组织应评价其职业健康安全绩效并确定职业健康安全管理体系的有效性。

组织应确保监视和测量设备在适用时得到校准或验证，并被适当使用和维护。

注：法律法规要求和其他要求(如国家标准或国际标准)可能涉及监视和测量设备的校准或检定。

组织应保留适当的文件化信息：

——作为监视、测量、分析和评价绩效的结果的证据；

——记录有关测量设备的维护、校准或验证。

9.1.2　合规性评价

组织应建立、实施和保持用于对法律法规要求和其他要求(见 6.1.3)的合规性进行评价的过程。

组织应：

a）确定实施合规性评价的频次和方法；

b）评价合规性，并在需要时采取措施(见 10.2)；

c）保持对其关于法律法规要求和其他要求的合规状况的认识和理解；

d）保留合规性评价结果的文件化信息。

（一）“9.1 监视、测量、分析和评价绩效”条文理解

1.“9.1.1 总则”条文理解

（1）组织应建立程序

① 程序应告诉工作人员如何进行例行的监视（连续性）和测量工作（可能是一次性）；

② 如何对使用的监测设备、仪器进行维护；

③ 如何参照标准进行评价；

④ 如何上报有关部门。

（2）监测

① 对组织的活动进行监测；

② 对重大危险因素进行监测、受控；

③ 对职业健康安全法规符合性的监测；

④ 对事故、职业病等，即已发生问题的监测；

⑤ 对监测设备进行校准和维护。

（3）主动监测和被动监测

主动：是超前的积极的预防性监测。

被动：已发生问题的统计、调查、分析（如事故、工伤、职业病、事件发生后的测量、统计分析）。

① 主动绩效测量的内容：

- 管理方案、运行标准的监视和测量；
- 目标满足程度的监视；
- 风险控制的结果和成效；
- 员工安全意识的提高情况的监视；
- 对过程、工作场所和实际操作进行常规安全行为、管理水平的检测；
- 设备、设施安全检查、监控；
- 作业环境监测；
- 对有关法规和其他要求的遵守情况的监视和测量。

② 被动性测量：

- 对职业健康安全管理体系已发生问题的统计、调查、分析和记录；
- 如对事故、职业病、事件、财产损失等的统计分析。

③ 监视和测量活动应制定计划，规定职责。可以使用检查表，以便于系统监视和测量。

（4）监测设备

为确保结果的正确，用于测量职业健康安全状况的设备（例如，抽样泵，噪声测量仪，有毒气体探测设备等），应保持在好的工作状态下，应针对可追溯的国际或国内测量标准，对监测设备进行校准或验证，必要时对其进行调整。如果没有现存的此方面标准，用于校准的基准应予以记录。

应选择适宜的设备，并以提供准确和一致的结果的方式使用。这可能包括确定抽样方法或抽样地点的适宜性，或规定设备以规定方式使用。

测量设备的校准状态应对使用者标识清楚。不掌握校准状态的或没有被校准的职业健康安全测量设备，不应使用。此外，还要将它从使用中清出，并清楚地标示标签或用其他方式标明，以防止误用。

校准和维护应由有能力的人员完成。

2. “9.1.2 合规性评价”条文理解

(1) 目的

组织应建立、实施和保持程序，用于定期评价适用于其职业健康安全风险的法律法规和其他要求的符合性。组织的合规性评价应由有能力的人员完成，既可以是组织内部人员，也可以使用外部资源。

(2) 合规性评价内容

- 审核；
- 法规性检查结果；
- 法律法规和其他要求分析；
- 文件评审，事件和风险评价记录；
- 访谈；
- 设施、设备和区域检查；
- 项目或工作评审；
- 监测和测试结果分析；
- 设施巡查和直接观察。

(3) 要求

合规评价要定期，并保持纪录。组织可选择在不同的时间或不同的频次，或在适当时，评价各项要求的合规性。组织可选择建立独立的过程开展此方面的评价，也可选择将此方面的评价与法律法规符合性评价、管理评审过程或其他评价过程结合起来。

(二) “9.1 监视、测量、分析和评价”审核要点

1. 监视、测量、分析和评价绩效

① 对重大危险因素的控制运行是否进行了定期监测和测量；

② 是否建立了文件化的监测和测量程序；

③ 对监测、测量方法的使用、仪器状态及校准等有无具体规定和记录要求；

④ 与 OHSMS 目标、指标相联系的特定 OSH 参数是怎样设置的；

⑤ 有无对相关法律和其他要求的符合性进行定期评价的制度。

2. 合规性评价

① 是否制定了合规性评价的程序文件；

② 是否定期开展对法律法规和其他要求的符合性评价；

③ 是否有进行合规性评价的记录。

二、内部审核

9.2　内部审核

9.2.1　总则

组织应按策划的时间间隔实施内部审核，以提供下列信息：

a) 职业健康安全管理体系是否符合：

1) 组织自身的职业健康安全管理体系要求，包括职业健康安全方针和职业健康安全目标；

2) 本标准的要求；

b) 职业健康安全管理体系是否得到有效实施和保持。

9.2.2 内部审核方案

组织应：

a）在考虑相关过程的重要性和以往审核结果的情况下，策划、建立、实施和保持包含频次、方法、职责、协商、策划要求和报告的审核方案；

b）规定每次审核的审核准则和范围；

c）选择审核员并实施审核，以确保审核过程的客观性和公正性；

d）确保向相关管理者报告审核结果；确保向工作人员及其代表(若有)以及其他有关的相关方报告相关的审核结果；

e）采取措施，以应对不符合和持续改进其职业健康安全绩效(见第10章)；

f）保留文件化信息，作为审核方案实施和审核结果的证据。

注：有关审核和审核员能力的更多信息参见GB/T 19011。

(一)“9.2 内部审核”条文理解

标准明确要求组织应对其OHSMS定期进行审核，以确定体系是否符合计划的安排，是否得到正确的实施和保持。

1. 内部审核目标

内部审核的目的是评价体系的符合性、有效性。依据的标准是职业健康安全管理体系审核规范、组织制定的职业健康安全管理体系手册和程序文件，它包括文件、资料的审查、现场审查，审核结果将促进体系的改进，执行者是内审员。内部审核应有计划并系统进行，每年都应制定全年审核计划。内部审核可集中一段时间进行，也可以逐要素、逐部门进行。体系建立和运行初期审核频次一般应多些，当体系结构有重大变化或发生严重事故时，要及时审核。

① 形成程序文件；

② 确定计划(年度)；

③ 确定频次；

④ 确定方法(集中式、滚动式)；

⑤ 制定具体计划；

⑥ 向最高管理者提交审核报告，以供管理评审。

2. 内部审核过程要点

① 审核是对体系是否符合程序和规程进行全面、正式的评价；

② 按计划进行，必要时可增加审核次数；

③ 由能够胜任审核工作的人员进行；

④ 审核结果中应包括对程序、规程的符合性和有效性的评价；

⑤ 明确纠正措施；

⑥ 审核结果应予记录，并定期向管理者报告；

⑦ 管理者应对审核结果进行评审，必要时，采取有效的纠正措施；

⑧ 最高管理者应对审核工作及其有效实施做出全面承诺；

⑨ 审核报告的内容应明确、简洁和完整；

⑩ 应尽快将审核结果反馈给所有相关方，以便采取纠正措施。

(二)“9.2 内部审核”审核要点

① 是否制定并保持了内部审核的文件化程序，以验证OHSMS活动是否符合计划安排和职业健康安全管理体系的有效性；

② 是否制定了内部审核计划并按照其实施，是否对审核对象和要求，审核人员和时间安排，审核后采取的纠正措施都做了明确的规定；

③ 内部审核人员是否经过培训，并经过资格认可，审核是否由与被审核对象无直接责任的人员来进行；

④ 是否制定并应用了审核用检查表，并做好审核详细记录；

⑤ 是否按程序要求编写了每次审核报告，并经主管领导审阅和通知有关部门；

⑥ 对所有不符合是否都已通知责任单位并采取了纠正措施、进行了跟踪审核；

⑦ 内部审核报告是否得到了内部广泛认可和支持。

三、管理评审

9.3　管理评审

最高管理者应按策划的时间间隔对组织的职业健康安全管理体系进行评审，以确保其持续的适宜性、充分性和有效性。

管理评审应包括对下列事项的考虑：

a）以往管理评审所采取措施的状况；

b）与职业健康安全管理体系相关的内部和外部议题的变化，包括：

1）相关方的需求和期望；

2）法律法规要求和其他要求；

3）风险和机遇；

c）职业健康安全方针和职业健康安全目标的实现程度；

d）职业健康安全绩效方面的信息，包括以下方面的趋势：

1）事件、不符合、纠正措施和持续改进；

2）监视和测量的结果；

3）对法律法规要求和其他要求的合规性评价的结果；

4）审核结果；

5）工作人员的协商和参与；

6）风险和机遇；

e）保持有效的职业健康安全管理体系所需资源的充分性；

f）与相关方的有关沟通；

g）持续改进的机会。

管理评审的输出应包括与下列事项有关的决定：

——职业健康安全管理体系在实现其预期结果方面的持续适宜性、充分性和有效性；

——持续改进的机会；

——任何对职业健康安全管理体系变更的需求；

——所需资源；

——措施(若需要)；

——改进职业健康安全管理体系与其他业务过程融合的机会；

——对组织战略方向的任何影响。

最高管理者应就相关的管理评审输出与工作人员及其代表(若有)进行沟通(见7.4)。

组织应保留文件化信息，以作为管理评审结果的证据。

（一）“9.3 管理评审”条文理解

管理评审的依据是职业健康安全管理体系内部审核的结果，目标、指标的实现程度，以及针对组织客观环境的不断变化来进行定期评审。目的是保持职业健康安全管理体系的适用性、充分性和有效性。从而实现组织对持续改进的承诺。

① “管理评审”主要是 PDCA 运行模式的“A—改进阶段”，是职业健康安全管理体系运行的重要环节，是体系自我改进、自我完善的过程，其评价结果是下一轮 PDCA 运行模式的开始。

② 管理评审应依据检查和审核的结果，内、外部因素的要求及其变化，评价管理体系的持续适宜性、有效性和充分性。管理评审也包括对职业安全健康方针适宜性的评审，并可能推动方针的修改变化。

③ 管理评审应定期开展，一般是每年度至少进行一次，时间间隔不超过 12 个月。必要时，根据内外部要求的变化以及出现重大事故、不符合等情况临时由最高管理者战争管理评审。

④ 管理评审应由最高管理者主持，管理评审的方式往往采用会议形式。

⑤ 管理评审前应充分准备有关的信息资料：

- 内部审核报告；
- 方针、目标、计划(方案)及其实施情况；
- 事故调查、处理情况；
- 事故、事件、不符合、纠正和预防措施实施情况；
- 相关方的投诉、建议及其要求；
- 实施管理体系的资源(人财、物)是否适宜；
- 体系要素及相应文件是否适宜，是否需要修订；
- 对体系有效性、充分性的评价报告，组织内外部环境、要求的变化，现有管理体系要求的适宜性评价报告等。

⑥ 管理评审的输出：可能需要修改的方针、目标及管理体系的其他要素。

⑦ 管理评审的完成并不意味着体系运行的终结，而是下一个循环运行的开始。通过管理评审形成新的目标和指标，制定新的管理方案，并对所确定的危险因素实施控制和管理，实现新一轮的持续改进。

⑧ 管理评审是体系三级监控机制中的三级监控，是由最高组织实施的。

（二）“9.3 管理评审”审核要点

① 管理评审时间间隔的规定；

② 管理评审所收集和准备的资料；

③ 管理评审计划及内容；

④ 管理评审的结论以及提出的改进要求，以及改进要求的实施情况等。

第八节　改　　进

《职业健康安全管理体系 要求及使用指南》(GB/T 45001—2020)条款中“10 改进”要素包括两个三级要素：“10.1 总则”“10.2 事件、不符合和纠正措施”“10.3 持续改进”。

一、总则

> **10　改进**
>
> **10.1　总则**
>
> 组织应确定改进的机会(见第 9 章)，并实施必要的措施，以实现其职业健康安全管理体系的预期结果。

对持续改进指出总的原则，组织应在适当的时候采取必要的措施，以不断推进职业健康安全管理体系的改进。

二、事件、不符合和纠正措施条文理解

10.2　事件、不符合和纠正措施

组织应建立、实施和保持包括报告、调查和采取措施在内的过程，以确定和管理事件和不符合。

当事件或不符合发生时，组织应：

a）及时对事件和不符合做出反应，并在适用时：

1）采取措施予以控制和纠正；

2）处置后果；

b）在工作人员的参与（见5.4）和其他相关方的参加下，通过下列活动，评价是否采取纠正措施，以消除导致事件或不符合的根本原因，防止事件或不符合再次发生或在其他场合发生：

1）调查事件或评审不符合；

2）确定导致事件或不符合的原因；

3）确定类似事件是否曾经发生过，不符合是否存在，或它们是否可能会发生；

c）在适当时，对现有的职业健康安全风险和其他风险的评价进行评审（见6.1）；

d）按照控制层级（见8.1.2）和变更管理（见8.1.3），确定并实施任何所需的措施，包括纠正措施；

e）在采取措施前，评价与新的或变化的危险源相关的职业健康安全风险；

f）评审任何所采取措施的有效性，包括纠正措施；

g）在必要时，变更职业健康安全管理体系。

纠正措施应与事件或不符合所产生的影响或潜在影响相适应。

组织应保留文件化信息作为以下方面的证据：

——事件或不符合的性质以及所采取的任何后续措施；

——任何措施和纠正措施的结果，包括其有效性。

组织应就此文件化信息与相关工作人员及其代表（若有）和其他有关的相关方进行沟通。

注：及时报告和调查事件可有助于消除危险源和尽快降低相关职业健康安全风险。

（一）“10.2 事件、不符合和纠正措施”条文理解

人类最初探寻控制事故的手段，主要是“从事故中学习事故”，即根据事故发生后残留的信息来调查分析事故发生的原因，针对调查分析出的事故原因，研究开发控制事故发生的措施。

1. 事件调查的目的和基本要求

① 建立程序主要用来控制处理、调查事故、事件不符合，并采取措施减少不良影响，采取纠正措施，避免再发生。程序中要对纠正措施进行评价，以免带来新的更大的风险，即对新的纠正措施应进行风险评估。

② 对事故、事件、不符合应做到四不放过（原因不清不放过、责任不明不放过、措施不落实不放过和群众未受教育不放过）：

- 查清不符合的原因；

- 采取纠正措施；
- 修改原有程序；
- 对不符合和纠正措施进行记录。

③ 组织在制定事件调查程序时，要考虑以下方面的事项：

a. 需要理解和掌握事件的基本概念和从事件调查所获得的益处。

b. 所有类型的事件都须报告，包括重大事件、一般事件、紧急情况、“near misses”、健康损害、超时限的暴露等。

c. 要满足任何有关事件报告和调查的法律法规要求。

d. 要采取即时的措施来处理危急的风险。

e. 事件调查要公正客观。

f. 要重点关注导致事件发生的原因因素。

g. 把掌握事件知识的人员包含在内。

h. 确定事件调查过程不同阶段的实施和记录要求，例如：

- 及时地收集事实和证据；
- 分析结果；
- 沟通任何纠正措施和预防措施的需求；
- 为危险源辨识、风险评价、应急响应、职业健康安全绩效测量和监测、管理评审过程提供反馈信息。

2. 事件调查要素

① 事件调查组；

② 事件调查的时机；

③ 事件现场处理；

④ 现场摄影；

⑤ 现场物证收集；

⑥ 证人材料的收集；

⑦ 其他信息的收集；

⑧ 事件图绘制。

3. 事件分析要素

① 整理和阅读调查材料；

② 事件分析的内容；

③ 确定事件的直接原因；

④ 确定事件的间接原因；

⑤ 确定事件的主要原因；

⑥ 事件责任分析；

⑦ 事件调查报告；

⑧ 沟通事件调查的结果；

⑨ 利用事件调查结果改进安全管理；

⑩ 事件调查材料的归档。

（二）“10.2 事件、不符合和纠正措施”审核要点

① 是否建立并保持了事故、事件调查分析的文件化程序；

② 是否建立并保持了纠正和预防措施的文件化程序；

③ 是否在程序中明确了负责纠正措施的管理部门，责任是否划分清楚；

④ 是否对潜在重大危险因素发展趋势做过分析，以便指导预防措施的实施；

⑤ 是否对相关方投诉有采取纠正措施的程序，如何监督纠正措施的实施；

⑥ 是否有纠正措施实施的记录；

⑦ 是否将预防措施提交管理评审；

⑧ 是否对由于采取纠正措施而导致程序变更和文件修改有管理程序。

三、持续改进

10.3 持续改进

组织应通过下列方式持续改进职业健康安全管理体系的适宜性、充分性与有效性：

a）提升职业健康安全绩效；

b）促进支持职业健康安全管理体系的文化；

c）促进工作人员参与职业健康安全管理体系持续改进措施的实施；

d）就有关持续改进的结果与工作人员及其代表(若有)进行沟通；

e）保持和保留文件化信息作为持续改进的证据。

“持续改进”是职业健康安全管理体系的管理原则和基础，标准要求组织应利用职业健康安全方针、目标、审核结果、数据分析、纠正和预防措施及管理评审，持续改进职业健康安全管理体系的有效性。

① 利用职业健康安全方针中持续改进的承诺和职业健康安全目标可追求的目的，或随市场竞争的变化和职业健康安全管理体系运行的进展，通过评审更新、实施新的职业健康安全方针、目标，营造全体员工持续改进职业健康安全管理体系有效性的氛围，并为过程的评价确定准则，为改进活动确定应该达到的要求。

② 通过内部审核和外部审核，发现体系存在的不合格和薄弱环节，采取措施予以改进。

③ 通过数据分析，寻求改进的机会。在数据分析中，应特别注意潜在的职业健康安全要求变化的趋势、市场走向以及同行业竞争对手的发展水平，以便适时改进职业健康安全管理体系，增强社会和顾客满意的能力。

④ 利用体系、风险和过程的有关信息，从提高风险控制水平、过程控制能力和职业健康安全管理体系有效性出发，识别职业健康安全管理体系规定的不完善、不全面、不尽科学之处，实施纠正措施防止不合格再次发生，实施预防措施防止不合格发生。

⑤ 开展管理评审，对体系适宜性、充分性和有效性进行改进。

为了使组织内员工积极参与，最高管理者应当营造一种文化氛围来分配权限，从而使员工都得到授权并接受各自的职责，以识别组织职业健康安全业绩的改进机会。在咨询师辅导下，通过下述活动可以做到这一点：

- 确定人员、项目和组织的目标；
- 与竞争对手的业绩和最佳做法进行水平对比；
- 确立建议制度，包括管理者对改进及时做出反应；
- 对改进的成就给予承认和奖励。

第三章 职业健康安全管理体系的建立、实施和保持

当前全球存在有40多个版本的OHSAS 18001标准，ISO 45001的发布为全球提供一个统一的职业健康安全管理体系标准，基于一个全新的框架指导组织识别和降低职业健康安全的风险及与组织的业务过程融合，从而进一步保护工作者，并有效降低组织的潜在风险。《职业健康安全管理体系 要求及使用指南》(GB/T 45001—2020/ISO 45001：2018)具有广泛的适用性，具有不同性质和管理特征的组织，都可以根据自身需要，按照GB/T 45001要求建立、实施和保持职业健康安全管理体系。

第一节 职业健康安全管理体系各要素间的逻辑关系

职业健康安全管理体系标准包含着实现不同管理功能的要素，每一要素都不是孤立存在独立发挥作用的，要素间存在着相互作用和一定的逻辑关系。职业健康安全管理体系是一个系统结构化的管理体系，所以各个管理要素要综合起来考虑，协调一致，系统地构成一个有机整体。

一、要素间的逻辑关系

建立实施职业健康安全管理体系的目的是辨识组织内部存在的危险源，控制其所带来的风险，从而避免或减少事故的发生。风险控制主要通过两个步骤来实现。对于不可接受的风险，通过目标、管理方案的实施，来降低其风险；所有需要采取控制措施的风险都要通过运行控制使其得到控制。职业健康安全风险是否按要求得到有效控制，还需要通过不断的绩效测量与监测，对其进行检查，从而保证职业健康安全风险得到有效控制。因此，职业健康安全管理体系标准中的领导作用和承诺、危害辨识、风险评价和风险控制的策划、目标、职业健康安全管理方案、运行控制、绩效测量与监测，这些要素成为职业健康安全管理体系的一条主线，其他要素围绕这条主线展开，起到支撑、指导、控制这条主线的作用。上述职业健康安全管理体系要素间的逻辑关系如图3-1所示。

二、领导作用与承诺是职业健康安全管理体系的核心

在标准的引言中指出：实施职业健康安全管理体系是组织的一个战略和经营决策。职业健康安全管理体系的成功取决于领导的作用、领导的承诺和组织所有各职能和层次的参与。

领导作用在职业健康安全管理体系的建立和实施中起着决定性作用，领导的承诺和参与是一个组织职业健康安全管理体系成功实施的关键。

GB/T 45001—2020中，对于领导作用的要求，除了包括GB/T 28001—2011中的建立方针、提供资源和分配职责之外，还增加了多项新的要求。如条文5.1中规定：最高管理者对防止工作相关的伤害和健康损害，以及提供安全健康的工作场所全面负责并承担总体责任，最高管理者应确保将职业健康安全管理体系要求融入组织的业务过程，以及确保职业健康安全管理体系实现其预期结果等共13条要求。

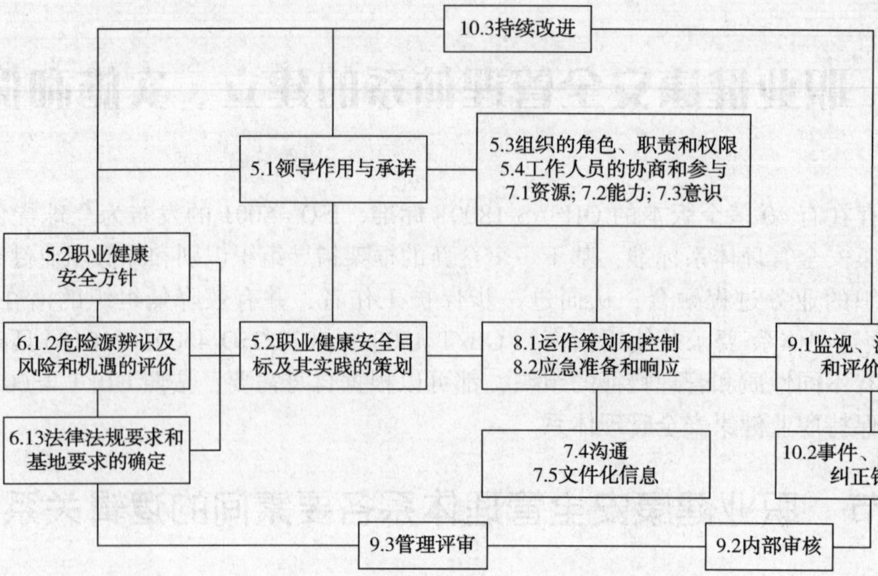

图 3-1　职业健康安全管理体系要素间的逻辑关系

组织的最高管理者应带领各级管理人员和全体员工，认真履行职业健康安全管理体系标准的各项要求，以确保本组织的职业健康安全管理体系实现其预期结果。

三、危险源是职业健康安全管理的出发点

职业健康安全管理的目的是控制事故的发生。导致事故发生的根源是危险源，要想控制事故的发生，必须首先辨识危险源，控制危险源所带来的风险，所以危险源成为职业健康安全管理体系要求的主要内容。

系统安全认为，危险源是导致事故的根源，系统中之所以发生事故，是由于系统中危险源的存在，防止或减少系统中事故的发生，可从消除系统中危险源或降低危险源所带来的风险入手。所以，职业健康安全管理是围绕危险源管理而展开的。

围绕危害辨识、风险评价和风险控制的策划，确定目标、管理方案，实施运行控制，检查落实遵守和完成的情况，职业健康安全管理体系要素依次展开。职业健康安全管理体系每个要素要求的设立，都是为了控制危险源所带来的风险。职业健康安全管理体系的不断持续改进，其根本目的是风险控制程度的不断提高。

组织在“5.1 领导作用和承诺”的前提下，由最高管理者组织制订“5.2 职业健康安全方针”，识别和确定“6.1.3 法律法规要求和其他要求的确定”，并充分考虑“6.1.2 危险源辨识及风险和机遇的评价”结果；对“6.1.2 危险源辨识及风险和机遇的评价”的结果是制订“6.2 职业健康安全目标及其实现的策划”的重要依据，以明确规定实现目标的职责、方法和时间表；组织确定的“5.3 组织的角色、职责和权限”为危险源辨识、风险和机遇的评价和风险控制奠定了管理基础；危险源辨识、风险和机遇的评价和风险控制措施的方法、要求和程序是“7.2 能力”和“7.3 意识”以及“7.4 沟通”的重要内容；通过“7.5 文件化信息”和“7.5.3 文件化信息的控制”来规范和指导危险源辨识、风险评价和风险控制有关的活动；通过“8.1 运行策划和控制”来控制与风险有关的运行和活动以及潜在的事件或紧急情况；通过“9 绩效评价”来确定风险控制活动达到的职业健康安全绩效，并通过“9.1 监视、测量、分析和评价绩

效”和“10.2 事件、不符合和纠正措施”对发生的各种问题（如事故、事件、不符合）进行处理和调查，并采取适宜的纠正和预防措施。通过实施“9.2 内部审核”和“9.3 管理评审”，以及“10.3 持续改进”来评价组织对危险源辨识、风险评价和风险控制的符合性、充分性、适宜性和有效性。由此可见，危险源辨识、风险评价和风险控制的策划是整个职业健康安全管理体系的管理出发点。

建立职业健康安全管理体系，要根据其所拥有的危险源这个管理核心，按照职业健康安全管理体系审核规范要求，设立和展开其管理要素。

四、遵守“法律法规和其他要求”贯穿始终

在职业健康安全管理体系标准中，职业健康安全法律、法规要求和其他要求贯穿其始末。组织的职业健康安全方针中要体现对遵守职业健康安全法律、法规及其他要求的承诺；“6.1.3 法律法规要求和其他要求的确定”条款规定“组织应建立、实施和保持过程，以确定并获取最新的适用于组织的危险源、职业健康安全风险和职业健康安全管理体系的法律法规要求和其他要求”，对于危害辨识、风险和机遇的评价和风险控制的策划，一个重要依据是职业健康安全法律、法规的要求；标准中法律与其他要求的要素则要求组织能充分掌握所适用的法律、法规和其他要求，有相应畅通的法规获取渠道，为体系的运行操作提供依据；职业健康安全目标和旨在实现它的管理方案的建立，要考虑法律与其他要求；职业健康安全培训、沟通与协商、文件与文件控制要包含职业健康安全法规信息并满足其有关要求；运行控制、应急准备与响应，是实现法规对控制职业健康安全风险要求的重要途径；“9.1.2 合规性评价”规定“组织应建立、实施和保持用于对法律法规要求和其他要求（见 6.1.3）的合规性进行评价的过程”，检查与纠正措施中要求定期评价对职业健康安全法律、法规的遵循情况、对存在不符合法规要求的问题，采取纠正和预防措施；管理评审中，要考察职业健康安全法规的发展，从而调整、改善体系，使其达到充分、适用和有效。有效的职业健康安全管理体系运行，是以法规为最低要求，不断的持续改进。

五、职业健康安全目标及其实现是实现持续改进的重要途径

职业健康安全目标是组织为将其内部危险源所带来的风险降低至某种程度而制定的，职业健康安全管理方案是旨在实现这些目标的计划方案。根据风险评价结果，考虑到法规要求、可选技术方案、财务、运行和经营要求，以及相关方的观点，制定其职业健康安全目标。这种目标，实质上就是要求尽可能地降低其内部的职业健康安全风险。在制定出目标的基础上，通过职业健康安全管理方案的实施，降低了职业健康安全风险，取得了职业健康安全绩效，使得其职业健康安全状况得到了改进。目标、职业健康安全管理方案作为职业健康安全管理体系标准中所包含的要素，在职业健康安全管理体系运行的 PDCA 循环中，不断地去实施，从而使得组织的职业健康安全绩效持续改进。

六、组织的角色、职责和权限是实施职业健康安全管理体系的前提条件

职业健康安全管理体系的成功实施有赖于组织中各个职能和层次的承诺。职业健康安全管理体系的建立、实施、保持和改进等活动均是在组织中相关职能和层次中开展的，因此，明确规定各有关职能和层次的角色、职责、权限和相互关系是建立、实施、保持和改进职业健康安全管理体系的必要前提条件，也是保证职业健康安全管理体系有效运行的基础。

标准5.3条款“组织的角色、职责和权限”中明确要求应规定对职业健康安全风险有影响的从事管理、执行、验证工作的人员的作用、职责和权限，形成文件并进行沟通，明确地规定了组织职业健康安全的最终责任是最高管理者。要求管理者应为职业健康安全管理体系的实施与保持提供必要的资源，要求组织的最高管理者指定一名管理者代表负责职业健康安全管理体系的建立、实施、保持和改进。

在职业健康安全管理体系的实际运行中，机构的合理可靠、职责的明确、资源的充分保障是体系运行的必要条件。同时实现标准每一要素的要求都有赖于相关责权人员的参与与执行，有赖于相关资源的充分保障。例如，组织在制定和实现“5.2 职业健康安全方针”，进行“6.1.2 危险源辨识及风险和机遇的评价”，实施“6.2 职业健康安全目标及其实现的策划”，以及“5.4 工作人员的协商和参与”，都需要组织的各级人员的参与；组织制定的“6.1.4 措施的策划”中需要明确规定有关职能和层次的职责和权限，以确保实现“6.2 职业健康安全目标及其实现的策划”。这样，职业健康安全管理体系的建立与保持就可使从最高管理者到员工的所有层次联系起来，体现了全面系统、结构化的管理特色。

七、运行策划和控制是预防风险的关键

职业健康安全管理体系标准中运行控制条款要求，组织对与所认定的风险有关的需要采取控制措施的运行与活动，要加以规划，保证它们在成文的运行控制程序的控制管理条件下进行。这就保证了给组织带来风险、可能导致事故的危险源，都属于受控状态。职业健康安全管理体系中的运行控制程序，严格规定了运行与活动中的运行标准，这种运行标准是避免事故发生的保障条件。除了做好主动性控制，如：“8.1.2 消除危险源和降低职业健康安全风险”，还要求及时做好“8.1.3 变更管理”“8.1.4 采购”以及“8.1.4.2 承包方”的控制，还要求在紧急情况下做好“8.2 应急准备和响应”的运行控制。运行控制程序文件是组织控制其风险的法规性文件，必须严格遵照执行。

在建立与保持职业健康安全管理体系过程中，运行控制程序文件的策划与编制，就相应地成为控制其职业健康安全风险的关键步骤。全面、准确地策划和编制运行控制程序文件，才能保证在运行过程中有效地控制风险，避免事故发生。

八、绩效评价是职业健康安全管理体系有效运行和持续改进的保障

职业健康安全管理体系是一个PDCA运行模式，是具有自我调节、自我完善功能的管理系统、其监控系统具有检查、纠偏、验证、评审和改进的作用。在职业健康安全管理体系规范标准中，“9 绩效评价”中的“9.2 内部审核”和“9.3 管理评审”两个要素均具有独立地发现问题、改进问题的功能，这两个要素与“9.1 监视、测量、分析和评价绩效”，以及“10.2 事件、不符合和纠正措施”构成了职业健康安全管理体系的三级监控机制。

一级要素“9 绩效评价”，以及二级要素“9.1 监视、测量、分析和评价绩效”和“10.2 事件、不符合和纠正措施”中，包含着职业健康安全的日常检查，以及职业健康安全目标、法规遵循情况的监控，还包含着事故、事件、不符合的监控和调查处理。对于上述监控中发现的问题，解决的方法是随时产生，随时解决。

第二级监控措施，“9.2 内部审核”由组织的职业健康安全管理者代表组织内部审核员进行，内审员得到了充分的授权，将对其职业健康安全管理体系的运行状况做出评价，判定其职业健康安全管理体系是否符合标准要求。职业健康安全管理体系审核是集中发现问题，并

集中解决问题的一种有效手段。内审中发现的问题，有些可立即解决，有些需汇报给最高管理者，由其决策来解决。内审完成后应对职业健康安全管理体系运行情况做出书面性结论。

第三级监控，“9.3 管理评审”是由最高管理者组织进行的，将一些管理层解决不了的问题，关系企业大政方针的问题集中在一起，由决策层加以解决。管理评审的内容包括内审的结果、目标的实现程度及持续改进的要求等。管理评审应针对组织内部变化的因素和外部变化的环境，对体系的持续适用性、有效性和充分性做出判断，做出适当的调整。

这三级监控措施并不是各自独立的，在监控的内容上有所交叉，互为补充，构成了完整的监控机制，以保证职业健康安全管理体系的持续适用、充分和有效。

九、其他要素的作用

职业健康安全管理体系的各个要素各有其功能，都是管理系统中不可缺少的。有些体系要素具有较强的管理特色，是任何一个管理体系都应加以考虑的，它们为体系的建立与保持提供了必要的保障。这些要素包括：资源、能力、意识、信息和沟通、文件化信息、文件化信息的控制等。

搞好职业健康安全工作，需要组织全体人员具备一定的意识和相应的能力。实施职业健康安全管理体系，需要组织的全体人员积极参与，而这要建立在组织的每个成员都意识到积极参与职业健康安全管理的重要性基础上；同时，组织的每个成员在职业健康安全管理体系的建立及运行过程中都承担着特定职责和任务，要使职业健康安全管理体系成功运行，每个成员都必须具备完成其工作任务的能力。上述的意识和能力需通过适当的培训和经历获得。

职业健康安全管理体系是由组织的内部因素组成，存在于外部环境中。因此，有关职业健康安全管理体系的内、外部信息交流，是体系有效运行的关键因素。职业健康安全的直接利益对象是组织的内部员工，在内部信息交流的一个十分重要的方面就是与内部员工的协商。

只有对职业健康安全管理体系所展开的要素，进行必要的文件化描述，才能使得按照标准建立的职业健康安全管理体系具有实际的可操作性。一般职业健康安全管理体系文件一旦形成，便产生了法规效应，它们是开展职业健康安全工作的指导性文件。相应地，文件与资料控制也非常重要，很难想象一个文件和资料混乱的管理体系会运行有效。

一个具有可追溯性的管理体系，才能保证充分、适用和有效。记录是保证管理体系具有可追溯性及可验证性的一个重要方面。在有充分、适用的记录同时，在一定期限内妥善保管记录同样也是十分重要的。

第二节　职业健康安全管理体系的建立

建立 OHSMS 一般要经过 OHSMS 标准培训、制定计划、OHSMS 现状的评估(初始评审)、OHSMS 设计、OHSMS 文件编写、体系运行、内审、管理性复查(或称管理评审)、纠正不符合规定的情况、外部审核等基本步骤。

由于体系建立和实施将涉及用人单位的方方面面，最高管理者应任命 OHSMS 代表，代表自己负责体系的管理工作，并至少赋予他(或他们)如下职权：按标准要求建立、实施和维护 OHSMS；向最高管理层汇报体系的运行情况，供管理层评审，并为体系的改进提供依据；协调体系建立和运行过程中各部门间的关系。

最高管理者应授权 OHSMS 代表组建一个精干的工作班子，以完成初始评审及建立 OHSMS 的工作。工作班子成员应具备安全科学技术、管理科学和生产技术等方面的知识，对用人单位有较深的了解，并且来自用人单位的不同部门。工作班子成员在全面开展工作之前，应接受 OHSMS 及相关知识培训。

最高管理者应为体系建立提供其他资源，如工作班子成员的时间、硬件及软件投入所需的资金、办公条件、配合部门、信息资源等。

职业健康安全管理体系的建立可以分为主要的五个过程：准备阶段，初始职业健康安全评审，职业健康安全管理体系策划设计，职业健康安全管理体系文件编制，体系试运行实施。

一、准备阶段

1. 学习与培训

由外部专家或技术咨询单位对用人单位管理层和专门工作班子成员以及职工进行 OHSMS 标准培训，是开始建立 OHSMS 时十分重要的工作。只有最高管理者深入理解该标准，才能真正把建立 OHSMS 的工作放在重要位置，用人单位最高管理层才会作出应有的承诺。只有专门工作班子成员全面理解标准，建立 OHSMS 的工作才能够得以正确规划和运作。培训工作要分层次、分阶段进行，培训必须是全员培训，大致可分为三个层次：领导干部培训、内审员培训和企业员工培训。中层以上干部要重点培训，要运用各种形式广泛、深入开展宣传，做到人人皆知，人人参与。作为用人单位领导和管理层，必须掌握 OHSMS 标准的基本内容、原理、原则，理解标准的内涵。

学习中应抓住以下几个要点：

① 深刻理解和掌握标准中 6 个一级要素和 19 个二级要素的逻辑内涵。“领导作用与承诺”是核心，“职业健康安全方针”是导向，“资源”和“文件化信息”是基本资源支持，“应对风险和机遇的措施”是实现事故预防的关键，“监视、测量、分析和评价绩效”是实现过程控制的手段，“内部审核”是纠正完善及自我维护的保障。标准体现了以领导作用与承诺为核心，以职业健康安全方针、目标等要素为支持，以内部评审实现自我监督与持续改进的整体思想。

② 结合全员、全方位、全过程管理，突出整体思维观；把“领导作用与承诺”和“一把手负责制”结合起来；把强调风险评价和事前预防结合起来；把“计划”及“实施与监测”和强调生产作业现场的“人、机、环”协调运行结合起来；把“审核与评审”与传统的监督检查结合起来。

③ 结合用人单位的实际学习标准。学习标准要做到理论联系实际，与用人单位的实际情况结合起来。只有从实际出发，才能真正掌握标准的内涵，理解其实用价值。

2. 制定计划

建立 OHSMS 是一项十分复杂和涉及面很广的工作，没有详细的工作计划是无法按期完成的。通常情况下，建立 OHSMS 需要一年以上的时间，据此，可以采用倒排时间表的办法制定计划。例如，假定用人单位确定近期接受外审，外审前的所有工作必须在近期完成，依次可以排出近期的总计划表，总计划批准后，就可制定每项具体工作的分计划，分计划与总计划的不同是任务到人、时间到天。

除了建立 OHSMS 工作总计划表和每项具体工作的分计划表，制定计划的另一项重要内容是提出资源需求，报用人单位最高管理层批准。

二、初始职业健康安全评审

充分理解和掌握 OHSMS 标准后，要对用人单位的 OHSMS 现状进行调查和评估，称为初始评审。初始评审是用人单位全面了解 OHSMS 状态的一种手段，是建好 OHSMS 的基础，其成果将直接决定体系建立的成败。组织要建立符合 GB/T 45001 要求的职业健康安全管理体系，需要通过初始评审来确定它的涉及职业健康安全管理的基础现状。

通过初始评审，分析组织现有管理基础与 GB/T 45001 要求的差距，针对这种差距，有针对性地构建其职业健康安全管理体系。

初始评审通过将组织的职业健康安全管理现状与 GB/T 45001 要求相比较，以确定标准要求的满足程度或是否要做出改进。

初始评审可提供给组织用于确定职业健康安全管理体系中是否存在差距的信息，也可指导组织制定用于对职业健康安全管理体系实施改进和优先改进的方案。

初始评审的目标是考虑将组织所面临的所有职业健康安全风险作为建立职业健康安全管理体系的基础。

1. 初始评审的内容

① 明确适用于用人单位的法律、法规及其他要求；

② 确定用人单位的生产或服务中的危险因素，进行危险评价和分级，列出具有重大危险的设备、设施或场所；

③ 评价现有的 OHSMS 用人单位机构、职责划分以及现有管理制度的有效性；

④ 评价用人单位的 OHSMS 现状于相关的法规、指南、标准等的符合程度；

⑤ 了解用人单位现行的 OHSMS 操作惯例和程序的适用程度；

⑥ 对以往事故、事件、不符合以及纠正、预防措施的评价；

⑦ 确定涉及用人单位采购和合同活动的现行方针和程序的适用程度；

⑧ 相关方的观点和要求；

⑨ 用人单位得到其他体系中有利于或不利于 OHSMS 的职能或活动。

OHSMS 现状调查与评估结果将作为 OHSMS 设计的基础。

2. 实施评审

(1) 信息收集及分析

在评审过程中，应注意从下列几方面收集信息：

① 组织、工业协会和政府保存的疾病、事故和急救记录。

② 员工的赔偿经历。保险公司对组织的要求的回复经历，保险金的组成，及在工业行业中的比较结果。

③ 组织掌握的事、病假资料，能够间接反映组织职业健康安全管理的薄弱环节。

此外，还要注意从组织的外部有关部门收集信息，这些部门包括：

- 和法规和许可证相关的政府机构；
- 图书馆和信息部门；
- 工业协会、企业家协会、工会；
- 消费者协会；
- 供应方；
- 职业健康安全专业人员。

每个组织都会发现它原已包含一些管理体系的要素，所缺乏的是将其有机地结合到一起，形成一个完整的体系，用以改善职业健康安全绩效。

评审工作的一个有效开端是将标准中的每个要素的基本意图与组织现存管理实践和程序规定相比较。

一些核心要素需要仔细分析比较：

- 明确职业健康安全管理职责；
- 识别危险源，评价风险和风险管理；
- 与危险活动管理相关程序的文件化；
- 危险场所的职业健康安全审查；
- 培训。

其他要素可根据组织的需要和优先事项逐步进行分析。

（2）危险源辨识和风险评价

危险源辨识和风险评价是初始状态评审中的一项主要工作内容，其方法见第六章。如果危险源辨识和风险评价过程已经存在，要评审它们相对于 GB/T 45001 要求的充分性。

在初始评审过程中，组织要识别所存在的危险源，基于危险源的控制措施进行风险评价，为职业健康安全管理体系的建立提供输入信息。

要强调的是初始评审不能代替实施 GB/T 45001 第 6.1.2 条中给出的系统化和结构化的危险源辨识和职业健康安全风险评价的方法。但初始评审能为策划这些过程提供附加的输入信息。

3. 形成初始评审报告

（1）初评信息的归类

完成初始的现场评审后，应认真全面地整理、分析和归纳初始评审所获取的大量信息。经处理的信息主要包括如下几方面：

- 现存的组织机构和职责，特别是关于职业健康安全管理的；
- 职业健康安全法律、法规及其他要求的信息；
- 危险源、风险评价的信息；
- 现有职业健康安全文件，包括程序、规定、制度、作业指导书等；
- 其他信息，如事故调查报告、数据和记录等。

（2）编写初评报告

将初始评审所完成的工作，编制成初始评审报告，会更有利于职业健康安全管理体系的建立、实施和保持。初始评审报告应篇幅适度、结构清晰。报告应涵盖初始评审的主要内容，并对改进有关事项提出建议。

初始评审报告可采用如下编写格式：

- 评审目的、范围；
- 组织的基本情况；
- 危险源辨识与风险评价；
- 适用的职业健康安全法律、法规及其他要求(包括获取渠道、内容、登录等)；
- 职业健康安全法律、法规遵循情况评价；

- 职业健康安全管理方面的评审(包括事故经验、管理方面的成败得失);
- 现存管理体系与标准之间的差距分析;
- 急需解决的优先项问题;
- 建立职业健康安全管理体系的有关建议。

三、职业健康安全管理体系策划设计

建立 OHSMS，必须在初始评审的基础上做好体系设计，OHSMS 设计主要包括 6 个环节:

1. 确定 OHSMS 方针

OSH 方针规定了用人单位的发展方向和行动纲领，它确定了整个用人单位内 OHSMS 职责和绩效的目标，表明了用人单位的正式承诺，尤其是最高管理者对有效的 OHSMS 的承诺。

在制定 OHSMS 方针时，应考虑如下:

① 用人单位的 OHSMS 状况、危险、危害因素;

② 法律及其他要求;

③ 用人单位过去和现在的 OHS 绩效;

④ 其他相关方的要求;

⑤ 持续改进的机遇和需求;

⑥ 员工、承包方和其他外部人员的参与。

文件化的方针应由最高管理层制定和签发并做到:

① 适合于用人单位 OHSMS 风险性质和规模;

② 包括对持续改进的承诺、遵守有关法律法规及其他要求的承诺;

③ 形成文件，付诸实施，予以保持;

④ 传达到全体员工，使每个人认识到自己在 OHSMS 方面的责任;

⑤ 可为相关方获取;

⑥ 定期进行评审，确保其适宜性。

2. 职能分析和确定权限

方针为用人单位的 OHSMS 确定了方向，但用人单位需要为管理活动建立一套管理机构，并为改善绩效详细规定各自的职责和彼此的关系。孤立地强调技术和管理所能获得的绩效水平是有限的。良好的安全文化影响个人和团体的行为，促进 OHSMS 方针的实施和持续改进。用人单位管理机构的确定是分配职能和确定管理程序的基础，在分配职能和编写程序文件之前，必须先进行职能分析和确定机构。确定机构时，要坚持精简效能的原则，尽量避免和减少部门职能交叉。

进行职能分配时，要求把标准中的各个要素全面展开并转换成职能，分配到用人单位的各部门，确保通过职能分配，使标准的各项要素都能得到覆盖，避免遗漏。进行职能分配时，要坚持一项职能由一个部门主管的原则，当一项要素必须由两个或两个以上部门时，要明确主要责任部门。

3. 制定目标、指标和 OHSMS 管理方案

用人单位要对重大危险源进行控制，就要评价每个重大危险源的控制现状及可控能力，主要考虑其发生事故的可能性、危害的程度及持续改进的技术经济可行性，从而确定需优先控制的 OHSMS 风险，制定相应的目标、指标和管理方案。

用人单位在制定目标、指标时应考虑用人单位 OSH 方针；法律、法规及其他要求；重大危险源；技术可行性；财务、运行和经营要求以及相关方的观点等。

职业健康安全管理方案应是文件化的，按大多数用人单位的工作惯例，一般用一份清晰的一览表描述。表格中应包括：目标、指标、方法措施(包括步骤)；方案执行部门或负责人；财务预算；时间限制等。

4. 确定体系文件层次结构

关键是确定程序文件的范围，并提出体系文件清单。

四、职业健康安全管理体系文件编制

编制文件是一个用人单位实施职业健康安全管理体系标准，建立并保持其职业健康安全管理体系有效运行的重要基础工作，也是一个用人单位达到预定的职业健康安全方针，评价、改进职业健康安全管理体系，实现持续改进和降低职业健康安全危害必不可少的依据。

职业健康安全管理体系标准所要求规定的职业健康安全管理体系，是一文件化的体系，也就是在职业健康安全管理的各个方面，包括职业健康安全方针的制定、策划、实施与运行、检查、管理评审等诸方面，用人单位应做相应的规定，并且这些规定要形成文件。文件和形式可以采用书面的形式，也可以采用电子的形式(如文件管理信息系统、控制软件等)。一个用人单位建立职业健康安全管理体系的过程主要表现为职业健康安全管理文件的制定、执行、评价和不断完善。因此，职业健康安全管理体系文件编制就成为建立职业健康安全管理体系不可或缺的内容。如果职业健康安全管理体系文件不正确、不准确、不完善，则有可能造成用人单位的职业健康安全管理体系的失效，或使职业健康安全管理体系工作成本增加，影响职业健康安全管理体系的实施和效果。

职业健康安全管理体系标准关于管理体系文件的表述中，并没有要求将职业健康安全管理体系制定成专门手册的形式，但要求尽可能将职业健康安全管理体系纳入用人单位的全面管理。因此，若用人单位已具备了较为完整的管理文件，又编写了 GB/T 19001 质量管理体系手册或 GB/T 24001 环境管理体系手册，则可将职业健康安全管理体系与之相结合。这种做法的优点很多，可保持用人单位管理体系的完整性和结构化，保证文件管理的统一，确保职责的明确，减少重复，避免“两张皮”等。

职业健康安全管理体系作为一个相对独立的体系，有必要形成专门文件对用人单位全体管理者及员工进行全面要求。且在一个体系建立之初，一个独立、完整、条理清晰的体系也是非常必要的。

1. 制订职业健康安全管理体系手册

GB/T 45001 第 7. 5 条提出了职业健康安全管理体系的文件化信息要求。不同的组织的职业健康安全管理体系文件的详略程度可能会不尽相同。

以什么样的文件形式来满足职业健康安全管理的要求，也是组织应予以考虑的。组织可考虑编制职业健康安全管理手册，并整合不同管理体系的文件。

2. 建立各要素程序文件

程序是为实施某项活动规定的方法。职业健康安全管理体系程序是指为进行某项活动所规定的途径。描述程序的文件称为程序文件。职业健康安全管理体系标准要求用人单位建立职业健康安全管理体系，并必须形成相应文件。

职业健康安全管理体系程序是用人单位开展职业健康安全管理工作的基础性文件。根据职业健康安全管理体系标准的要求，职业健康安全管理体系程序应涉及职业健康安全管理体系中所有适用的要素。每一职业健康安全管理体系程序都应包括职业健康安全管理体系的一个逻辑上独立的部分，例如一个完整的职业健康安全管理体系要素或其中一部分，或一个以上职业健康安全管理体系要素中相互关联的一组活动。

职业健康安全管理体系程序的内容通常应包括：某项职业健康安全活动的目的和范围，应做什么(What)，为什么这样做(Why)，谁来做(Who)，何时(When)，何地(Where)以及如何做(How)，应采用什么材料、设备、仪器和依据什么文件，以及如何进行控制和记录。在职业健康安全管理体系程序中通常不涉及纯技术性的细节，这些纯技术性的细节一般在作业指导书中加以描述。

由于职业健康安全管理体系程序是职业健康安全管理手册的支持性文件，是职业健康安全管理手册中原则性要求的进一步展开和落实，因此，编制职业健康安全管理体系程序文件必须以职业健康安全管理手册为依据，符合职业健康安全管理手册的有关规定和要求，并从整体出发系统编制。

程序文件按性质可分为：管理性程序和技术性程序。按层次可分为：用人单位一级程序和部门程序。

要根据 GB/T 45001 和法律法规要求，从建立“5. 3 组织的角色、职责和权限”“6. 1. 2 危险源辨识及风险和机遇的评价”“9. 1. 2 合规性评价”等，直至“10. 2 事件、不符合和纠正措施”等职业健康安全管理体系标准规定必须建立的各要素程序文件，同时要考虑是否将相关的运行控制程序形成文件。

3. 完善作业文件和记录

作业文件是程序文件的支持性文件。为了使各项活动具有可操作性，一个程序文件可分解成几个作业文件，但能在程序文件中交代清楚的活动，就不要再编制作业文件。作业文件必须与采用要素的程序相对应，它是对程序文件中整个程序或某些条款进行补充、细化，不能脱离程序另搞一套作业文件。国家、行业、用人单位的技术标准、规范不作为作业文件，单独在“在用标准目录”中体现。在作业文件中通常包括活动的目的和防卫，做什么和谁来做，何时、何地以及如何做，应采用什么方法、设备和文件，如何对活动进行控制和记录，即“5W+1H”原则。作业文件的内容是描述实施程序文件所涉及的各职能部门的具体活动。

4. 管理评审的策划

组织要对管理评审实施策划。由最高管理者在规定时间内(如一个季度、半年、一年)开展管理评审。可以以会议或其他沟通方式开展。适当时，职业健康安全管理体系绩效的部分管理评审可以在更频繁的间隔内开展。不同的评审可以针对整体管理评审的不同要素。

组织在未建立职业健康安全管理体系之前，也会存在一些符合标准要求的管理活动。因此，组织在建立职业健康安全管理体系的过程中，进行管理评审的策划时，要注意与原有管理基础的结合。

五、职业健康安全管理体系的试运行

对于管理基础就能满足 GB/T 45001 的组织，可延续组织原有的职业健康安全管理。并针对 GB/T 45001，在原有管理基础上，建立新的职业健康安全管理体系的组织，可以下列方式实施所建立的新的职业健康安全管理体系。

1. 教育、培训

教育、培训是职业健康安全管理体系开始运行的第一步。职业健康安全管理体系的运行，需要组织的全体人员的积极参与，组织各个岗位的人员只有理解了系统化职业健康安全管理的重要性及个人在其中的作用，才能主动、有效地参与其管理活动。从体系开始运行的角度，需要对组织的全体员工(包括承包方、临时工作人员等)进行如下几方面的教育、培训：

① 职业安全健康法律法规及相关要求的知识；

② 职业健康安全管理体系方针，包括职业健康安全方针的理解、手册、程序文件结构及要求；

③ 体系文件内容、专业知识及技能培训；

④ 组织各部门、各岗位人员在体系中的职责和权限、信息传递方式；

⑤ 危险源辨识、风险评价及控制措施；

⑥ 应急预案和应急响应。

2. 体系文件的分发、定位

职业健康安全管理体系文件是组织进行职业健康安全管理的具体准则，它是按职业健康安全管理体系标准要求制定的，对组织内部各个岗位开展职业健康安全工作具有指导作用的、具体的、可操作的法规性文件。职业健康安全管理体系文件是有针对性和分层次的，组织内各个岗位都应有其主导性文件和相关性文件。要使组织的职业健康安全管理体系有效地运行起来，必须使必要的体系文件分发到位。

3. 职业健康安全管理方案的实施

职业健康安全管理方案的有效实施是降低组织职业健康安全风险、实现持续改进的关键。在职业健康安全管理体系的策划阶段，组织根据风险评价结果以及技术、经济等方面因素，制定了职业健康安全目标和旨在实现目标的管理方案，要使管理方案中降低风险的措施真正落到实处，必须使相应的资金、人员等到位，各部门及人员必须严格履行方案中规定的职责，将管理方案在规定的时间内予以完成。

4. 严格执行程序文件规定

职业健康安全管理体系是一个系统、结构化的管理体系，它所包含的各项工作活动都是程序化的，体系的运行离不开程序文件的指导。组织的职业健康安全程序文件及其相关三级文件，在组织内部都是具有法定效应的，必须严格执行，只有这样才能使体系正确运行，才能达到标准的要求。

5. 体系审核认证

试运行 6 个月左右，经组织内部检查审核确定体系以达到认证的要求后，可以向国家有关职业健康安全管理体系认证机构提出认证审核申请。认证审核通过后，组织职业健康安全管理体系进入正式实施。

第三节　职业健康安全管理体系的保持

职业健康安全管理体系的保持，不仅限于管理体系持续的符合性．更重要的是要实现持续改进。持续改进要通过管理体系各个方面的强化和提升，来实现职业健康安全绩效的不断改进。

1. 职业健康安全方针的改进

职业健康安全方针阐明了组织职业健康安全管理的目的和意图，此方面的目的和意图并不是一成不变的。一方面组织根据内外部因素的变化，如法律法规的变化和相关方期望值的提高，要调整实施职业健康安全管理的目的和意图；另一方面，随着组织社会责任意识的不断提高，也会自觉地去提高自身的职业健康安全管理的目的和意图。

组织职业健康安全方针的改进要建立在对职业健康安全方针评审的基础上。组织要在规定的时间间隔内对职业健康安全方针进行评审，这种评审也可结合组织的管理评审。

2. 危险源辨识和职业健康安全风险评价的改进

首先，组织在危险源辨识和风险评价过程中所使用的方法是可以不断改进和提高的。随着方法的改进和提高，危险源辨识和风险评价过程中的危险源、相关因素和风险程度的识别、评价的准确性也随之而提高。

其次，组织在法律法规的基础上以较低的风险程度作为可接受风险，进而不断改进对危险源的控制措施，提高组织的安全程度。

3. 通过目标和方案改进职业健康安全绩效

组织的职业健康安全目标体现了职业健康安全绩效改进的目的。组织依据法律法规要求、风险评价结果等，设立具体、可测量、可实现、相关、有时限性的目标，制定实现目标的方案，通过方案的实施来实现目标，进而取得职业健康安全绩效的改进。

4. 组织的岗位、职责、责任和权限的改进

职业健康安全管理体系改进的最终目的是职业健康安全绩效的改进。组织通过强化职业健康安全管理体系的各个方面，来实现职业健康安全绩效改进，而资源、作用、职责、责任和权限的改进是确保职业健康安全管理体系其他方面改进的基础。

在职业健康安全管理体系的保持过程中，管理体系有关方面的改进会涉及资源的投入和作用、职责、责任和权限调整；另一方面，资源的不断投入和作用、职责、责任和权限的进一步明确，会促进管理体系其他方面的改进。

5. 强化培训，提高人员的能力和意识

人员的职业健康安全能力和意识水平是组织职业健康安全绩效的重要方面，也是最终控制事故发生的较直接的因素。因此，只有不断提高人员的职业健康安全能力和意识，才能实现组织的“零事故”的目标。

培训是提高人员能力和意识很重要的手段。组织可通过确定培训需求、制定培训计划、为培训提供配套服务、评价反馈培训效果的程序，不断强化职业健康安全培训。

6. 通过信息和沟通确定改进重点

组织的内外部信息沟通不但是保证职业健康安全管理体系正常运行的一个方面，同时还能够传递管理体系改进的要求和机会的信息。

组织内部的员工参与职业健康安全管理，会使得组织的职业健康安全管理工作开展得有针对性，进而确定职业健康安全管理体系改进的重点。

组织通过与承包方及其他外部相关方协商，能够进一步确定职业健康安全管理体系的改进重点及识别改进机会。

7. 文件化信息的控制的改进

职业健康安全管理体系文件是将职业健康安全管理要求的信息承载于媒介上。文件能够沟通意图、统一行动。但过于繁杂的文件也会给管理工作带来阻碍，组织在建立、实施和保持职业健康安全管理体系过程中，要使职业健康安全管理体系文件在满足有效性和效率的前提下，数量尽可能少。在保持职业健康安全管理体系的过程中，随着组织管理成熟度的提高，要不断对职业健康安全管理体系文件作出改进。

8. 运行的改进

对于组织与危险源相关联的运行和活动所开展的运行控制，要在实践中不断地加以改进。这包括随着对危险源控制措施的改进而改进运行准则，同时还包括运行控制管理方式的改进，如采用更有效的方式使组织的员工和其他相关方掌握和执行运行控制程序要求。

9. 应急准备和响应的改进

只有针对潜在的紧急情况做出科学、有针对性地准备，才能在紧急情况发生后做出相应的响应，从而避免或减少损失。因此，组织应急准备和响应的改进主要是使其应急准备不断地科学合理，在紧急情况发生时能够按准备响应到位。

10. 通过绩效评价措施不断强化管理体系和改进绩效

GB/T 45001 中“10 改进”是 PDCA 的检查和改进的一种体现。组织通过对职业健康安全管理体系中所开展的活动进行常规的绩效测量和监测，以及定期开展的合规性评价，发现不符合或其他不期望情况(潜在不符合或其他潜在不期望情况)，采取措施减少其职业健康安全后果，通过不符合的原因分析和事件调查等，确定导致不符合或其他不期望情况(潜在不符合或其他潜在不期望情况)的原因，针对原因采取纠正措施(预防措施)。

管理评审通过上述过程，可以不断地发现管理体系中的问题，对管理体系予以改进，进而实现对管理体系的强化和职业健康安全绩效的改进。通过内部审核，可实现对组织的职业健康安全管理体系的系统性的检查，对发现的问题予以改进。

11. 通过持续改进实现体系的不断改进提升

持续改进评价职业健康安全管理体系的持续适宜性、充分性和有效性，可以通过以下方式实现：①提升职业健康安全绩效；②促进支持职业健康安全管理系统的文化；③促进员工参与实施职业健康安全管理体系持续改进措施；④与员工和员工代表(如果有的话)，沟通持续改进的相关结果；⑤保持和保留文件化的信息，作为持续改进的证据。

第四节　职业健康安全体系建立案例

建立适合企业实际的职业健康安全管理体系构架，并保持其有效运行，是一个企业实施职业健康安全管理的核心，也是贯彻职业健康安全管理体系(GB/T 45001)的关键。

一、某石化有限公司职业健康安全管理体系建立案例

1. 方针和承诺

(1) 企业基本情况

某石化有限公司，是以生产合成橡胶为主的大型石油化工企业，主要从事橡胶产品的研发、生产和销售。目前拥有 10×10^4t 乳聚丁苯橡胶装置及其配套工程，生产非充油苯乙烯-丁二烯橡胶 SBR1500、非充油苯乙烯-丁二烯橡胶 SBR1502 和充油苯乙烯-丁二烯橡胶 SBR1712 等产品。

公司于 2010 年 7 月成立，产出合格产品。装置采用低温乳聚生产技术，该技术具有工艺先进，物耗、能耗低，聚合转化率高，运行周期长等特点。公司所需主要原料丁二烯、主

要公用工程及基础设施服务均依托扬子石化，区位条件优越，生产产品具有较强的竞争力。

公司生产区占地面积 $15hm^2$（$1hm^2=1\times10^4m^2$），现有 260 名经验丰富的在岗员工，其中具有高级职称 22 人、中级职称 22 人、初级职称 34 人，公司设有人事行政部、财务部、营销部、生产维修部及下属 5 个分部。

2019 年公司在抓基建、招聘、培训工作的同时，按 GB/T 19001—2015、GB/T 24001—2015、ISO 45001：2018 建立文件化的质量、环境和职业健康安全管理体系，致力于打造一支现代化的管理队伍，不断强化公司的内部管理效率。公司的组织机构图如图 3-2 所示。

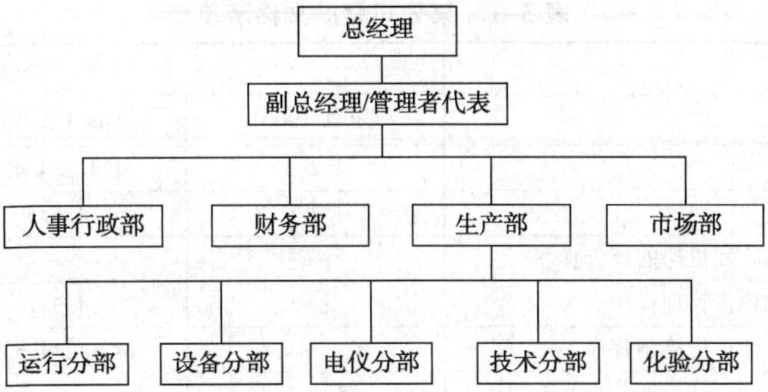

图 3-2　组织机构图

（2）公司制定了职业健康安全管理方针

服务顾客，用诚信和质量创品牌；
关爱员工，在健康安全中求发展；
保护环境，视可持续发展为己任；
回报社会，以塑和谐企业为追求。

（3）管理承诺

公司总经理承诺建立、实施和持续改进 QHSE 管理体系，以确保产品满足顾客和法律、法规的要求，消除和减轻生产、服务过程中存在的危险源和风险，保护员工和其他相关人员的健康和生命财产安全，维护生态环境。包括：

① 采取培训、召开会议等多种形式向全体员工传达产品满足顾客及法律法规要求的重要性，确立以增强顾客满意为目标，确保顾客明示的和（或）潜在的需求得到确定、转化为要求并予以满足；

② 向社会、员工及相关方传达加强职业健康安全、环境管理的重要性，承诺遵守国家关于职业健康安全、环境、有关法律、法规，以切实消除和减轻生产、服务过程中存在的危险源和风险，保护员工的健康和生命财产安全，保护生态环境；

③ 负责组织制定管理方针，并确保与其有框架关系的管理目标在相关职能和层次上得到分解和实施；

④ 定期组织管理评审，对管理体系的适宜性、充分性和有效性进行评价；

⑤ 确保 QHSE 管理体系建立、实施和持续改进能获得必要的资源，包括人力资源、基础设施和工作环境等。

（4）以顾客、环境和员工为关注焦点

最高管理者以增强顾客的满意度为目的，确保顾客的合理要求得到确定并予以满足：

① 确定管理方针、管理目标并充分体现以顾客为关注焦点；

② 确保顾客的要求和期望在公司内部得到识别、沟通；

③ 树立增强顾客满意度的意识，通过加强内部沟通，确保各级员工能理解顾客的要求和期望；

④ 监视和测量顾客的满意程度，并根据结果采取相应的改进措施。

2. 体系文件

公司 QHSE 管理体系文件分三个层次：管理手册、程序文件、其他 QHSE 管理文件及记录。公司职业健康安全管理程序文件见表 3-1。

表 3-1　某公司程序文件清单

序号	程序文件名称	对应标准条款		
		GB/T 19001	GB/T 24001	ISO 45001
1	文件控制程序	4.2.3	4.4.5/4.4.4	7.5
2	记录控制程序	4.2.4	4.5.4	—
3	危险源辨识及风险和机遇的评价程序	—	—	6.1.2
4	环境因素识别和评价管理程序	—	4.3.1	4.1
5	法律法规及合规性评价控制程序	—	4.3.2/4.5.2	9.1.2
6	目标管理程序	5.4.1	4.3.3	6.2
7	协商与沟通管理程序	5.5.3	4.4.3	5.4
8	管理评审控制程序	5.6	4.6	9.3
9	人力资源管理程序	6.2	4.4.1/4.4.2	5.3
10	设备设施控制程序	6.3	4.4.6	8.1
11	装置建设与技术改造控制程序	7.1	4.4.6	8.1
12	销售控制程序	7.2/7.5.5	4.4.6	—
13	新产品开发控制程序	7.3	4.4.6	8.1
14	采购控制程序	7.4	4.4.6	8.1.4
15	生产运行控制程序	7.5/8.2.3	4.4.6	8.1
16	职业健康安全管理程序	—	—	8.1
17	环境控制程序		4.4.6	4.1
18	承包商管理程序	4.1	4.4.6	8.1.4.2
19	应急准备和响应控制程序	—	4.4.7	8.2
20	监视和测量装置控制程序	7.6	4.5.1	9.1
21	顾客满意测量控制程序	8.2.1	—	—
22	内部审核控制程序	8.2.2	4.5.5	9.2
23	绩效监视和测量管理程序		4.5.1	9.1
24	检验和试验控制程序	8.2.4	4.5.1	
25	不合格品控制程序	8.3	—	—
26	纠正和预防措施控制程序	8.5	4.5.3	10.2
27	变更管理控制程序	8.5.3	4.5.3	8.1.3

二、某公司职业健康安全管理体系建立案例

1. 方针和承诺

(1) 企业基本情况

某工程有限公司是一个有 32 年的发展历史，以承包工程为主业，集建材、机电安装、

化工、造船、加工制造、金融、旅游服务等工业、第三产业为一体的大型综合企业，具有水利水电工程施工总承包特级、公路工程施工总承包一级、市政工程施工总承包一级、机场场道工程一级、核承压设备安装、起重设备安装、房屋建筑施工总承包、送变电工程施工一级、地基与基础工程一级资质和对外承包工程等 28 项等级资质资信，享有对外经贸业务权和国际招标业务经营权。

公司现有员工 4300 余人，专业技术人员 1200 人，其中具有高级职称 124 人，中级职称 410 人，初级职称 520 人，技师和高级技师 70 人。集团公司拥有各类设备 2030 台套。具有土石方挖填 $5000\times10^4m^3$，混凝土浇筑 $400\times10^4tm^3$，金属结构制作安装 3×10^4t，大型水轮发电机组安装 1500MW，水泥生产 300×10^4t 的年综合生产能力。

公司安全生产的特点：①劳动条件艰苦。所承包的工程项目绝大多数在边远山区，既有野外作业，又有高处作业，坑道、隧洞作业，还有易燃、易爆、有毒作业。②作业工种多。既有建筑施工的各工种，又有机电、金属结构安装，机械、船舶修造等专业 130 多个工种。③施工环境复杂。交叉作业多，相互干扰大、危险作业多。④施工点多面广战线长。

公司已建和在建项目遍及全国 12 个省、市，还承建了多个国际工程项目。

公司以“生产必须安全，安全为了生产”为宗旨，紧紧围绕安全保证体系，施工作业环境和全员安全素质三个关键环节，开展全员、全方位、全过程、全天候安全管理，讲科学、建体系、重投入，使集团有限公司安全管理体系、安全规章制度、操作规程和基础工作不断健全，并逐步正常运行，全体员工的安全意识不断增强，技术水平不断提高，施工生产环境不断改善，各类伤亡事故得到较好控制。该公司组织机构图如图 3-3 所示。

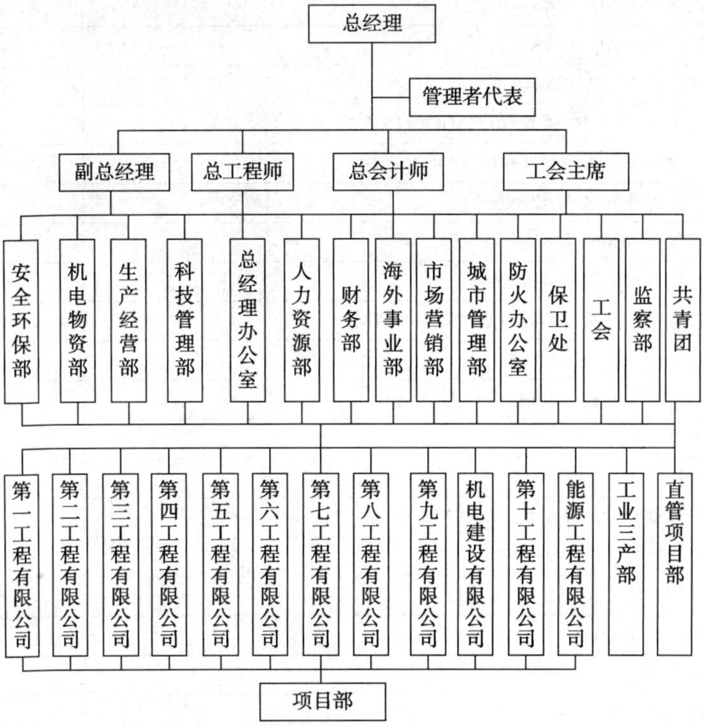

图 3-3　某公司组织机构图

（2）方针和承诺

公司创造、提供和保持健康与安全的工作环境，制定方针如下：

以人为本，健康至上；安全第一，预防为主；落实责任，全员参与；

科学管理，依法治企；持续改进，追求卓越。

承诺：

遵守法律法规，遵守与企业生产、经营、管理等活动有关的环境和职业健康安全法律法规和其他要求，人人争做遵纪守法的模范。

预防环境污染，加强全员安全教育，提高全员安全意识和社会责任感，预防职业安全事故，营造优美和谐的环境，杜绝重大安全事故发生。

2. 体系文件

公司职业健康安全管理体系程序文件见程序文件清单表 3-2。

表 3-2 某公司职业健康安全管理程序文件清单

序号	名称及编号	涉及 ISO 45001 条款
1	危险源辨识、风险和机遇的评价和风险控制确定管理程序 AQCX431	6. 1. 2
2	法律、法规及其他要求的识别、获取控制程序 AQCX432	6. 1. 3
3	职业健康安全方针、目标和管理方案控制程序 AQCX434	5. 2；6. 2
4	协商与交流控制程序 AQCX443	5. 4
5	安全责任制管理程序 AQCX446. 1	5. 3
6	施工现场安全管理程序 AQCX446. 2	7. 1；8. 1；8. 2
7	生产制造安全管理程序 AQCX446. 3	8. 1；8. 2
8	消防安全管理程序 AQCX446. 4	8. 1；8. 2
9	交通安全管理程序 AQCX446. 5	8. 1；8. 2
10	危险化学品管理程序 AQCX446. 6	6. 1；8. 1；8. 2
11	办公和生活区安全与卫生管理程序 AQCX446. 7	8. 1；8. 2
12	员工健康与女工保护管理程序 AQCX446. 8	5. 3；8. 1. 2
13	劳动保护用品管理程序 AQCS446. 9	8. 1
14	相关方管理程序 AQCX446. 10	8. 1. 1；8. 1. 4. 2
15	应急预案与响应控制程序 AQCX447	8. 2
16	职业健康安全绩效测量与监视管理程序 AQCX451	9. 1
17	合规性评价控制程序 AQCX442	9. 1. 2
18	事件调查和不符合调查与处理程序 AQCX453	10. 2
19	培训实施程序 ZACX622	7. 2；7. 3
20	文件控制程序 ZACX423	7. 5
21	检验、测量和试验设备控制程序 ZACX760	9. 1. 2
22	纠正和预防措施控制程序 ZACX850	10. 2
23	内部审核控制程序 ZACX822	9. 2
24	管理评审程序 ZACX560	9. 3
25	设施设备运行控制程序 ZACX630	8. 1；8. 2
26	物资管理程序 ZACX740. 1	8. 1；8. 2
27	技术开发控制程序 ZACX730. 2	7. 1；7. 2

第四章　危险源辨识、风险评价与控制

职业安全健康管理体系运行，实质是对安全风险控制的全过程，其理论基础是风险管理，即危险源辨识、风险评价和风险控制。

第一节　危险有害因素的分类及辨识方法

一、危险有害因素

1. 危险因素

危险因素是指能使人造成伤亡，对物造成突发性损坏，或影响人的身体健康导致疾病，对物造成慢性损坏的因素。通常为了区别客体对人体不利作用的特点和效果，分为危险因素(强调突发性和瞬间作用)和危害因素(强调在一定时间范围内的积累作用)，有时为了方便，统称危险因素。

2. 危险源(Hazard)

危险源是指可能导致人身伤害和(或)健康损害的根源、状态或行为(组合)。危险源的概念自于现代安全科学的系统安全的发展，系统安全认为，世界上不存在绝对安全的事物，任何人类活动中都存在可能导致事故的因素，系统中可能导致事故发生的因素在系统安全中被称作危险源。

3. 重大危险源

1993 年第 80 届国际劳工大会通过的《预防重大工业事故公约》中，将重大事故定义为“在重大危险设施内的一项生产活动中突然发生的，涉及一种或多种危险物质的严重泄漏、火灾、爆炸等导致职工、公众或环境急性或慢性严重危害的意外事故”，而导致重大事故的危险源称为重大危险源。

欧共体的安全立法将重大危险源定义为：“由于非自然现象的作用，因工业技术的应用而导致的危险事件，这种事件对现场和远离现场的人员、财产都产生严重伤害和破坏。”

2014 年新修订的《中华人民共和国安全生产法》中第一百一十二条规定：重大危险源是指长期地或者临时地生产、搬运、使用或者储存危险物品，且危险物品的数量等于或者超过临界量的单元(包括场所和设施)。

《危险化学品重大危险源辨识》(GB 18218—2018)将危险化学品重大危险源定义为：长期地或临时地生产、储存、使用和经营危险化学品，且危险化学品的数量等于或超过临界量的单元。

4. 危险源辨识(Hazard Identification)

危险源辨识是指识别危险源的存在并确定其特性的过程。其目的，一是运用危险源辨识方法识别出系统中存在的危险源对象；二是要确定每个危险源对象的特性。

二、危险因素与危害因素的分类

对危险因素和危害因素进行分类的目的是为了便于进行危险因素与危害因素辨识和分

析。危险因素与危害因素的分类方法有许多种，这里简单介绍导致事故、危害的直接原因进行分类的方法和参照事故类别进行分类的方法。

1. 根据危险和有害因素进行分类

根据《生产过程危险和危害因素分类与代码》(GB/T 13816—2009)的规定：生产过程危险和有害因素共分为四大类，分别是“人的因素”“物的因素”“环境因素”“管理因素”。

(1) 人的因素

① 心理、生理危险和有害因素(负荷超限、健康状态异常、从事禁忌作业、心理异常、辨识功能缺陷、其他心理生理性危险和有害因素)。

② 行为性危险和有害因素(指挥错误、操作错误、监护失误、其他行为危险和有害因素)。

(2) 物的因素

① 物理性危险和有害因素(设备设施工具附件缺陷、防护缺陷、电伤害、噪声、振动危害、电离辐射、非电离辐射、运动物伤害、明火、高温物质、低温物质、信号缺陷、标志缺陷、有害光照、其他物理性危险和有害因素)。

② 化学性危险和有害因素(爆炸品、压缩气体和液化气体、易燃液体、易燃固体、自燃物品和遇湿易燃物品、氧化剂和有机过氧化物、有毒品、放射性物品、腐蚀品、粉尘与气溶胶、其他化学性危险和有害因素)。

③ 生物性危险和有害因素(致病微生物、传染病媒介物、致害动物、致害植物、其他生物性危险和有害因素)。

(3) 环境因素

① 室内作业场所环境不良(室内地面滑、室内作业场所狭窄、室内作业场所杂乱、室内地面不平、室内梯架缺陷、地面墙和天花板上的开口缺陷、房屋基础下沉、室内安全通道缺陷、房屋安全出口缺陷、采光照明不良、作业场所空气不良、室内温度/湿度/气压不适、室内给/排水不良、室内涌水、其他室内作业场所环境不良)。

② 室外作业场所环境不良(恶劣气候与环境、作业场所和交通设施湿滑、作业场地狭窄、作业场地杂乱、作业场地不平、航道狭窄有暗礁或险滩、脚手架/阶梯和活动梯架缺陷、地面开口缺陷、建筑物和其他结构缺陷、门和围栏缺陷、作业场地基础下沉、作业场地安全通道缺陷、作业场地光照不良、作业场地空气不良、作业场地温度湿度气压不适、作业场地涌水、其他室外作业场地环境不良)。

③ 地下(含水下)作业环境不良(隧道/矿井顶面缺陷、隧道/矿井正面或侧壁缺陷、隧道/矿井地面缺陷、地下作业面空气不良、地下火、冲击地压、地下水、水下作业供氧不当、其他下地作业环境不良)。

④ 其他作业环境不良(强迫体位、综合性作业环境不良、以上未包括的其他作业环境不良)。

(4) 管理因素

① 职业安全卫生组织机构不健全。

② 职业安全卫生责任制未落实。

③ 职业安全卫生管理规章制度不完善(建设项目“三同时”制度未落实、操作规程不规范、事故应急预案及响应缺陷、培训制度不完善、其他职业安全卫生管理规章制度不健全)。

④ 职业安全卫生投入不足。

⑤ 职业健康管理不完善。

⑥ 其他管理因素缺陷。

2. 根据事故形式分类的方法

参照《企业职业伤亡事故分类》(GB 6441—1986)标准，综合考虑起因物、引起事故的先发诱导性原因、致害物、伤害方式等，将危险因素分为以下20类。

① 物体打击：是指物体在重力或者其他外力作用下产生运动，打击人体造成人身伤亡事故，不包括因机械设备、车辆、起重机械、坍塌等引发的物体打击。

② 车辆伤害：是指企业机动车辆在行驶中引起的人体坠落和物体倒塌、飞落、挤压伤亡事故，不包括起重设备提升、牵引车辆和车辆停驶时发生的事故。

③ 机械伤害：是指机械设备运动(静止)部件、工具、加工件直接与人体接触引起的夹击、碰撞、剪切、卷入、绞、碾、割、刺等伤害，不包括车辆、起重机械引起的机械伤害。

④ 起重伤害：是指各种起重作业(包括起重机安装、检修、试验)中发生的挤压、坠落、(吊具、吊重)物体打击和触电。

⑤ 触电：包括雷击伤亡事故。

⑥ 淹溺：包括高处坠落淹溺，不包括矿山、井下透水淹溺。

⑦ 灼烫：是指火焰烧伤、高温物体烫伤、化学灼伤(酸、碱、盐、有机物引起的体内外灼伤)、物理灼伤(光、放射性物质引起的体内外灼伤)，不包括电灼伤和火灾引起的烧伤。

⑧ 火灾。

⑨ 高处坠落：是指在高处作业中发生坠落造成的伤亡事故，不包括触电坠落事故。

⑩ 坍塌：是指物体在外力或重力作用下，超过自身的强度极限或因结构稳定性破坏而造成的事故，如挖沟时的土石塌方、脚手架坍塌、堆置物倒塌等，不适用于矿山冒顶片帮和车辆、起重机械、爆破引起的坍塌。

⑪ 冒顶片帮：是指矿山巷道或采矿现场的顶岩坍塌及石块崩塌事故。

⑫ 透水：是指矿山井下水害淹井事故。

⑬ 瓦斯爆炸：是指煤矿由于瓦斯超限导致的爆炸事故。

⑭ 放炮：是指爆破作业中发生的伤亡事故。

⑮ 火药爆炸：是指火药、炸药及其制品在生产加工工、运输、储存中发生的爆炸事故。

⑯ 化学性爆炸：是指可燃性气体、粉尘等与空气混合形成爆炸性混合物，接触引爆能源时，发生的爆炸事故(包括气体分解、喷雾爆炸)。

⑰ 锅炉爆炸。

⑱ 其他爆炸：是指容器超压爆炸、轮胎爆炸等。

⑲ 中毒和窒息：是指包括中毒、缺氧窒息、中毒性窒息。

⑳ 其他伤害：是指除上述以外的危险因素，如摔、扭、挫、擦、刺、割伤和非机动车碰撞、轧伤等。

三、危险和有害因素的辨识方法

危险和有害因素辨识过程中，应坚持“横向到边，纵向到底，不留死角”的原则，通过分析或测试出系统中存在的能量或载体以潜在的或实际出现形式存在的危险和有害因素。危险和有害因素的辨识方法通常分经验对照法和系统安全分析法两大类。

（一）对照法

指人们根据以往的事故经验弄清导致各种事故发生的主要危险和有害因素，然后再到实际中去辨识类似活动或场所的危险和有害因素。与有关的法规、标准、规范规程或经验相对照来辨识危险有害因素。有关的标准、规程以及常用的安全检查表，都是在大量实践经验的基础上编制而成的。因此对照法是一种基于经验的方法，适用于有以往经验可供借鉴的基础上。

对照法的优点是简单易行，缺点是不系统、易疏漏，在没有可供参考先例的新开发系统的场合不适用。一般来说，对照法很少单独使用。

对照法可以采取下列进行：

- 询问、交谈；
- 现场观察；
- 头脑风暴；
- 测试分析；
- 查阅有关记录；
- 获取外部信息；
- 工作任务分析；
- 安全检查表。

（二）系统安全分析法

指从安全角度进行系统分析，通过揭示系统中可能导致系统故障或事故的各种因素及其相互关联来辨识系统中的危险和有害因素。目前已经开发出的系统安全分析方法有数十种，适用于不同的系统安全分析过程。这些方法按实行分析过程的相对时间分类，也可按分析的对象、内容分类。从数理方法的角度，可分为定性分析和定量分析；从分析的逻辑方法的角度，可分为归纳的方法和演绎的方法。下列介绍几种常用的分析法。

1. 预先危险性分析法（Preliminary Hazard Analysis，PHA）

预先危险性分析（PHA）主要是用于新系统设计、已有系统改造之前的方案设计、选址阶段，人们还没有掌握其详细资料的时候，用来分析、辨识可能出现或已经存在的危险和有害因素，并尽可能在付诸实施之前找出预防、改正、补救措施，以消除或控制危险和有害因素（图 4–1）。

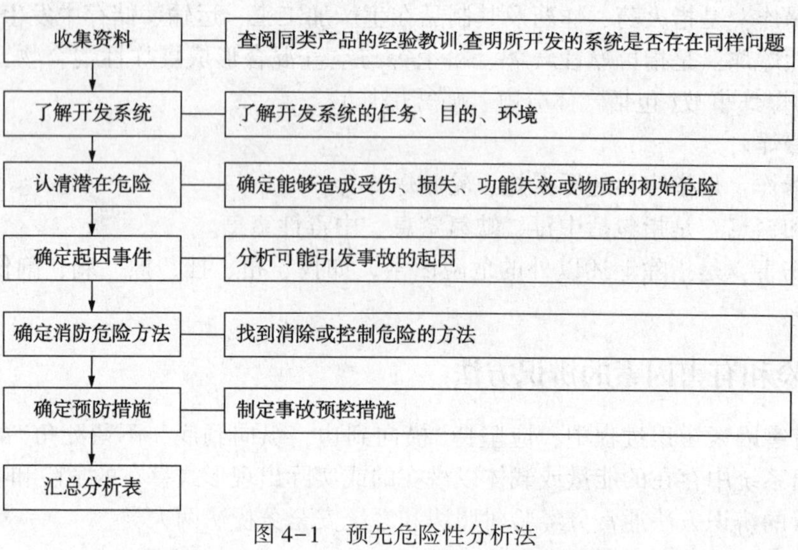

图 4–1　预先危险性分析法

预先危险性分析法的优点有：①由于系统开发时就做危险性分析法，从而使得关键和薄弱环节得到加强，使得设计更加合理，系统更加紧固；②在产品加工时采取更加有针对性的控制措施，使得危险部位的质量得到有效控制，最大限度地降低因产品质量造成危险的可能性和严重度；③通过预先危险性分析，对于实际不能完全控制的风险还可以提出消除危险或将其减少到可接受水平的安全措施或替代方案。

预先危险性分析是一种应用范围较广的定性评价方法。它需要由具有丰富知识和实践经验的工程技术人员、操作人员和安全管理人员经过分析讨论实施。

预先危险性分析程序和内容：

① 通过经验判断、技术诊断或其他方法调查确定危险源，对所需分析系统的生产目的、物料、装置及设备、工艺过程、操作条件以及周围环境等进行充分详细的了解。

② 根据过去的经验教训及同类行业生产中发生的事故(或灾害)情况，对系统的影响、损坏程度，类比判断所要分析的系统中可能出现的情况，查找能够造成系统故障、物质损失和人员伤害的危险性，分析事故(或灾害)的可能类型。

③ 对确定的危险源分类，制成预先危险性分析表。

④ 转化条件，即研究危险因素转变为危险状态的触发条件和危险状态转变为事故(或灾害)的必要条件，并进一步寻求对策措施，检验对策措施的有效性。

⑤ 进行危险性分级，排列出重点和轻、重、缓、急次序，以便处理。

⑥ 制定事故(或灾害)的预防性对策措施。

在分析系统危险性时，为了衡量危险性的大小及其对系统破坏程度，将各类危险性划分为 4 个等级，见表 4-1。

表 4-1　危险性等级划分表

级别	危险程度	可能导致的后果
Ⅰ级	安全的	不会造成人员伤亡及系统损坏
Ⅱ级	临界的	处于事故的边缘状态，暂时还不至于造成人员伤亡、系统损坏或降低系统性能，但应予以排除或采取控制措施
Ⅲ级	危险的	可能导致事故、造成人员伤亡和系统损坏，必需措施加以控制
Ⅳ级	灾难性的	可能导致事故、造成人员严重伤亡及系统严重破坏的灾难性事故，必须予以设法排除并进行重点防范

预先危险性分析结果一般采用表格的形式列出，见表 4-2。

表 4-2　预先危险性分析表

序号	主要危险源位置	事故故障类型	触发条件	危险等级	主要对策措施

2. 故障类型和影响分析(Failure Mode and Effect Analysis ，FMEA)

故障类型和影响分析(FMEA)是重要的系统安全分析方法之一。它是在可靠性工程基础上发展起来的，主要分析系统、产品的可靠性和安全性。故障类型和影响分析对系统或产品各个组成部分、元件进行分析，找出系统中各子系统及元件的影响以及最终对整个系统的影响，提出可能采取的消除或控制这些影响的措施，以提高系统或产品的可靠性和安全性。

早期的故障类型和影响分析只能做定性分析，后来在分析中包括了故障发生难易程度或发生的概率的评价，从而把它与致命度分析(critical analysis)结合起来，构成故障类型和影响、致命度分析(FMECA)。这样，若确定了每个元件的故障发生概率，就可以确定设备、系统或装置的故障发生概率，从而可以定量地描述故障的影响。

故障类型和影响分析特点如下：

① 故障类型和影响分析是通过原因来分析系统故障(结果)。即用系统工程方法，从元件(或组件)的故障开始，由下向上逐次分析其可能发生的问题，预测整个系统的故障，利用表格形式，找出不希望的初始原因事件。

② 系统发生故障便可能丧失其功能。故障类型及影响分析除考虑系统中各组成部分上、下级的层次概念，还要考虑功能联系。从可靠性的角度看，则侧重于建立上级和下级的逻辑关系。因此，故障类型和影响分析是以功能为中心，以逻辑推理为重点的分析方法。

③ 故障类型和影响分析是一种定性分析方法，不需要数据作为预测依据，只要有理论知识和过去故障的经验积累就可以了，因而便于掌握。当个人知识不够时，可采用集思广益的办法进行分析。

④ 故障类型和影响分析适用于产品设计、工艺设计、装备设计和预防维修等环节。

3. 故障类型和影响、致命度分析(Failure Mode Effect and Criticality Analysis，FMECA)

故障类型和影响分析发展到定量分析，则形成了故障类型和影响、致命性分析(FMECA)。在系统进行初步分析(如故障类型和影响分析)之后，对其中特别严重的故障类型再单独进行详细分析。致命度分析就是对系统中各个不同的严重故障类型计算临界值-致命度指数，即给出某种故障类型产生致命度影响的概率。

致命度分析的主要目的是：

① 尽量消除致命度高的故障类型；

② 当无法消除该故障类型时，应尽量从设计、制造、使用和维修等方面去降低其致命度和减少其发生的概率；

③ 根据故障类型不同的致命度，对其零、部件或产品提出相应的不同质量要求，以提高其可靠性和安全性；

④ 根据不同情况可采取对产品或部件的有关部位增设保护装置、监测预报系统等措施。

致命度指数可按式(4-1)计算：

$$C = \sum_{i=1}^{n} (\alpha\beta\,\kappa_1\,\kappa_2\lambda t) \tag{4-1}$$

式中 C——致命度指数；

n——导致系统重大故障或事故的故障类型总数；

λ——元素的基本故障率；

κ_1——元素实际运行状态的修正系数；

κ_2——元素实际运行环境条件的修正系数；

t——元素的运行时间；

α——导致系统重大故障或事故的故障类型总数占全部故障类型总数的比例；

β——导致系统重大故障或事故的故障类型出现时，系统发生重大故障或事故的概率，其参考值见表4-3。

表 4-3　β 的参考值

故障影响	发生概率 β	故障影响	发生概率 β
实际损失	$\beta=1.00$	可能出现的损失	$0<\beta<0.10$
可以预计的损失	$0.10\leq\beta<1.00$	没有影响	$\beta=0$

4. 事件树分析法(Event Tree Analysis，ETA)

事件树分析法是一种从原因推论结果的(归纳的)系统安全分析方法，它在给定的一个初因事件的前提下分析此事件可能导致的后续事件的结果。整个事件序列呈树状。

事件树分析法着眼于事故的起因，即初因事件。当初因事件进入系统时，与其相关联的系统各部分和各运行阶段机能的不良状态会对后续的一系列机能维护的成败造成影响，并确定维护机能所采取的动作，根据这一动作把系统分成在安全机能方面成功与失败，并逐渐展开成树枝状，在失败的各分支上假定发生的故障、事故的种类，分别确定它们的发生概率，并由此求出最终的事故种类和发生概率。

(1) 事件树分析法步骤

① 确定初始事件；

② 判定安全功能；

③ 发展事件树和简化事件树；

④ 分析事件树；

⑤ 事件树的定量分析。

事件树分析适用于多环节事件或多重保护系统的风险分析和评价，既可用于定性分析，也可用于定量分析。

(2) 事件树分析功能

① 事件对分析是一个动态分析过程，因此通过事件树分析可以看出系统的变化过程，查明系统中各构成要素对导致事故发生的作用及其相互关系，从而判别事故发生的可能途径及其危害性；

② 由于在事件树上只有成功或失败两种可能状态，而不考虑某一局部或具体的故障情节，因此，可以快速推断和找出系统的事故，并能指出避免发生事故的途径，便于改进系统的安全状况；

③ 根据系统中各个要素(事件)的故障概率，可以概略地计算出不希望事件的发生概率；

④ 找出最严重的事故后果，为事故树分析确定顶上事件提供依据；

⑤ 事件树分析还可以对已发生的事故进行原因分析。

5. 故障树分析法(Fault Tree Analysis，FTA)

故障树分析法(FTA)又称事故树分析，是一种演绎的系统安全分析方法。它是从要分析的特定事故或故障开始层层分析其发生原因，一直分析到不能再分解为止。将特定的事故和各层原因之间用逻辑门符号连接起来，得到形象、简洁地表达其逻辑关系的逻辑树图形，即故障树。通过对故障树简化、计算达到分析、评价的目的。

(1) 故障树分析的基本步骤

① 确定分析对象系统和要分析的各对象事件(顶上事件)；

② 确定系统事故发生概率、事故损失的安全目标值；

③ 调查原因事件，调查与事故有关的所有直接原因和各种因素(设备故障、人员失误和

环境不良因素）；

④ 编制故障树，从顶上事件起一级一级往下找出所有原因事件，直到最基本的原因事件为止，按其逻辑关系画出故障树；

⑤ 定性分析，按故障树结构进行简化，求出最小割集和最小径集，确定各基本事件的结构重要度；

⑥ 定量分析，找出各基本事件的发生概率，计算出顶上事件的发生概率，求出概率重要度和临界重要度；

⑦ 结论，当事故发生概率超过预定目标值时，从最小割集着手研究降低事故发生概率的所有可能方案，利用最小径集找出消除事故的最佳方案，通过重要度（重要度系数）分析确定采取对策措施的重点和先后顺序，从而得出分析、评价的结论。

（2）故障树定性分析的特点

故障树分析方法可用于复杂系统和广泛范围的各类系统的可靠性及安全性分析，各种生产实践的安全管理、可靠性分析和伤亡事故分析。故障树分析方法能详细查明系统各种固有、潜在的危险因素和事故原因，为改进安全设计、制定安全技术对策、采取安全管理措施和事故分析提供依据。它不仅可以用于定性分析，也可用于定量分析，从数量上说明是否满足预定目标值的要求，从而明确采取对策措施的重点和轻重缓急顺序。但故障树分析要求分析人员必须非常熟悉对象系统，具有丰富的实践经验，能准确熟练地应用分析方法。在实际应用过程中，往往会出现不同分析人员编制的故障树和分析结果不同的现象。另外，复杂系统的故障树往往很庞大，分析计算的工作量大，进行定量分析时，必须知道故障树中各事件的故障率数据。

四、常用系统安全分析的特点和比较

各种系统安全分析方法的特点比较，见表4-4。

表4-4　常用系统安全分析方法特点比较表

分析方法	分析目标	定性定量	方法特点	适用范围	应用条件	优缺点
类比法	危害程度分级、危险性分析	定性	利用类比作业场所检测、统计数据分级和事故统计分析资料类推	职业安全卫生作业条件、岗位危险性评价	类比作业场所具有可比性	简便易行、专业检测量大、费用高
安全检查表	危险有害因素分析安全等级	定性定量	按事先编制的有标准要求的检查表逐项检查，按规定赋分，评定安全等级	各类系统的设计、验收、运行、管理、事故调查	有事先编制的各类检查表，有赋分、评级标准	简便、易于掌握、编制检查表难度及工作度大
预先危险性分析（PHA）	危险有害因素分析危险性等级	定性	讨论分析系统存在的危险、有害因素、触发条件、事故类型、评价危险性等级	各类系统设计、施工、生产、维修前的概略分析和评价	分析评价人员熟悉系统，有丰富的知识和实践经验	简便易行，受分析评价人员主观因素影响

续表

分析方法	分析目标	定性定量	方法特点	适用范围	应用条件	优缺点
故障类型和影响分析（FMEA）	故障（事故）原因影响程序等级	定性	列表、分析系统（单元、元件）事故类型、故障原因、故障影响、评定影响程度等级	机械电气系统、局部工艺过程、事故分析	分析评价人员熟悉系统，有丰富的知识和实践经验，要有根据分析要求编制的表格	较复杂、详尽受分析评价人员主观因素影响
故障类型和影响危险性分析（FMECA）	故障原因故障等级危险指数	定性定量	列表、分析系统（单元、元件）事故类型、故障原因、故障影响、评定影响程度等级。在FMEA基础上，由元素故障概率、系统重大故障概率计算系统危险性指数	机械电气系统、局部工艺过程、事故分析	同FMEA有元素故障率、系统重大故障（事故）概率数据	较FMEA复杂、精确
事件树分析（ETA）	事故原因触发条件事故概率	定性定量	归纳法，由初始事件判断系统事故原因及条件内各事件概率计算系统事故概率	各类局部工艺过程、生产设备、装置事故分析	熟悉系统、元素间的因果关系、有各事件发生概率数据	简便、易行受分析评价人员主观因素影响
事故树分析（FTA）	事故原因事故概率	定性定量	演绎法，由事故和基本事件逻辑推断事故原因，由基本事件概率计算事故概率	宇航、核电、工艺、设备等复杂系统事故分析	熟练掌握方法和事故、基本事件间的联系、有基本事件概率数据	复杂、工作量大、精确 故障树编制有误易失真

第二节　风险评价方法及风险分级

一、风险评价概述

根据《职业健康安全管理体系 要求及使用指南》（GB/T 45001—2020）的定义，风险（Risk）是指不确定的影响。职业健康安全风险（Occupational health and safety risk）与工作相关的危险事件或暴露发生的可能性与由危险事件或暴露而导致的伤害和健康损害的严重性的组合。风险评价（Risk Assessment）是指对危险源导致的风险进行评估、对现有控制措施的充分性加以考虑以及对风险是否可接受予以确定的过程。风险评价分为三阶段：一是风险评估，确定控制优先顺序；二是评价现有控制措施的有效性；三是判定其是否可接受。

在风险评价过程中，自己辨识危险源的职业健康安全风险，同时必须考虑现有控制的有效性；同时确定和评价与建立、实施、运行和保持职业健康安全管理体系相关的其他风险。

组织的职业健康安全风险评价方法和准则应在范围、性质和时机方面予以界定，以确保其是主动的而非被动的，并被系统地使用。有关方法和准则的文件化信息应予以保持和保留。

在《职业健康安全管理体系 要求及使用指南》(GB/T 45001—2020)中，不但要对职业健康安全风险和管理体系存在的风险进行评价，还要对二者的其他机遇进行评价。其目的：一是提升职业健康安全绩效的职业健康安全机遇，同时必须考虑所策划的对组织及其方针、过程或活动的变更。使工作、工作组织和工作环境适合于工作人员的机遇。消除危险源和降低职业健康安全风险的机遇；二是改进职业健康安全管理体系的其他机遇。

根据系统的复杂程度，风险评价可以采用定性、定量或半定量的评价方法。具体采用哪种评价方法，还要根据行业特点以及其他因素进行确定。但无论采用哪种方法都有相当大的主观因素，都难免存在一定偏差和遗漏。各种风险评价方法都有它的特点和适用范围。

1. 定性评价法

定性评价法主要是根据经验和判断对生产系统的工艺、设备、环境、人员、管理等方面状况进行定性的评价。比如安全检查表、预先危险性分析、事件树分析、故障树分析等都属于此类。

2. 半定量评价法

半定量法包括概率风险评价方法(LEC)、打分的检查表法等。这种方法大都建立在实际经验的基础上，合理打分，根据最后的分值或概率风险与严重度的乘积进行分级。由于其可操作性强，且还能依据分值有一个明确的级别，因此也广泛用于地质、冶金、电力、建筑等领域。因化工、煤矿、航天等行业的系统复杂、不确定性因素太多，对于人员失误的概率估计困难，难以应用。

3. 定量评价法

定量评价法是根据一定的算法和规则对生产过程的各个因素及相互作用的关系进行赋值，从而算出一个确定值的方法。若规则明确、算法合理，且无难以确定的因素，则此方法的精度较高，且不同类型评价对象间有一定的可比性。

二、作业条件危险性评价法

作业条件危险性评价法(简称 LEC)是由评价人员对具有潜在危险环境中作业的危险性进行半定量评价的一种简单易行的方法。它是用系统风险率有关的三种因素指标值的积来评价系统人员伤亡风险大小的，这三种因素分别是：

L——发生事故的可能性大小，见表 4-5；

E——人体暴露在这种危险环境中的频繁程度，见表 4-6；

C——旦发生事故会造成的损失后果，见表 4-7。

表 4-5　事故发生的可能性(*L*)

分数值	事故发生的可能性	分数值	事故发生的可能性
10	完全可以预料	0.5	很不可能，可以设想
6	相当可能	0.2	极不可能
3	可能，但不经常	0.1	实际不可能
1	可能性小，完全意外		

表 4-6　人员暴露于危险环境中的频繁程度(E)

分数值	人员暴露于危险环境中的频繁程度	分数值	人员暴露于危险环境中的频繁程度
10	连续暴露	2	每月一次暴露
6	每天工作时间内暴露	1	每年几次暴露
3	每周一次或偶然暴露	0.5	非常罕见的暴露

表 4-7　发生事故可能造成的后果(C)

分数值	发生事故可能造成的后果	分数值	发生事故可能造成的后果
100	大灾难，许多人死亡，或造成重大财产损失	7	严重，重伤，或造成较小的财产损失
40	灾难，数人死亡，或造成很大财产损失	3	重大，致残，或很小的财产损失
15	非常严重，一人死亡，或造成一定的财产损失	1	引人注目，不利于基本的安全卫生要求

① 为了简化评价过程，可采取半定量计值法，给三种因素的不同等级确定不同的分值。

② 然后再以三个分值的乘积来评价作业条件危险性的大小，即 $D=L\cdot E\cdot C$。

③ 将 D 值与危险性等级划分标准中的分值相比较，进行风险等级划分，见表 4-8。若 D 值小于 20，属于稍有危险，可以接受；若 D 值大于 70 分，则应定为不可接受危险；若 D 值处于 160 及以上的，属于高度危险的，必须制定管理方案及应急预案。

表 4-8　LEC 法危险性分析依据

风险级别	分数值	风险级别	危险程度
A	大于 320	一级	极其危险，不能继续作业(制定管理方案及应急预案)
B	160~320	二级	高度危险，要立即整改(制定管理方案及应急预案)
C	70~160	三级	显著危险，需要整改(编制管理方案)
D	20~70	四级	一般危险，需要注意
E	小于 20	五级	稍有危险，可以接受

注：无论是专家打分法还是 LEC 法，危险等级的划分都是凭经验判断，难免带有局限性，应用时要根据实际情况进行修正。

三、工作危害分析法

1. 工作危害分析法(JHA)

从作业活动清单中选定一项作业活动，将作业活动分解为若干个相连的工作步骤，识别每个工作步骤的潜在危害因素，然后通过风险评价判定风险等级，制定控制措施。它的特点有：①一种半定量评价方法；②简单易行，操作性强；③分解作业步骤，比较清晰；④有别于掌握每一步骤的危险情况，不仅能分析作业人员不规范的危害，而且能分析作业现场存在的潜在危害(客观条件)。该方法的评价方程式为

$$R=P\times S \tag{4-2}$$

式中　P——事件发生的可能性，见表 4-9；

S——事件发生后果严重性，见表 4-10；

R——风险度，见表 4-11。

表 4-9　事件发生的可能性(P)判定准则

等级(分值)	标　准
5	在现场没有采取防范、检测、保护、控制措施，或危害的发生不能被发现(没有监控系统)，或在正常情况下经常发生此类事故或事件
4	危害的发生不容易被发现，现场没有检测系统，也未做过任何检测，或在现场有控制措施，但未有效执行或控制措施不当，或危害常发生或在预期情况下发生
3	没有保护措施(如没有保护装置、没有个人防护用品等)，或未严格按操作规程执行，或危害的发生容易被发现(现场有监控系统)，或曾经过检测，或过去曾经发生过类似事故或事件，或在异常情况下发生过类似事故或事件
2	危害一旦发生能及时发现，并定期进行检测，或现场有防范控制措施，并能有效执行，或过去偶然发生事故或事件
1	有充分、有效的防范、控制、检测、保护措施，或员工安全卫生意识相当高，严格执行操作规程，极不可能发生事故或事件

表 4-10　事件发生后果严重性(S)判定准则

等级(分值)	人员	财产损失(万元)	其他
5	造成人员死亡	>50	重大环境污染
4	造成人员重伤	>25	组织形象受到重大负面影响
3	造成轻伤	>10	造成环境污染
2	造成人员轻微伤	< 10	造成轻微环境污染
1	无人员伤亡	无损失	无污染、无影响

表 4-11　风险等级(R)判定准则及控制措施

风险度(分值)	风险等级	应采取的行动/控制措施	实施期限
20~25	巨大风险	在采取措施降低危害前，不能继续作业，对改进措施进行评估	立刻
15~16	重大风险	采取紧急措施降低风险，建立运行控制程序，定期检查，测量及评估	立即或近期整改
9~12	中等	可考虑建立目标、建立操作规程，加强培训及沟通	1 年内治理
4~8	可接受	可考虑建立操作规程、作业指导书，但需要定期检查	有条件、有经费时治理
< 4	轻微或忽略的风险	无须采取控制措施，但需要保存记录	

2. 应用工作危害分析(JHA)方法时应注意事项

① 从作业活动清单中选定一项作业活动，将作业活动分解为若干个相连的工作步骤，识别每个工作步骤地潜在危害因素，然后通过风险评价，判定风险等级，制订控制措施。

② 作业步骤应按实际作业步骤划分，佩戴防护用品、办理作业票等不必作为作业步骤分析。可以将佩戴防护用品和办理作业票等活动列入控制措施。

③ 作业步骤只需说明做什么，而不必描述如何做。作业步骤的划分应建立在对工作观察的基础上，并应与操作者一起讨论研究，运用自己对这一项工作的知识进行分析。

④ 识别每一步骤可能发生的危害，对危害导致的事故发生后可能出现的结果及严重性也应识别。识别现有安全措施，进行风险评估，如果这些控制措施不足以控制此项风险，应提出建议的控制措施。

⑤ 对采用工作危害分析的评价单元，其每一步骤均需判定风险等级，控制措施首先针

对风险等级最高的步骤加以控制。

⑥ 如果作业流程长，作业步骤很多，可以按流程将作业活动分为几大块。每一块为一个大步骤，可以再将大步骤分为几个小步骤。

四、MES 评价法

MES 分析法是我国安全专家宋大成 2002 年提出的，已在冶金、机械、化工、电力、建筑、船舶、煤炭、交通运输行业的很多企业及从事科研、计量、仓储、物业管理等很多单位得到成功的应用。

该方法将风险程度(R)表示为：$R=L \cdot S=M \cdot E \cdot S$，其中 L 表示事故发生的可能性；S 表示事故的后果严重性。人身伤害事故和职业相关病症发生的可能性主要取决于对于特定危害的控制措施的状态 M 和人体暴露于危害(危险状态)的频繁程序 E_1；单纯财产损失事故和环境污染事故发生的可能性取决于特定危害的控制措施的状态 M 和危害(危险状态)出现的频次 E_2。

将控制措施的状态 M、暴露的频繁程度 E(E_1 或 E_2)、一旦发生事故会造成的损失后果 S 分别分为若干等级，并赋予一定的相应分值。风险程度 R 为三者的乘积。将 R 变分为若干等级。针对特定的作业条件，恰当选取 M、E、S 的值，根据相乘后的积确定风险程度 R 的级别。

1. 事故发生的可能性 L

(1) 控制措施的状态 M

对于特定危害引起特定事故而言，无控制措施时发生的可能性较大，有减轻后果的应急措施时发生的可能性较小，有预防措施时发生的可能性最小。控制措施的状态 M 的赋值见表 4-12。

表 4-12　控制措施的状态 M

分数值	控制措施的状态
5	无控制措施
3	有减轻后果的应急措施，如警报系统、个体防护用品
1	有预防措施，如机器防护装置等，但须保护有效

(2) 暴露的频繁程度 E

人体暴露于危险状态的频繁程度越大，发生伤害事故的可能性越大；危险状态出现的频次越高，发生财产损失的可能性越大。人体暴露的频繁程度或危险状态出现的频次 E 的赋值见表 4-13。

表 4-13　人体暴露的频繁程度或危险状态出现的频次 E

分数值	E_1(人身伤害和职业相关病症)：人体暴露于危险状态的频繁程度	E_2(财产损失和环境污染)：危险状态出现的频次
10	连续暴露	常态
6	每天工作时间内暴露	每天工作时间出现
3	每周一次，或偶然暴露	每周一次，或偶然出现
2	每月一次暴露	每月一次出现
1	每年几次暴露	每年几次出现
0.5	更小的暴露	更小的出现

注：1. 8h 不离开工作岗位，算“连续暴露”；危险状态长时间存在，算“常态”；

2. 8h 内暴露一至几次，算“每天工作时间暴露”；危险状态出现一至次，算“每天工作时间内出现”。

2. 事故的可能后果 S

事故的可能后果 S 见表 4-14，表示按伤害、职业相关病症、财产损失、环境影响等方面不同事故后果的分档赋值。表中财产值损失一栏的分档赋值，可根据行业和企业的特点进行适当调整。

表 4-14　事故的可能后果 S

分数值	事故的可能后果			
	伤害	职业相关病症	财产损失/元	环境影响
10	有多人死亡		>1 千万	有重大环境影响的不可控排放
8	有一人死亡或多人永久失能	职业病(多人)	100 万～1000 万	有中等环境影响的不可控排放
4	永久失能(1 人)	职业病(1 人)	10 万～100 万	有较轻环境影响的不可控排放
2	需医院治疗，缺工	职业性多发病	1 万～10 万	有局部环境影响的可控排放
1	轻微，仅需急救	职业因素引起的身体不适	<1 万	无环境影响

注：1. 永久失能，某肢体残缺，或虽未残缺但功能完全丧失；

2. 职业病，按《中华人民共和国职业病防治法》的规定分类。

3. 根据可能性和后果确定风险程度 R

$$R=P\cdot S=M\cdot E\cdot S \tag{4-3}$$

式中 L——事故发生的可能性；

S——事故的后果严重性；

M——对于特定危害的控制措施的状态；

E——人体暴露于危害(危险状态)的频繁程度。

风险程度的分级见表 4-15。

表 4-15　风险程度的分级 R

$R=MES$	风险程度(等级)	$R=MES$	风险程度(等级)
>180	一级	20～48	四级
90～150	二级	≤18	五级
50～80	三级		

五、MLS 评价法

该法由中国地质大学马孝春博士设计，是对 LEC 和 MES 评价方法的进一步改进。经过与 LEC、MES 法对比，该方法的评价结果更贴近于真实情况。该方法的评价方程式为

$$R=\sum_{i=1}^{n}M_i L_i(S_{i1}+S_{i2}+S_{i3}+S_{i4}) \tag{4-4}$$

式中 R——危险源的评价结果，即风险，量纲为 1；

n——危险因素的个数；

M_i——指对第 i 个危险因素的控制与监测措施；

L_i——作业区域的第 i 种危险因素发生事故的频率；

S_{i1}——第 i 种危险因素发生事故所造成的可能的一次性人员伤亡损失；

S_{i2}——第 i 种危险因素的存在所带来的职业病损失；(S_{i2} 即使在不发生事故时也存在，按一年内用于该职业病的治疗费来计算)；

S_{i3}——第 i 种危险因素诱发的事故造成的财产损失；

S_{i4}——第 i 种危险因素诱发的环境累积污染及一次性事故的环境破坏所造成的损失。

MLS 评价方法充分考虑了待评价区域内的各种危险因素及由其所造成的事故严重度；在考虑了危险源固有危险性外，还反映对事故是否有监测与控制措施的指标；对事故的严重度的计算考虑了由于事故所造成的人员伤亡、财产损失、职业病、环境破坏的总影响；客观再现了风险产生的真实后果：一次性的直接事故后果及长期累积的事故后果。MLS 法比 LEC 和 MES 法更加贴近实际，更加易于操作，在实际评价中也取得了较好效果，值得在实践中推广。

根据不同的评价法，得到不同的风险分级结果，但人们往往认为风险越小越好，实际上这是一个错误的观念。减小风险是要付出代价的，无论减少危险发生的概率还是采取防范措施使发生造成损失降至最小，都需要投入资金、时间、技术和劳务。所以正确的做法是将风险限定在一个合理的，可接受的范围内。根据影响风险的因素，经过优化，寻求最佳的投资方案。“风险和利益间要取得平衡”“不要接受不必要的风险”“接受合理的风险”，这些都是风险接受的原则。

第三节 风险控制

风险评价的目的是运用风险评价方法评价出危险源对象在某种控制状态条件下的风险程序，然后确定这种风险程度是否可接受，即危险源对象在现有控制状态条件下是安全还是危险的；如果危险源对象在现有控制状态条件下风险程度可接受，就可认为现有控制措施是相对充分的，可暂不考虑改进或增加措施，否则就要改进或增加措施。

一、风险控制工作程序

在风险评价的基础上可确定是否进一步对危险源采取控制措施的需求。当某一危险源对象在某种控制措施条件下，其风险程度是不可接受的，那么现有措施不能满足将其控制在安全状态，这时就需对其增加新的措施，通过新的控制措施的实施，将其风险降低至可接受程度。相对的，当某一危险源对象在某种控制措施条件下，其风险程度是可接受的，说明现有措施将其控制在相对的安全状态，就暂可不考虑对其施加新的措施，但对原有措施要进行监测和维护。其程序如图 4-2 所示。

图 4-2 风险控制程序图

1. 作业活动划分

以按生产(工作)流程的阶段划分为主，根据情况也可以采取按地理区域划分，按与装置有关的操作划分、按作业划分的方法。

2. 危害识别

危害识别的范围覆盖：所有常规(如正常的生产活动)和非常规的活动(如临时抢修)；所有进入作业场所人员的活动(包括承包方人员、合同方人员和访问者等)；所有作业场所内的设施。

危害识别要充分考虑生产过程危险和有害因素：人的因素、物的因素、环境因素、管理因素。

① 对每个作业步骤，识别出与此步骤有关的人的不安全行为和物的不安全状态，然后将各步骤中的危害汇总；

② 将整个作业活动作为一个整体，识别出与此作业有关的作业环境缺陷和管理缺陷；

③ 将上述识别出的危害汇总，汇总中合并同类项。

3. 风险评价

对识别出的每项危害，都应进行风险评价，评价的方法根据行业特点、系统复杂程度等因素采取合理的评价方法(见本章第二节的风险评价方法及风险分级)。

4. 确定不可接受的风险

不可接受风险通常理解为：①超出本组织的方针、目标和规章等；②超出了法律、法规和规定等的要求；③超出了人们普遍接受的要求。

5. 风险控制

风险控制可从3方面进行，即技术控制、人行为控制和管理控制。

(1) 技术控制

采用技术措施对固有危险和有害因素进行控制，主要技术有消除、控制、防护、隔离、监控、保留和转移等。

(2) 人行为控制

控制人为失误，减少人不正确行为对危险源的触发作用。人为失误的主要表现形式有：操作失误、指挥错误、不正确的判断或缺乏判断、粗心大意、厌烦、懒散、疲劳、紧张、疾病或生理缺陷、错误使用防护用品和防护装置等。人行为的控制首先是加强教育培训，做到人的安全化；其次就做到操作安全化。

(3) 管理控制

可采取以下管理措施，对危险源实行控制。

① 建立健全危险源管理的规章制度。危险源辨识后，在对危险源进行系统分析的基础上建立健全各项规章制度，包括岗位安全生产责任制、危险源重点控制实施细则、安全操作规程、安全检查制度、安全技术交底制度、三级安全教育制度、危险作业审批制度、应急管理制度、考核奖惩制度等。

② 明确责任、定期检查。根据各危险源的等级分别确定各级的责任人，明确他们应负的具体责任。对不可接受的危险源，应定期进行检查，并做好相关记录。专职安全技术人员要对各级人员实行检查的情况定期检查，监督并严格进行考评，以实现管理全覆盖。

③ 加强危险源的日常管理。要严格要求作业人员贯彻执行有关危险源日常管理的规章制度。搞好安全值班、交接班，按安全操作规程进行操作。按安全检查表进行安全检查。

④ 抓好信息反馈、及时整改隐患。要建立健全危险源信息反馈系统，制定信息反馈制度并严格贯彻实施。对检查发现的事故隐患，应根据其性质和严重程度，按照规定分级实行信息反馈和整改，作好记录，发现重大隐患应立即向安技部门和单位主要负责人报告。安技部门要定期收集、处理信息反馈和隐患整改情况，及时提供各级领导研究决策。

二、风险控制措施

通过对危险源在具体控制措施条件下的风险评价，可确定其风险程度和风险程度是否可接受。依据系统安全工程方法原理，当危险源在某种控制措施条件下，其风险程度可接受时，危险源所处的控制状态为安全状态；否则为不安全状态或危险状态。危险源的风险程度为可接受时或危险源处在安全控制状态时，可不考虑对其增加新的控制措施，但对原有控制措施要加强监测和维护；危险源的风险程度为不可接受时或危险源处在不安全控制状态或危险状态时，需要对危险源增加新的控制措施，通过新的控制措施的实施，使得危险源的风险程度降低至可接受程度。

在完成风险评价对现有控制措施加以考虑之后，应该能够确定现有控制措施是否充分或是否需要改进，或是需要采取新的控制措施。如果需要新的或改进控制措施，则控制措施选定宜遵循关于控制措施层级选择顺序的原则，即可行时首先消除危险源；其次是降低风险（或者减少事件发生的可能性，或者通过降低潜在的人身伤害或健康损害的严重程度）；将采用个体防护作为最终手段。应用控制措施层级选择应按如下顺序考虑降低风险：

消除——改变设计消除危险源（如引入机械提升装置以消除手举重这一危险行为等）；

替代——用危害性低的材料进行替代或降低系统能量（如较低的动力、电流强度、压力、温度等）；

工程控制措施——安装通风系统、机械防护、联锁装置、隔声罩、如隔离、屏蔽、光控等；

标志、警告和（或）管理控制措施——安全标志、危险区域标识、发光标志、人行道标识、警告器/灯、报警器、安全规程、设备检修、门禁控制、作业安全制度、操作牌、作业许可等；

个体防护装备——安全防护眼镜、听力保护器具、面罩、安全带和安全绳索、口罩、手套等。

应用控制措施层级选择顺序时，宜考虑相关的成本，降低风险的益处，可用的选择方案的可靠性和降低风险的可能性。相比那些仅具有降低有限风险效果的控制措施，应优先考虑处置高风险活动的控制措施，或能带来实质性风险降低效果的控制措施。同时还要考虑新的控制措施可能带来的新的危险源。

三、风险管理方案

1. 风险管理方案要求

风险管理（Risk Management）的目的是在风险产生危害之前识别它们，从而有计划地消除或削弱风险。针对不可接受风险程度的危险源要制定适宜的、可操作的管理方案，管理方案制定应满足下列要求：

① 为实现目标在各个职能和层次上的职责和权限；

② 实现目标方法和时间表；

③ 定期并且在计划的时间间隔里对管理方案进行评审；

④ 针对活动、产品、服务或运行条件的变化，及时修订。

2. 风险管理方案的更新

对新出现的不可接受风险程度的危险源要增加新的控制措施，在策划出新的控制措施计划后，应在实施前予以评审。应针对以下内容进行评审：

① 计划的控制措施是否使风险降低到可接受水平；

② 是否产生新的危险源；

③ 是否已选定了投资效果最佳的解决方案；

④ 受影响的人员如何评价计划的控制措施的必要性和可行性；

⑤ 计划的控制措施是否会被应用于实际工作中。

3. 管理方案示例

【例 1】某化工厂用“目标一管理方案”方式控制的不可容许风险及主要措施。

化工厂于 2002 年确定出 33 项不可容许风险，其中用“目标一管理方案”方式控制的风险及主要措施如表 4-16 所示。

表 4-16　化工厂不可容许风险及主要措施

序号	危害	可能的事故	主要措施
1	氧气储罐安全阀位置不当	出现超压后放空会损伤人员和周围设施	对储罐安全阀进行改造
2	工艺排放造成空气质量不良，使碳氢化合物超标，无在线监测措施	空分装置碳氢化合物积聚爆炸	减少排放增加在线分析仪
3	管道设计不合理，水汽空分氧压机震动大	设备损坏后，出现破裂后泄漏、燃烧、爆炸	重新设计，更换管道
4	甲二车间对流段天蒸混合器、预热器换热面积不够，超温	设备出口管线损坏	设备技改，增加换热面积
5	管路设计有缺陷，甲一、甲二车间循环气机、新鲜气机振动大	设备损坏，泄漏、爆炸	改善设计
6	甲一车间 CO_2/O_2 预热器连体未分离	一旦出现超温、超压后，泄漏、燃烧、爆炸	换成两个预热器
7	甲一车间小废热锅炉上水管径过小，紧急情况下流量不够	小废热锅炉短时间使其干锅损坏	换成大管径制定应急预案
8	甲二车间二段炉顶部封头绝热层烧坏，超温	爆炸	更换绝热层制定应急预案
9	电缆沟封闭不好，电气设备鼠害	断电停车	封闭

【例 2】某建筑公司不可容许风险的控制方案。

针对本章某建筑公司“消防器材配备达到规定的标准”的目标，制定了“消防器材配备管理方案”。按体系标准要求，管理方案应包括责任部门和相关部门的职责和权限以及方法和时间进度表。此管理方案具体为：

① 调查消防器材的配备和使用情况，根据有关法规要求和组织的特点确定需求；

② 制定采购计划并报批；

③ 采购；

④ 在各场所和区域配置消防器材；

⑤ 监测新旧消防器材是否完好有效。

【例 3】某化工厂的压缩厂房地沟没有可靠的可燃气体浓度监测、报警装置，因而可能因失测引发火灾、爆炸事故，因此被评价为不可容许的风险。针对这种风险，制定出“确保压缩厂房地沟可燃气体浓度得到准确监测、及时报警”的目标，依据此目标，制定出“压缩厂房地沟可燃气体浓度监测、报警管理方案”，管理方案包括如下措施：

① 调查并确定适用的可燃气体浓度监测、报警装置及其技术参数；
② 选购符合要求的监测、报警装置；
③ 安装监测、报警装置；
④ 通过试验和试运行，对装置进行验收；
⑤ 规定并实施定时检查制度，记录监测数据。
其中⑤的内容还写入了相关的文件中。

第四节　危险源辨识风险评价案例

根据上述危险源辨识与风险评价方法和控制措施，本节从建筑、石油、危化、非煤矿等四个高危行业中选取不同危险源辨识风险评价方法进行辨识的案例，供读者参考、借鉴。读者可以根据各自行业的不同特点，举一反三，找到符合自己行业实际情况的危险源辨识和风险评价方法，制定相应的管理措施，督促措施落实到位，防止和减少生产安全事故，保障人民群众生命和财产安全。

一、建筑施工风险识别及控制案例

某建筑施工企业2008年通过职业健康安全管理体系的认证，制定了危险源辨识风险评价管理程序，规定了各级部门相应的职责。

1. 职责

该建筑公司规定安全技术部负责危险源辨识风险评价管理程序的编制、修改和实施情况的检查、指导；安全技术部负责汇总编制公司不可接受风险的危险源及其控制计划清单；办公室负责对公司机关办公区域的危险源进行识别和评价；分公司及项目部的安全技术部负责施工过程中的危险源的识别和评价，编制《危险源辨识与风险评价结果一览表》及《不可承受风险的危险源及其控制计划清单》。

分公司及项目部将《危险源辨识与风险评价结果一览表》及《不可承受风险的危险源及其控制计划清单》上报公司安全保卫部。公司安全技术部根据分公司、项目部、公司机关的《不可承受风险的危险源及其控制计划清单》，汇总《不可承受风险的危险源及其控制计划清单》并发放到公司机关各部门。

2. 工作程序

工作流程：危险源识别——→风险评价——→确定不可承受风险的危险源——→控制措施。

3. 确定检查区域和流程

公司和项目部分别组织人员进行危险源的识别与评价工作。

识别的范围包括施工过程、作业区、办公区、项目部临时生活区域。

4. 危险源识别方法包括

① 调查表法；
② 通过收集国家、地方、行业和有关部门公布的法律、法规、规范、规程等；
③ 按照施工工序，逐个鉴别和评价的方法；
④ 按照地点或功能区逐个识别的方法。

5. 危险源识别和风险控制措施

①《危险源辨识与风险评价结果一览表》见表4-17；
②《不可接受风险的危险源及控制管理措施清单》见表4-18。

表 4-17　危险源辨识与风险评价结果一览表(举例说明在钢筋生产过程中)

活动、产品或服务中的危险源		L	E	C	D	控制措施
设备设施缺陷	钢筋拉伸设备维修保养不到位，卷扬机钢丝绳断丝或磨损超过标准未更换	1	1	3	3	由机电人员对该机械传动部位进行打油保养，钢丝绳断丝达到报废标准及时更换，符合安全后方可使用
	钢筋切断机外壳脱落，松动	1	2	7	14	由机电人员进行维修加固
	钢筋切断机刀口有两处破损	3	1	7	21	由机电人员更换，更换后经检查符合安全要求方可投入使用
	对焊机作业时，没有配备灭火器材	3	6	3	54	将对焊机周围的易燃物品远离，按照职业健康安全有关管理制度配备干粉或泡沫灭火器
	钢筋机具没有重复接地	1	1	15	15	由机电人员按照 JGJ 46—2005 要求增加
防护缺陷	对焊机作业人员作业时未设防火挡板，火星乱溅，作业人员没有佩戴防护面罩	3	6	3	54	由项目安全员监督对焊作业人员加设防火挡板并给作业人员配发防护用品
	对焊机作业人员作业时未穿戴绝缘手套、绝缘鞋	1	2	15	30	按职业健康安全有关管理制度中有关防护用品规定进行发放，并监督作业人员正确使用
	钢筋拉直机周围没有防护栏杆，没有警告标识	1	3	3	9	在作业场所搭设 1~1.2m 的防护栏杆并悬挂醒目的安全标志牌
电危害	设备外壳没有保护接零(接地)	0.5	6	15	45	由机电人员按照 JGJ 46—2005 增设重复接地，其电阻值不大于 4Ω
	对焊机没有设置漏电保护器	0.5	6	15	45	按照 JGJ 46—2005 增设漏电保护器，安装完后经检查符合安全要求后方可投入使用
	机具开关箱没有拉闸上锁，作业或维修中他人可能进行操作	0.5	6	15	45	依据职业健康安全有关管理制度有关条款对相关人员处罚并组织安全教育，加强管理力度
	电渣压力焊机无专用开关箱，工人操作地点与电源开关处较远，有问题时难于及时切断电源	1	3	15	45	由器材部采购符合 JGJ 46—2005 要求的电箱。由机电人员安装经检查符合安全要求后方可使用
	平板车转运钢筋装车不合理时，钢筋散落容易砸伤工人	1	2	7	14	对工人加强安全教育增加自我防范意识，运输钢筋时捆绑牢固后，方可运输
	塔吊运钢筋时，钢筋不分类混合吊装，容易散落伤人	0.5	1	15	7.5	将钢筋分类吊运，较短的钢筋吊运时采用筐吊运
	无塔吊时，垂直传递钢筋，容易坠落伤人	3	2	7	42	人工传运钢筋时由专人统一指挥并给作业人员配备防护用品

续表

活动、产品或服务中的危险源		L	E	C	D	控制措施
明火	钢筋焊接时无动火申请，私自焊接，且无人监护	1	3	3	9	按职业健康安全有关管理制度办理动火审批手续
	焊接中焊条头随意乱扔，容易引发火灾	1	3	3	9	对操作人员加强安全教育，焊接前应将周围易燃物清理
	对焊机距离木工房、宿舍过近，容易引发火灾	0.5	1	15	7.5	根据现场的实际情况对可燃的场所增设消防设备或将对焊机位置迁移
造成灼伤的高温物质	电焊、气焊作业过程的高温材料容易伤人	1	6	3	18	按有关标准配发防护用品，并加强安全教育
粉尘与气溶胶	焊接过程产生的烟气对人体的伤害	6	3	1	18	给操作人员配发口罩并按有关规定进行定期体检
作业环境不良	钢筋机台周边钢筋头没有清理干净，容易扎伤人	0.2	6	3	3.6	按照职业健康安全有关管理制度的规定，将钢筋头及时清理搬运
	机具安置不合理，操作空间狭小，加工长件时容易受到伤害	1	3	3	9	按照职业健康安全有关管理制度有关规定及现场的实际情况，扩大钢筋制作的场地
	绑扎 4m 以上的柱筋时，没有设置平台，攀登钢筋骨架进行作业，发生坠落事故	3	3	3	27	绑扎 2m 以上的柱梁钢筋时，必须增设操作平台
	对焊机棚搭设没有使用防火材料	0.5	6	3	9	使用防火材料，并加强操作人员的安全教育
	电渣压力焊焊接柱筋时，楼板养护水较多，易发生触电事故	1	3	15	45	在积水多的地方增设干燥的木板，操作人员应穿戴绝缘防护用品
标志缺陷	钢筋机具处没有设置安全标志	0.5	6	3	9	项目部安全员根据实际情况进行增设
	安全操作规程牌挂设位置不当，难以看到	0.5	6	3	9	项目部安全员根据实际情况进行挂设
	对焊机棚没有防火标志牌	0.5	6	3	9	项目部安全员根据实际情况进行挂设
易燃易爆性物质	对焊机作业现场 10m 范围内违章存放有氧气、乙炔瓶	1	0.5	40	20	项目部按照规定增设氧气、乙炔瓶的存放场所

注：根据作业条件风险评价法（$D=LEC$）进行判别，级别见表 4-17，如 $D>70$，就判断为不可接受风险的危险源。

编制人：　　　　日期：　　　　审核人：　　　　日期：

表 4-18　不可接受风险的危险源及控制管理措施清单（按事故类别划分）

序号	事故类别	危险源	控制计划		
			目标	安全技术措施	制度或应急预案
1	高处坠落	1. 各种高空作业未使用或正确佩戴安全防护用品； 2. 高空作业时违章操作； 3. 大风天进行高空作业； 4. 高处防护设施缺损； 5. 高处作业注意力不集中	不发生高处坠落事故	1. 做好“四口”“五临边”的安全防护措施； 2. 六级以上大风，不得在高处作业； 3. 作业过程中不得打闹，要注意周围的情况； 4. 拆除防护设施、措施要经项目批准	高空作业安全管理规定； 高处坠落及物体打击事故预案
2	物体打击	1. 未正确使用各种施工机械； 2. 高处作业时，物品乱扔或未正确放置； 3. 作业未正确佩戴个人防护用品； 4. 各种防护措施未设置或破损	不发生物体打击事故	1. 按建筑高处作业要求，搭设合格的高处防护措施； 2. 搭设符合专项方案的脚手架，并挂设立网、铺设竹榀； 3. 各种机械做好防护措施； 4. 加强机械保养、监测、检查确保防护措施灵敏、有效； 5. 从安全通道通行，不随意跨越禁行标志	防物体打击安全技术措施及安全预案
3	机械伤害	1. 各种机械未验收； 2. 违章使用各种施工机械； 3. 未正确穿戴个人防护用品； 4. 施工机械未及时检查、维修保养； 5. 机械未定期监测； 6. 防护设备缺损； 7. 安全保护设施、设置失灵	不发生机械伤害事故	1. 机械使用前必须通过机械验收； 2. 特种设备必须按要求定期进行监测、按时保养； 3. 各种机械防护设施、措施有效； 4. 作业人员不违章操作； 5. 夜间作业照明	施工机械安全操作规程；机械伤害事故预案
4	触电	1. 未按用电专项方案搭设； 2. 施工机械绝缘失效； 3. 电缆、电线破损； 4. 电缆、电线未架空； 5. 施工机械未按要求做好接零接地保护； 6. 未正确使用个人防护用品； 7. 安装、操作人员未具备相应的资格、能力； 8. 防护、保护设施、措施失效	不发生触电事故	1. 编制专项用电方案并经公司、监理有关人员的审批； 2. 线路由专职电工按方案搭设； 3. 确保机械、线路绝缘良好，并做好相应的检测工作； 4. 确保防护设施、措施运行有效； 5. 架空线路符合施工实际要求； 6. 非专业电工不得随意对用电设备进行维修	防触电安全技术措施及事故预案

续表

序号	事故类别	危险源	控制计划		
			目标	安全技术措施	制度或应急预案
5	起重伤害	1. 起重设备未按专项方案安拆进行； 2. 作业人员未取得相应的操作证； 3. 未按要求进行验收； 4. 塔吊、电梯、起重机作业时违章操作； 5. 塔吊、电梯、起重机未及时维护设备存在隐患； 6. 未及时监测安全设施； 7. 钢丝绳不符合要求、未定期保养； 8. 起重超载； 9. 违章指挥、视线不明、信号错误	不发生起重伤害	1. 塔吊、电梯安、拆专项方案要经过公司、监理等有关部门审批； 2. 塔吊、电梯安、拆由专业人员进行； 3. 使用前要通过有关部门验收、检测并取得有效的使用证； 4. 各机械作业前的有效试运行； 5. 作业人员不违章作业，如超载、六级以上大风作业等； 6. 指挥人员与作业人员有效沟通； 7. 物体绑扎不符合要求； 8. 夜间作业加强照明	塔吊、起重机安全操作规程； 机械伤害事故预案
6	坍塌	1. 基坑四周的防护措施不当； 2. 开挖顺序不按设计进行； 3. 脚手架不按专项方案搭设、拆除； 4. 脚手架安、拆人员未具备相应资格、能力； 5. 未按照模板施工方案搭设和拆除； 6. 提前拆除模板支撑； 7. 未按要求浇注楼板	不发生坍塌事故	1. 脚手架、模板专项方案应经公司、监理等有关人员的审批； 2. 安、拆人员应具备相应资格能力； 3. 脚手架的基础要夯实； 4. 立杆的间距、拉结点的设置要符合要求； 5. 使用前要进行验收、并在使用过程中加强检查； 6. 做好安全警示标志，预防车辆碰撞； 7. 高大模板、超过 4m 的基坑支护，应有专家审核； 8. 拆除应经项目部批准，并有专人现场监护	坍塌事故应急预案
7	火灾或爆炸	1. 在工地仓库里明火； 2. 违规使用乙炔和氧气； 3. 乙炔、氧气压力表破损； 4. 电焊作业违章操作； 5. 油漆储存或使用不当； 6. 作业人员违章吸烟； 7. 未取得动火作业许可	零火灾或爆炸事故	1. 严格控制仓库内使用明火； 2. 实施三级动火审批制度； 3. 人员不得在易燃易爆场所吸烟、明火作业； 4. 化学用品的使用、储藏要符合要求； 5. 乙炔、氧气瓶不得暴晒，各仪表灵敏可靠； 6. 乙炔、氧气瓶使用、储藏的距离、环境要符合要求； 7. 施工作业人员能正确使用消防器材、设施	消防管理程序/火灾事故的安全预案

续表

序号	事故类别	危险源	控制计划		
			目标	安全技术措施	制度或应急预案
8	车辆伤害	1. 违章驾驶施工车辆； 2. 施工车辆未及时维护存在隐患； 3. 场内照明不合理； 4. 交通标志不清或无标志； 5. 道路不平整或设置不合理	无车辆伤害事故	1. 按要求加强车辆的保养、维修、检查； 2. 加强道路的维护，确保道路平整； 3. 加强现场的照明； 4. 设置明显、合理的交通标志	车辆安全操作规程 生产安全事故应急预案
9	高温中暑	1. 夏天较长时间露天作业； 2. 高温作业	无中暑事故	1. 合理安排施工工序，减少露天暴晒作业时间； 2. 搭设防晒棚提供凉爽作业条件； 3. 个人穿戴防晒用品； 4. 夏天提供防暑降温凉茶	
10	化学品中毒	1. 防水作业时未正确使用化学品； 2. 在密闭空间油漆作业； 3. 未正确穿戴个人防护用品； 4. 随意焚烧化学残留物	不发生化学品中毒事故	1. 按化学用品的使用说明进行操作； 2. 加强作业场所的通风； 3. 不得焚烧化学残留物； 4. 盛装化学的容器不得随意抛弃或使用	1. 化学品管理程序； 2. 化学品应急预案
11	食物中毒	食用不卫生、变质的食品	不发生食物中毒事件	1. 不食用变质、不卫生的食品； 2. 食堂做到生熟分开； 3. 炊事员持有合格的健康证明； 4. 采购符合卫生的食品； 5. 食堂设有防“四害”措施	1. 工地食堂卫生管理制度； 2. 公共卫生应急预案
12	噪声	机械噪声/人为噪声	不发生职业病	1. 机械作业时间避开休息时间； 2. 正确使用个人防护用品如耳塞等	

以上这些危险源项目部都须通过加强安全教育及安全检查，提高对危险源的控制，并做到正确穿戴个人防护用品。

其中的安全教育措施包括：①新员工三级安全教育；②安全交底；③特种作业人员持证等。

其中的安全检查措施包括：①班组的日常检查；②专职安全员的巡查；③项目部定期与不定期检查等

编制人： 日期： 审核人： 日期： 审批人： 日期：

二、石油工程风险识别及控制案例

石油行业也是一种高风险的行业，在石油天然气生产作业涉及钻井、完井、采油和站场集输处理等环节，涉及健康安全的危险源及有害因素也较多。构成一个庞大、复杂且危险的生产系统。任何一个环节故障或发生事故，都会对整个系统构成威胁，甚至对整个油田的生产产生影响。石油行业采用的危险辨识源的辨识方法也是多种的，这里只介绍采用预先危险性分析法和作业条件危险性评价法，大家可以举一反三。

（一）预先危险性分析

预先危险性分析(PHA)中，可接受度在1~5之间是高风险，6~10之间是中等风险，11以上是低风险。对中等以上风险，都是作业中的重点风险。针对钻井作业过程中的预先危险性分析分析，结果如表4-19所示。

表4-19 钻井作业风险预先危险性分析(施工阶段)

施工阶段	序号	部位	风险名称	可能起因	主要危害	影响	接受度	评估结果
设备搬迁	1	设备	交通事故	违章操作	设备受损	设备性能	17	低风险
	2	设施	交通事故	客货混装	伤害人员	人的安全	16	低风险
	3	设备设施	起吊伤害	吊具有缺陷	人员伤害、设备受损	人的安全、设备性能	4	高风险
钻机安装	1	各安装点	高空坠落	精力不集中，麻痹操作	设备破坏、人员伤害	人和设备的安全	3	高风险
			起吊伤害	吊具有缺陷	人员伤害设备受损	人的安全、设备性能	8	中风险
钻进施工	1	钻台	物体打击	钻具、井口工具打击	人员受伤	人的安全	9	中风险
	2		中毒	井内毒气	伤害人员	人的安全	3	高风险
	3		高空落物	二层台井架设施、工具、游动系统	人员伤亡	人的安全	4	高风险
	4		井喷火灾爆炸	井喷引发或操作碰撞火花	人员伤亡财产损失	人员与财产的损失	1	高风险
	5	井口	中毒	井内毒气	伤害人员	人的安全	12	低风险
	6	游动系统	上顶下砸	操作麻痹	人员伤害	人的安全	8	中风险
	7	井场	井喷	发生井涌或钻遇高压油气层	污染环境、可能发生火灾	污染环境、人的安全和健康	8	中风险
	8	钻台	夹伤、碰伤	工具操作不发	伤害人员	人的安全	9	中风险
	9	设备	设备噪声	设施完整性不好	伤害人员	人的健康	18	低风险
	10	井场	环境污染	无控制排污	污染环境	影响声誉	13	低风险
	11	钻井液循环系统	高压伤害	管汇破损，高压液刺出	污染环境伤害人员	污染环境、人的安全和健康	10	中风险
	12	发电房SCR房	触电	电器设备、设施有缺陷，人员违章操作	伤害人员	人的安全	3	高风险
	13	井场	有毒气体伤害	配制有毒钻井液	伤害人员	人的健康	19	低风险
	14		粉尘	配制钻井液	伤害人员	人的健康	18	低风险
其他作业	1	井场	火灾（含爆炸）	动火	污染环境伤害人员	污染环境、人的安全	4	高风险
	2	井场	触电	用电过程中	伤害人员	人的安全	10	中风险

（二）作业条件危险性评价法

采用作业条件危险性评价法（LEC）对钻井循环系统风险评价结果如表 4-20 所示。

表 4-20 石油工程危险辨识风险评价结果

序号	风险	存在的危害	危害因素特性	作业条件评价				风险分级	风险控制措施
				L	*E*	*C*	*D*		
1	启动钻井泵时，考克窜气	设备损坏、人身伤害	设施缺陷	1	10	15	150	三级	严格执行设备检修规定；提高员工意识，加强监管
2	万向轴螺栓掉未及时发现	设备损坏、人身伤害	操作错误	1	6	7	42	四级	提高员工意识，加强巡回检查和监管
3	高压水龙带磨损严重、爆裂	设备损坏、人身伤害	操作错误	1	6	7	42	四级	加强维护，保养和检查；更新设备
4	封死闸门、憋泵、爆管	设备损坏、人身伤害	违章作业	1	10	15	150	三级	严格执行设备检修规定；提高员工意识，加强监管
5	闸门倒换不正确、短路循环	井下复杂	操作错误	1	6	7	42	四级	加强培训，提高员工技能；设置醒目标志，加强监管
6	电气设施接地不良	人身伤害、火灾事故	电危害	1	10	15	150	三级	执行井场电气安装技术要求，严格接地或接零
7	电气设备不防爆	人身伤害、火灾事故	设施缺陷	1	10	7	70	三级	更换防爆设备，加强检查
8	循环系统运转不正常	井下事故	设施缺陷	1	10	7	70	三级	更新设备，加强维护、保养和检查
9	液面报警系统失灵	井喷	设施缺陷	3	6	7	126	三级	加强维护、保养和检查；更新液面报警系统
10	用电设备未定期检查、维护、保养	火灾事故、人身伤害	违章作业	3	3	7	63	四级	加强维护、保养和检查
11	坐岗人员巡回检查不认真	事故隐患	违章作业	3	3	7	63	四级	提高员工意识和组织纪律；加强员工技能培训
12	钻井液被污染（盐水浸、钙浸、油气浸等）	井下复杂或事故	操作错误	1	3	15	45	四级	获取附近井资料，制定针对性措施，分析原因，调整钻井液性能
13	配制钻井液时排放粉尘	人身危害	粉尘危害	6	6	1	36	四级	严格穿戴防护用品；加强监管，采取措施减少粉尘产生
14	固控设备运转不正常	钻井液性能差	设施缺陷	1	6	7	42	四级	及时更新，加强维护、保养和检查
15	钻井液材料传输带固定不牢	人身伤害	设施缺陷	1	6	7	42	四级	执行钻井设备拆装安全规定，固定牢固，加强检查
16	循环罐盖板未盖好	人身伤害	设施缺陷	1	6	7	42	四级	执行钻井设备拆装安全规定，固定牢固，加强检查

钻井重点工况风险与控制措施见表4-21。

表4-21 钻井重点工况风险与控制措施

工况	危害点、作业环节	潜在危害	消减和控制措施
搬迁安装	拆、装设备	人砸伤、碰伤、高处坠落；设备碰坏、砸坏	按照作业指导书要求，小心谨慎，高处操作系好安全带
	搬迁设备	翻车伤人损物，交通事故	执行道路交通安全法，谨慎驾驶
		起吊重物损物，交通事故	起吊重物选择合格吊索，现场统一指挥，安排监护人
	起放井架	高处坠落，落物伤人	设置警戒区，安排监护人
		起绳跳槽摔坏井架、砸伤人	加强起放井架前的各项检查
		操作失误砸坏井架	加强培训，逐条执行操作规程
钻井过程	起下钻、接单根	拉猫头伤人	禁用钢丝绳拉猫头、配液压猫头
		钻井液喷出，滑跌摔伤	使用防喷盒，钻台有钻井液及时处理
		高处落物砸伤下方人	工具、活动部件系好保险绳，不抛掷物品
		操作人员高处坠落	系好安全带
		防碰天车失灵、顶天车	及时检查防碰天车，发现失灵时应停工维修
		单吊环起钻	谨慎操作
		刹车失灵、顿钻	加强刹车系统检查
		断大绳、气葫芦绳	及时检查、更换钢丝绳
		气葫芦吊重物脱钩	使用安全双向钩
	钻进	井喷、井喷失控	按设计安装调试防喷器材、设施、管汇和内防喷工具，培训演练应急预案
		井漏，掉牙轮，刺、断钻具，掉螺杆芯子，卡钻	正确执行操作规程
		机械伤人	转动部位必须安装封闭护罩
		H_2S等有毒气体引起中毒	现场配备H_2S等有毒气体检测仪和足量的气防装置，培训演练应急预案
		可燃气体从井口溢出，燃烧爆炸	配备可燃气体检测仪，在井口配备防爆排风扇，驱散可燃气体
	配置钻井液	处理剂灼伤、烧伤、腐蚀；吸入粉末导致尘肺、中毒	穿戴好劳动防护用品
		环境污染	及时清除回收落地药品、包装，挖沟阻断外排
	特殊作业	处理事故断大绳、拉倒井架、拔断钻具、工具落井	按照事故处理方案进行事故处理
		割、焊井口造成火灾	进行风险分析，开动火证，制定动火措施，落实措施后由持证人员动火
		检维修泵或其他设备，误合开关造成检修人员伤害	安排监护人，挂牌警示，拆离合器或总控制器
	特殊天气	雨天滑跌、触电	清除通道杂物，井场使用防雨电气开关，所有设备接地
		冬天冻坏设备、冻坏人员；夏天中暑	做好防暑降温和防冻保温工作，发放防暑降温药品和取暖保温器材

续表

工况	危害点、作业环节	潜在危害	消减和控制措施
完井作业	测井作业	放射性伤害，射孔枪误发伤人	测井时，闲杂人员离开施工现场
		测井仪器落井	配合测井做好准备工作
	下套管作业	滚套管、吊套管、拉猫头伤人、井漏、井涌、卡套管、落物	严格执行下套管操作规程
	固井作业	憋管线、憋泵伤人，井漏	非施工人员撤离，现场安排监护人，固井施工人员检查管线连接处
		环境污染	及时回收落地水泥
	甩封井器装井口	砸伤人、砸坏井口	严格执行操作规程
	甩钻具	拉猫头、钻具下钻台、滚钻具、人身伤害、损坏钻具	严格执行操作规程
其他	油罐区	罐区燃油泄漏不，燃烧爆炸	加强罐区检查，油罐区禁带火种，禁止动火
	宿舍、伙房	电气火灾烧毁房屋设施，烧伤人	人走电停，加强检查监护，配消防器材
	药品房、材料房	现场易燃纤维物品着火烧毁房屋、材料	在井场范围内，尤其是易燃易爆物品房内禁止抽烟、动火

三、危险化学品生产风险识别及控制案例

危险化学品生产企业往往存在着众多的危险源，在危险源辨识时，应综合考虑各方面的因素，从而能够制定合理的危险源辨识方案，达到科学排查危险，防患于未然，保障企业的安全生产。化学危害因素的风险识别及控制方法很多，这里只举例说明采用工作危害分析法(JHA)和故障类型及影响分析(FMEA)。

(一) 工作危害分析法

工作危害分析法(JHA)如图 4-3 所示。将作业活动分解为若干个相连的工作步骤，识别每个步骤的潜在危害因素，然后通过风险评价判定风险等级[见表 4-11 风险等级(R)判定准则及控制措施]，制定相应的管理控制措施。如在氧化塔再生作业中，根据工作危害分析法，评价出结果见表 4-22。

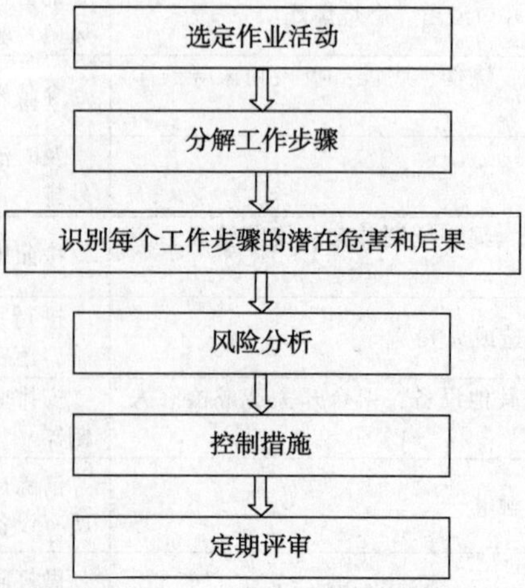

图 4-3　工作危害分析流程

表 4-22　氧化塔再生工作危害分析法

作业活动：氧化塔再生

序号	工作步骤	危害	主要后果	现有安全控制措施	L	S	风险度(R)	建议改正/控制措施
1	准备工作	a. 未佩戴防护眼镜	眼睛烧伤	佩戴防护眼镜	1	3	3	
		b. 未戴手套	手烧伤	佩戴防护手套	3	2	6	
		c. 法兰、盘根泄漏	人员烧伤	a. 按规定着装、佩戴眼镜	2	3	6	
				b. 作业前检查	2	3	6	
		d. 照明不充足	人员受伤	准备防爆手电	2	3	6	
		e. 不切塔内碱渣	污染环境	退油前切渣	2	2	4	
2	检查机泵	a. 无润滑油	泵抱轴	作业前检查，定期加润滑油	1	2	2	
		b. 盘车不动	泵抱轴	每天盘车检查，及时检修	1	2	2	
		c. 地角螺栓松动	泵振动烧毁电机	作业前检查	1	2	2	
		d. 导淋开	跑油或着火	作业前检查	1	3	3	
		e. 阀门掉砣	损坏电机、机泵	作业前检查	1	2	2	
		f. 防护罩不牢固	人员受伤	作业前检查	2	3	6	
3	启动泵	a. 先打开出口阀	超电流、烧毁电机	先关闭泵出口阀	1	2	2	
		b. 入口流程不通	泵抽空、损坏机泵	检查流程	1	2	2	
4	退油	a. 泵自停	汽油串回，汽油冒罐	泵出口加单向阀、现场监护	2	2	4	
		b. 放空阀打不开	抽坏设备	定期检查，加润滑油，停泵	2	2	4	
		c. 流速过快	产生静电，着火	控制流速不大于20t/h	1	3	3	
		d. 液位计显示不清	泵抽空、损坏机泵	作业前检查，及时更换液位计	2	2	4	
		e. 直梯滑	人员摔伤	加防护栏	1	3	3	
5	停泵	a. 出口阀关不严	介质倒流损坏机泵	关闭流程其他相关阀门	2	1	2	
		b. 入口阀关不严	蒸罐时损坏机泵	更换入口阀	2	2	4	
6	开泵进水	泵自停	汽油污染水系统	泵出口加单向阀、现场监护	2	2	4	
7	水煮	蒸汽量过大	水击损坏设备	现场监护	2	2	4	
8	放水	底放空阀开度过打	污水外溢	控制排水量	2	2	4	
9	蒸塔	a. 凝结水切不净	水击损坏设备	切净凝结水	2	2	4	
		b. 蒸汽阀开度太大	设备超温	定时检查设备温度	2	2	4	
		c. 不及时切凝结水	水击损坏设备	定时切净凝结水	2	2	4	
10	停蒸汽	未及时加盲板	油气串入，着火	及时加盲板	1	4	4	
11	进油	进油速度过快	产生静电着火	控制进油速度小于4m/s	1	4	4	
		放空阀关不严	跑油	更换阀门	2	2	4	

分析人：　　　　日期：　　　　　　　　审核人：　　　　　　　　日期：

在表4-22中，风险度(*R*)均没有超过8，判定出其风险等级是可接受的。也说明了现有的措施控制可靠、有效，不会造成人员的伤亡和财产的损失，就无须进行改正或制定别的管理措施进一步控制风险了。一旦风险度(*R*)超过8，风险等级达到中等危害，可能将给人员带来一定的伤害或财产损失。组织应考虑建立目标，建立健全安全操作规程，加强员工的安全培训，提高员工的安全意识和安全技能，杜绝违章指挥和违章作业，确保安全生产。

（二）故障类型及影响分析

故障类型及影响分析（FMEA）对系统或产品各个组成部分，按一定顺序进行系统分析和考察，查出系统中各子系统或元件可能发生的各种故障类型，并分析它们对单位或产品的功能造成的影响，提出可能采取的改进措施，以提高系统或产品的可靠性和安全性的方法。

它从几个方面来考虑故障对系统的影响程度，用一定的点数表示风险程度的大小，通过计算，求出故障等级：

$$C_E = F_1 \times F_2 \times F_3 \times F_4 \times F_5$$

式中 F_1——故障或事故对人影响大小；

F_2——对系统、子系统、单元造成的影响；

F_3——故障或事故发生的频率；

F_4——防止故障或事故的难易程度；

F_5——是否为新技术、新设计或对系统熟悉程度；

C_E——致命度点数。

其中 $F_1 \sim F_5$ 的分值（见表 4-23），C_E 与故障或事故等级见表 4-24。

表 4-23　$F_1 \sim F_5$ 的取值

项　目	内　容	系数
故障或事故对人影响大小 F_1	造成生命损失	5.0
	造成严重损失	3.0
	一定功能损失	1.0
	无功能损失	0.5
对装置（系统、子系统、单元）造成影响大小 F_2	对系统造成两处以上重大影响	2.0
	对系统造成一处以上重大影响	1.0
	对系统无大的影响	0.5
故障或事故发生频率 F_3	易于发生	1.5
	可能发生	1.0
	不太可能发生	0.7
防止故障或事故的难易程度 F_4	不能防止	1.3
	能够预防	1.0
	易于预防	0.7
是否新设计（技术）及熟悉程度 F_5	相当新设计（新技术）或不够熟悉	1.2
	类似新设计（技术）或比较熟悉	1.0
	同样的设计（技术）或相当熟悉	0.8

表 4-24　C_E 与故障或事故等级见

评价点数 C_E	故障、事故等级	内　容
>7	Ⅰ级，致命的	人员伤亡，系统任务不能完成
$4 < C_E \leq 7$	Ⅱ级，重大的	大部分任务完不成
$2 < C_E \leq 4$	Ⅲ级，小的	部分任务完不成
$C_E \leq 2$	Ⅳ级，轻微的	无影响

某组织对一套脱硫醇装置按照故障类型及影响分析（FMEA）进行分析评价，得出表4-25结果。

表 4-25　一套脱硫醇装置故障类型及影响分析汇总表

系统	子系统	部位	故障类型	运行阶段	F_1	F_2	F_3	F_4	F_5	C_E	故障检测方法	故障等级	是否进一步分析	风险削减措施
混合器		法兰及容器壁	泄漏	正常	0.5	2.0	0.7	1	0.8	0.56	目测	Ⅳ	否	按时巡检，执行《操作规程》操作规程
反应器		法兰及容器壁	泄漏	正常	0.5	2.0	0.7	1	0.8	0.56	目测	Ⅳ	否	按时巡检，执行《操作规程》
分离罐（大、小）		罐体	泄漏	正常	0.5	2.0	0.7	1	0.8	0.56	目测	Ⅳ	否	按时巡检
		罐体	抽瘪	正常	0.5	2.0	0.7	1	1	0.7	测罐顶压力	Ⅳ	否	按时巡检，液位调节自锁
砂滤塔		塔壁	漏损	正常	0.5	2.0	0.7	1	0.8	0.56	目测	Ⅳ	否	按时巡检，执行《操作规程》
脱硫醇脱水罐		罐体	漏损	正常	0.5	2.0	0.7	1	0.8	0.56	目测	Ⅳ	否	按时巡检，定期效验安全阀，执行《操作规程》
		罐底	冻坏	正常	0.5	2.0	1	1	0.8	0.8	目测、敲击	Ⅳ	否	按时巡检，执行《操作规程》
碱罐	罐体	罐体	腐蚀、漏损	正常	1	1	1	1	0.8	0.8	目测	Ⅳ	否	按时巡检
离心泵	机泵	密封	密封泄漏	正常	1.0	1.0	1.0	1.3	0.8	1.04	目测	Ⅳ	否	按时巡检，定期检测，严格按规定程序操作
		泵轴	抱轴	正常	1.0	1	0.7	1	0.8	0.56	目测	Ⅳ	否	按时巡检，定期检测，适时更换润滑油
		电机	超温	正常	0.5	1	1	1	0.8	0.4	测温度	Ⅳ	否	按时巡检，定期检测，适时进行电机润滑
电			停电	正常	0.5	1	1	1	0.8	0.4	目测	Ⅳ	否	加强检查，及时汇报
风			停风	正常	0.5	1	1	1	0.8	0.4	目测	Ⅳ	否	加强检查，及时汇报
自保系统			失灵	正常	0.5	1	1	1	0.8	0.4	目测	Ⅳ	否	加强检查，及时汇报

四、非煤矿山生产风险识别及控制案例

非煤矿山是指开采金属矿石、放射性矿石以及作为石油化工原料、建筑材料、辅助原料、耐火材料及其他非金属矿物(煤炭除外)的矿山和尾矿库。非煤矿山虽无瓦斯爆炸的危险，但在其他方面与煤矿无根本区别。在生产过程中主要的事故有：中毒(窒息)、火灾、透水、爆炸、坠罐跑车、冒顶坍塌等事故的事故。根据这六类主要事故，编制检查表，在工作中根据检查表对生产过程进行检查，找出隐患，落实整改，确保安全。非煤矿事故防范措施专项检查表见表4-26。

表4-26　非煤矿山事故防范措施专项检查表(地下矿山)

序号		检查项目	检查内容及标准	检查情况	整改情况
一、严防中毒窒息事故	1	通风管理	是否建立通风管理机构		
	2		是否配备专职通风技术人员和测风、测尘人员；通风作业人员是否经专门的安全技术培训并考核合格，持证上岗		
	3	通风系统	是否安装主要通风机，并设置风门、风桥等通风构筑物；是否形成完善的机械通风系统		
	4		独头采掘工作面和通风不良的采场是否安装局部通风机；是否使用非矿用局部通风机；是否存在无风、微风、循环风作业		
	5	监测监控	主要通风机是否安装开停传感器；回风巷是否设置风速传感器		
	6		从事井下作业的每一个班组是否配备便携式气体检测报警仪；人员进入采掘工作面之前，是否检测有毒有害气体浓度		
	7	废弃井巷	废弃矿井和井下废弃巷道是否及时封闭，并设置有明显的警示标志		
	8	应急管理	是否为每一位入井人员配备自救器，并确保随身携带		
	9		井下主要通道是否明确标示避灾路线，并确保安全出口畅通		
	10		是否制定中毒窒息事故现场处置方案；是否定期对入井人员进行通风安全管理和防中毒窒息事故专题教育培训；是否开展防中毒窒息事故应急演练		
二、严防火灾事故	11	可燃物	新、改、扩建矿井的动力线、照明线、输送带、风筒等设备设施是否具备阻燃特性		
	12		生产矿井是否按照《国家安全监管总局关于发布金属非金属矿山禁止使用的设备及工艺目录(第一批)的通知》(安监总管一〔2013〕101号)规定的时限淘汰非阻燃的设备设施		
	13	用火用电管理	井下切割、焊接等动火作业是否制定安全措施，并经矿长签字批准后实施		
	14		是否有人在井下吸烟		
	15		井下是否存在使用电炉、灯泡等进行防潮、烘烤、做饭和取暖		
	16	油品管理	井下各种油品是否单独存放在安全地点，并严密封盖		
	17		柴油设备或油压设备一旦出现漏油，是否及时进行处理		
	18	消防系统	是否按规定设置地面和井下消防设施，并有足够可用的消防用水		
	19		是否制定火灾事故现场处置方案，并定期进行演练		

续表

序号		检查项目	检查内容及标准	检查情况	整改情况
三、严防透水事故	20	水害隐患	是否调查核实矿区范围内的其他矿山、废弃矿井(露天开采废弃采场)、老采空区，本矿井积水区、含水层、岩溶带、地质构造等详细情况，并填绘矿区水文地质图		
	21		是否摸清矿井水与地下水、地表水和大气降水的水力关系，并预判矿井透水的可能性		
	22	排水系统	是否按照设计和《金属非金属矿山安全规程》建立排水系统，并加强对排水设备的检修、维护；排水系统是否完好可靠		
	23	探放水管理	是否健全防治水组织机构和工作制度		
	24		是否严格按照“预测预报、有疑必探、先探后掘、先治后采”的水害防治原则，落实“防、堵、疏、排、截”综合治理措施		
	25		水害隐患严重的矿山是否成立防治水专门机构；是否配备专用探放水设备；是否建立专业探放水队伍；排水作业人员是否经专门的安全技术培训并考核合格，持证上岗		
	26	应急保障	是否建立完善透水事故应急救援预案；是否对作业人员进行安全培训；是否开展透水事故应急救援演练		
	27		水文地质情况复杂的矿井是否按照要求建设紧急避险设施，并配备满足抢险救灾必需的大功率水泵等排水设备		
	28		是否存在相邻矿井井下贯通情况；是否开采隔水矿柱等各类保安矿柱		
四、严防爆炸事故	29	人员资质	从事爆破作业的人员是否经专门的安全技术培训并考核合格，持证上岗		
	30	井下炸药库	井下炸药库的建设、通风、贮存量、消防设施等是否符合设计要求		
	31		是否严格执行爆破器材入库、保管、发放、值班值守和交接班等管理制度；是否存在非工作人员进入炸药库		
	32		在井下炸药库 30m 以内的区域是否存在爆破作业行为； 在距离炸药库 30~100m 区域内进行爆破时，炸药库内是否有人停留		
	33	爆破器材	是否采用专车运送爆破材料；是否存在用电机车或铲运机运送爆破材料；是否存在炸药、雷管同车运送		
	34	爆破器材	是否存在在井口或井底停车场停放、分发爆破材料		
	35		井下工作面所用炸药、雷管是否分别存放在加锁的专用爆破器材箱内；是否有乱扔乱放行为		
	36		爆破器材箱是否放在顶板稳定、支护完整、无机械电器设备的地点；起爆时是否将爆破器材箱放置于警戒线以外的安全地点		
	37		当班未使用完的爆破材料，是否在当班及时交回炸药库		
	38	爆破作业	矿山爆破工程是否编制爆破设计书或爆破说明书；是否制定爆破作业安全操作规程		
	39		是否严格按照作业规程进行打眼装药；是否存在边打眼、边装药，边卸药、边装药，边连线、边装药的现象		
	40		是否仍在采用爆破方式破碎石块；是否采用非电起爆技术		
	41		露天矿山在雷雨天气时，是否进行爆破作业		
	42		小型露天矿山和小型露天采石场是否聘用专业爆破队伍进行爆破作业		

续表

序号		检查项目	检查内容及标准	检查情况	整改情况
五、严防坠罐跑车事故	43	管理制度	是否建立健全提升运输设备设施安全管理制度		
	44	人员资质	提升机司机、信号工等特种作业人员是否经专门的安全技术培训并考核合格，持证上岗		
	45	提升设备	新、改、扩建地下矿山的提升运输设备是否有矿用产品安全标志		
	46		用于提升人员的竖井是否优先选用多绳摩擦式提升机；是否按规定限期淘汰非定型罐笼等提升设备；是否还在使用带式制动器的提升绞车作为主提升设备		
	47	防坠罐跑车措施	罐笼、安全门、摇台(托台)、阻车器是否与提升机信号实现连锁；提升信号是否与提升机控制实现闭锁		
	48		提升矿车的斜井是否设置常闭式防跑车装置；斜井上部和中间车场是否设阻车器或挡车栏；斜井下部车场是否设躲避硐室；倾角大于10°的斜井是否设置轨道防滑装置		
	49		斜井人车是否装设可靠的断绳保险器，且每节车厢的断绳保险器是否相互连接，各节车厢之间除连接装置外是否附挂保险链		
	50	检测检验	提升机、提升绞车、罐笼、防坠器、斜井人车、斜井跑车防护装置、提升钢丝绳等主要提升装置，是否由具有安全生产检测检验资质的机构定期进行检测检验		
	51	维护保养	是否严格按照《金属非金属矿山安全规程》，加强提升运输系统维护保养		
	52		是否加强日常安全检查，发现隐患立即停用，并及时整改		
	53		是否存在提升设备带病运转；是否存在超员、超载、超速提升人员和物料		
	54		是否健全维护保养档案管理制度；是否将检查结果和处理情况记录存档		
六、严防冒顶坍塌事故	55	顶板管理	是否落实顶板分级管理制度		
	56		井下检查井巷和采场顶帮稳定性、撬浮石、进行支护作业的人员是否经专门的安全技术培训并考核合格，持证上岗		
	57		回采作业前，是否进行“敲帮问顶”，处理顶板和两帮的浮石，确认安全后方准进行作业；处理浮石时，是否停止其他妨碍处理浮石的作业；是否存在在同一采场同时凿岩和处理浮石的情况		
	58	顶板管理	发现冒顶预兆，是否停止作业进行处理；发现大面积冒顶危险征兆，是否立即通知井下人员撤离现场，并及时上报		
	59	地压和采空区管理	工程地质复杂、有严重地压活动，以及开采深度超过800m的地下矿山是否建立并严格执行采空区监测预报制度和定期巡查制度；是否建立地压监测系统，实时在线监测		
	60		发现大面积地压活动预兆，是否立即停止作业，将人员撤至安全地点		
	61		地表塌陷区是否设明显标志和栅栏；通往塌陷区的井巷是否封闭；是否存在人员进入塌陷区和采空区		
	62	推广充填采矿方法	新建地下矿山是否首先选用充填采矿法；不能采用的是否经过设计单位或专家论证，并出具论证材料		

检查人：　　　　　　　　　　　　　　检查时间：　　年　　月　　日

第五章　职业健康安全管理体系文件编写

职业健康安全管理体系程序是用人单位开展职业健康安全管理工作的基础性文件。根据职业健康安全管理体系标准的要求，职业健康安全管理体系程序应涉及职业健康安全管理体系中所有适用的要素。每一职业健康安全管理体系程序都应包括职业健康安全管理体系的一个逻辑上独立的部分，例如一个完整的职业健康安全管理体系要素或其中一部分，或一个以上职业健康安全管理体系要素中相互关联的一组活动。

第一节　职业安全健康管理体系文件的结构

OHSMS 文件可以有多种分类方法，最基本的是两种。第一种是分三类，即职业健康安全管理手册、程序文件和作业文件；第二种是四类，即 OHSMS 管理手册、程序、作业文件和记录。

参照（GB/T 19001—2016）质量手册编写指南，建议把 OHSMS 文件分为三个层次：管理手册（A 层次）、程序文件（B 层次）、作业文件（C 层次），如图 5-1 所示。

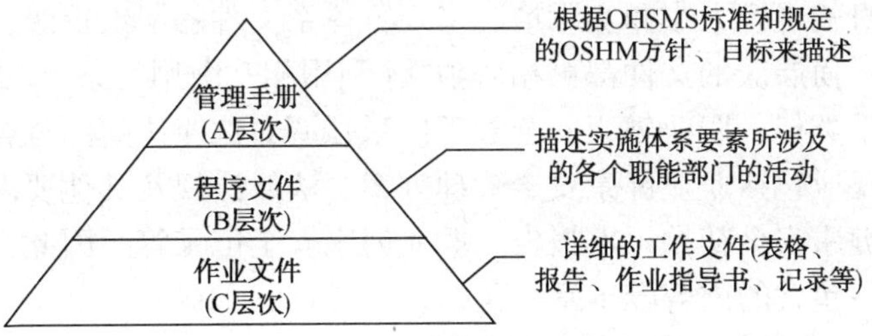

图 5-1　OHSMS 文件

按照体系文件的层次分类可知，OHSMS 文件可有管理手册、程序文件、作业文件（即工作指令、作业指导书、记录表格证据等）。

一、管理手册

根据 OHSMS 标准及用人单位 OHSMS 方针、目标而全面地描述用人单位 OHSMS 的文件，主要供用人单位内的中、高层管理人员和提供客户以及第三方审核机构审核时使用，集中表述本用人单位的 OHSMS 保证能力。

OHSMS 手册的内容通常包括如下内容：

① 方针、目标、指标和管理方案；

② OHSMS 运行、审核或评审工作的岗位职责、权限和相互关系；

③ 关于程序文件的说明和查询途径；

④ 关于手册的评审、修改和控制规定。

管理手册在深度和广度上可以不同，取决于用人单位的性质、规模、技术要求及人员素质，以适应用人单位的需要为前提。

二、程序文件

根据用人单位OHSMS手册的要求，为达到既定的OHSMS方针、目标所需要的程序和对策，来描述实施OHSMS要素涉及的各个职能部门活动的文件，供各职能部门使用。程序文件处于职业健康安全管理体系文件结构中的第二层，因此，职业健康安全程序文件起到一种承上启下的作用。对上它是管理手册的展开和具体化，使得管理手册中原则性和纲领性的要求得到展开和落实。对下它应引出相应的支持性文件，包括作业指导书和记录表格等。

三、作业文件

围绕手册和程序文件的要求，描述具体的工作岗位和工作现场如何完成某项工作任务的具体做法，是一个详细的工作文件，主要供个人或小组使用。这类文件有些是在体系运行时根据需要不断产生的，可分为两类：

① 工作指令如工作指导书、作业指导书、检验指导书等。通常包括3个内容：指令干什么、如何干和出了问题怎么办？

② 记录是OHSMS文件最基础的部分，包括设计、检验、试验、调研、审核、复审的OHSMS记录和图表，事故、事件记录以及用户OHSMS信息反馈记录等。这些都是证明各生产阶段OHSMS是否达到要求和检查OHSMS运行有效性的证据，因而它具有可追溯性的特点。

需要指出的是，各层次的OHSMS文件应与第一层次的OHSMS手册内容相一致。各用人单位可以根据自身的规模大小和实际情况来划分体系文件的层次等级，不一定按建议的三个层次等级。其中任何层次的文件都可相对独立(利用相互引用的条目)或合并。

与环境管理体系类似，职业健康安全管理体系强调对法律法规的符合性，因而职业健康安全管理体系文件还应包括职业健康安全管理方案、法律法规及其他要求、危害辨识与危险评价报告书、职业健康安全初始评审报告、职业健康安全记录等。因此，一个完整的职业健康安全管理体系文件包含的内容较丰富，包括：

① A层次：职业健康安全管理体系管理手册；

② B层次：职业健康安全管理体系程序文件；

③ C层次：职业健康安全管理体系作业文件(表格、报告、作业指导书、记录等)；

④ 附件(法律法规、危害辨识与危险评价报告、初始评审报告及其他资料)。

第二节　职业安全健康管理体系文件编写的原则及要求

一、文件编写的原则

编写体系文件的原则是“写你要做的，做你所写的，记你所做的”。即标准要求的要写到，文件写到的要做到，做到的要有效(文件写完后一定要下发进行讨论和修改，达到所写即所做)。

职业健康安全管理体系文件的编写应考虑以下几点原则：

① 要符合职业健康安全管理体系标准条款的要求；

② 要结合用人单位活动、产品或服务的特点；

③ 要努力做到管理体系文件的一体化。

二、文件编写的基本要求

1. 系统性

① 用人单位应对其职业健康安全管理体系中采用的全部要素、要求和规定，系统有条理地制定各项程序；

② 所有文件应按统一规定的方法编辑成册；

③ 各层次文件应做到接口明确、结构合理、协调有序；

④ 各层次文件应涉及职业健康安全管理体系一个逻辑上独立的部分。

2. 法规性

① 体系文件应在总体上遵循 OHSMS 标准，以及国家或主管部门的有关法规要求；

② 文件一旦批准实施，就必须认真执行；

③ 文件修改只能按规定的程序执行。

3. 协调性

① 体系文件的所有规定应与用人单位的其他管理规定相协调；

② 体系文件之间应相互协调；

③ 体系文件应与有关技术标准、规范相互协调；

④ 处理好各种接口，避免不协调或职责不清。

4. 见证性

① 体系文件作为客观证据(适用性证据和有效性证据)向管理者、相关方、第三方审核机构证实本用人单位职业健康安全管理体系的运行情况；

② 对于审核来讲，职业健康安全管理体系文件可作为下列方面的客观证据：

a. 危险因素已被辨识、评价并得到控制；

b. 有关活动的程序已被确定并得到批准和实施；

c. 有关活动处于全面的监督检查之中；

d. 职业健康安全绩效和持续改进等。

5. 唯一性

① 对一个用人单位，其职业健康安全管理体系文件是唯一的；

② 通过清楚、准确、全面、简单扼要的表达方式，实现唯一的理解；

③ 决不允许针对同一事项的相互矛盾的不同文件同时使用；

④ 不同用人单位的文件可具有不同的风格。

6. 适用性

① 体系文件应根据标准的要求、用人单位规模、生产活动的具体性质采取不同的形式；

② 体系文件的详略程度应与人员的素质、技能和培训等因素相适应；

③ 所有文件规定都应在实际工作中能得到有效的贯彻。

三、编写技巧

职业健康安全管理体系文件的编写建议按以下 5 条主线分头编写，一条线一个组或一个人，每一条线中的手册、程序和记录格式乃至作业指导书都包含在内，这样写可以避免前后重复和矛盾。

1. 第一条线

① 6.1 应对风险和机遇的措施；

② 6.2 职业健康安全目标及其实现的策划。

2. 第二条线

① 5.3 组织的角色、职责和权限；

② 7.1 资源；

③ 7.2 能力；

④ 7.3 意识；

⑤ 7.4 沟通；

⑥ 7.5 文件化信息。

3. 第三条线

① 8.1 运行策划和控制；

② 8.2 应急准备和响应。

4. 第四条线

① 9.1 监视、测量、分析和评价绩效；

② 9.2 内部审核；

③ 9.3 管理评审；

④ 10.2 事件、不符合和纠正措施；

⑤ 10.3 持续改进。

5. 第五条线

其他及附录。职业健康安全管理体系文件也可采取如下的编写方式：

① 自上而下依序展开方式：按方针、管理手册、程序文件、作业文件、OHSMS 记录的顺序编写，这有利于上一层次文件与下一层次文件的衔接，但对文件编写人员的素质要求较高，文件编写所需时间较长，且必然伴随着反复修改。

② 自下而上的编写方式：按基础性文件、程序文件、管理手册的顺序编写，这适用于管理基础较好的用人单位，但如无总体设计方案指导易出现混乱。

③ 从程序文件开始，向两边扩展的编写方式先编写程序文件，再开始手册和基础性文件的编写，实际是从分析活动、确定活动程序开始，将 OHSMS 标准的要求与用人单位实际紧密结合，可缩短文件编写时间。

第三节　职业健康安全管理体系文件的版面要求

一、体系文件的受控标识

① 体系文件分为受控文件和非受控文件，应分别加盖“受控文件”和“非受控文件”印章，“受控文件”应制定程序对其进行控制；

② 职业健康安全管理手册、程序文件和作业文件用于对外宣传和交流时，可加盖“非受控文件”印章，不做跟踪管理，用人单位内部使用时，必须加盖“受控文件”印章，列入受控范围；

③ 需增领文件时，应到文件管理部门按手续领取，严禁自行复印；

④ 持有者应妥善保管，不得随意涂改、损坏、丢失。

二、文件发行版本、修改码、文件和记录编码

发行版本——首版为 A，以后换版为 B、C、D……

修改码——未做修改时为 0，以后修改依次为 1、2、3……

文件编码——是体系文件的标识标记，一个文件只能有唯一的一个编码。推荐程序文件和作业文件的编码规则如图 5-2 所示。

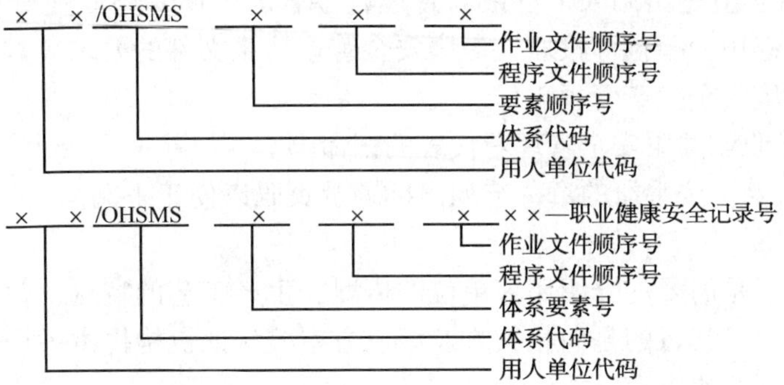

图 5-2 程序文件和作业文件的编码规则

三、体系文件版面要求

用人单位职业健康安全管理手册、程序文件的编制建议采用标准形式，基本要求应符合 GB/T 1. 1—2020《标准化工作导则 第 1 部分：标准化文件的结构和起草规则》。但文件编码、页码等其他要求应满足程序文件特有的规定。作业文件不采用标准形式编制。体系文件和记录(专用票据除外)版面推荐均采用 A4 纸，如图表较大可折叠装订。

第四节 职业健康安全管理手册编写

职业健康安全管理手册是阐述一个用人单位的职业健康安全方针和描述其职业健康安全管理体系的文件，主要就体系作概括的表述，是体系文件中的主要文件，也是在实施和保持体系的正常运行中应长期遵循的纲领性文件。

一、职业健康安全管理手册的格式

职业健康安全管理手册实际上是用人单位实施职业健康安全管理体系的概要性描述，是职业健康安全管理体系文件的“索引”。它的书写格式没有统一的要求，但应全面、准确、简明地阐述用人单位在职业健康安全方面的宗旨、近期实现的目标以及在规范用人单位安全生产行为、改善用人单位安全生产绩效中的实施要点，需要时可向社会展示，并可以为相关方所索取。

职业健康安全管理手册的结构格式和要求如下。

1. 手册封面

① 用人单位名称；

② 用人单位标准编号；

③ 手册标题；

④ 手册发布时间、实施日期；

⑤ 手册的版本号、受控标志；

⑥ 手册的批准、审核、主编以及编写人员名单等。

2. 手册开头

手册正文之前或后面可加一些重要内容，或单独列出，方式不限，但内容要有，建议如下：

① 发布令：首页应是由用人单位最高管理者签署的全面实施职业健康安全管理体系的发布令。从发布日起用人单位即按职业健康安全管理体系文件的要求来规范用人单位的安全生产管理行为，实施安全生产管理工作。

② 任命书：对职业健康安全管理者代表的任命书。

③ 管理手册目录：按手册的章、节列出标题及页码以便于查阅。

3. 手册正文

（1）前言。主要是简要的介绍用人单位的概况，生产工艺的特点、曾发生过的事故及职业病、主要危险源等，其目的是向相关方及第三方审核认证机构提供一个概貌。

前言应包括以下主要内容：

① 企业简介：应包括企业的地址、投资方、建立日期、投资规模、企业活动、产品或服务内容、产值、员工人数及组成。

② 企业生产工艺：生产工艺流程简图，说明易发生安全事故的区域及工艺流程。

③ 职业健康安全生产状况：曾发生过的事故、职业病及主要危害。

④ 其他有关资料。

对上述内容，可以依据企业的情况有所增减，其中主要是职业健康安全的背景材料，使有需要的用人单位和相关方对企业有所了解。

（2）职业健康安全方针用人单位应以文件的形式向社会展示用人单位在确保安全生产和职业健康的意图和宗旨；对遵守本国安全生产法律、法规和其他要求的承诺；对遵守危险控制和持续改进的承诺；并结合用人单位在识别和评价出的对安全生产有危险的危害中确定实现用人单位安全生产目标和指标的框架要求；用人单位全体员工献计、献策，积极参与。

（3）职业健康安全管理手册的内容该部分主要包括以下几部分内容：

① 目的和适用范围。用人单位编制手册的目的和用途，以及管理手册的适用范围。

② 引用标准、定义、术语及缩写代号。主要是列出手册编写所依据的标准，以及行业中常用的或企业内部通用的术语定义，其目的是便于其他相关人员的理解，同时给出手册中采用的缩写代号所对应的术语。

③ 手册的管理。由于职业健康安全管理体系文件是用人单位实施职业健康安全管理工作，具有法规性的文件，应当受控，以确保在有需要的岗位都有现行有效版本，防止作废版本的使用。因此，应对职业健康安全管理手册的评审、发放、使用、修改、回收、作废等工作制定一个手册的管理规定。

④ 职业健康安全管理体系要素的描述。由于职业健康安全管理手册是职业安全与健康管理体系文件的概要性描述，用人单位可以通过职业健康安全管理手册向社会及相关方展示其全部职业健康安全管理活动。因此，职业健康安全管理手册应对职业健康安全管理体系标准中的全部管理要素进行描述。管理要素描述的内容如下：

a. 总则。简单的描述该管理要素在用人单位活动、产品或服务过程中的实施目的和适用的活动、产品或服务的范围。

b. 职责。应列出实施该管理要素的主管部门及相关部门，明确职责及权限。

c. 控制要求。职业健康安全管理体系标准的管理要素共有两类：

只有文件要求，没规定编制程序文件。如：

- 职业健康安全方针；
- 目标；
- 职业健康安全管理方案；
- 用人单位结构和职责；
- 职业健康安全管理体系文件；
- 管理评审。

对上述几个管理要素，除依据管理要素中规定的基本要求，简要描述实施该管理要素中工作内容和要求外，并结合用人单位活动、产品或服务的特点以文件的形式来表达这些管理要素的成果。如：

- 领导作用与承诺；
- 职业健康安全方针(如首页公布的职业健康安全方针)；
- 职业健康安全目标策划表；
- 职业健康安全管理方案计划表；
- 职业健康安全管理体系用人单位结构图；
- 职业健康安全管理体系职能、权限分配；
- 职业健康安全管理体系部门职能、权限分配表；

规定编制程序文件，如：

- 参与和协商；
- 危险源辨识；
- 职业健康安全风险和其他职业健康安全管理体系风险的评价；
- 识别职业健康安全机遇和其他机遇；
- 确定适用的法律法规要求和其他要求；
- 资源、能力和意识；
- 沟通；
- 文件化信息的控制；
- 运行策划和控制；
- 变更管理；
- 采购；
- 承包方；
- 应急准备和响应；
- 监视、测量、分析和评价；
- 合规性评价；
- 内部审核；
- 外包；
- 事件、不符合和纠正措施；

• 持续改进。

对上述管理要素均有程序文件的要求，同样依据管理要素的基本要求，简要描述实施该管理要素中工作内容和要求，对如何实施的方法和程序在职业健康安全管理手册中不做描述，以避免与程序文件的重复。

d. 相关文件。通过相关文件可以建立不同层次文件的查询途径。

• 对于只有文件要求，而没规定编制程序文件，则应列出该管理要素完成的文件化成果，如用人单位职业健康安全目标计划表、用人单位职业健康安全管理方案计划表等。
• 对于规定编制程序文件，则应列出该管理要素所包含的程序文件及相关程序文件清单。

4. 附录

附录实际上是职业健康安全管理手册的附件，是对职业健康安全管理手册的补充说明，其主要内容可以包括：

① 职业健康安全法律、法规标准及其他要求清单；
② 用人单位机构图；
③ 重要危险因素清单；
④ 职业健康安全管理方案；
⑤ 职业健康安全管理体系程序文件清单；
⑥ 职业健康安全管理体系要素职责分配一览表；
⑦ 职业健康安全记录清单；
⑧ 其他有关资料。

二、职业健康安全管理手册的主要内容

职业健康安全管理手册通常包括如下内容：

① 用人单位的职业健康安全方针；
② 职业健康安全目标要求；
③ 职业健康安全管理方案实施描述；
④ 用人单位结构及职业健康安全管理工作的职责和权限；
⑤ 依据职业健康安全管理体系标准的要求，结合用人单位活动、产品或服务的特点，对标准中全部管理要素的实施要点进行描述；
⑥ 职业健康安全管理手册的审批、管理和修改的规定。

三、职业健康安全管理手册编写案例

以某集团公司职业健康安全管理手册为例。

职业健康安全管理手册

Occupational health and safety management manual

（依据 GB/T 45001—2020《职业健康安全管理体系 要求及使用指南》标准）

编号：W/ZS　2020-1

批　　准：

审　　核：

受控状态：

发放编号：

2020 年 7 月 20 日发布　　　　**2020 年 7 月 20 日实施**

×××集团公司

修改履历

版/次	页号	修改内容摘要	修改人	审核人	实施日期

发 布 令

为提高公司的职业健康安全管理水平，更好地遵守国家有关职业健康安全的政策、法律、法规、标准及其他要求，与国际标准接轨，公司按照 GB/T 45001—2020《职业健康安全管理体系 要求及使用指南》建立本公司职业健康安全管理体系、确定职业健康安全管理方针和目标，并结合本公司实际编写《职业健康安全管理手册》。本手册适用于公司承建的发电、输/变电工程及其他工业、民用建筑和安装工程的建设管理、监理、施工总承包和电力建设工程启动调试以及公司多种经营、物业和交通车辆的安全管理工作，是指导本公司职业健康安全管理活动的纲领性文件，也用来向顾客和相关方展示本公司职业健康安全管理能力。

除《职业健康安全管理手册》外，本公司还编制了职业健康安全管理体系程序文件作为本手册的支持性文件，公司全体员工必须认真执行，以保证本公司职业健康安全管理方针、目标的实现。

本手册自 2020 年 7 月 20 日起正式发布并实施。

最高管理者：

2020 年 7 月 20 日

“管理者代表”任命书

为适应本公司职业健康安全管理体系建立和运行的需要，现任命×××为“管理者代表”，赋予他相应的权力，负责按照GB/T 45001—2020《职业健康安全管理体系 要求及使用指南》建立、实施和保持本公司职业健康安全管理体系；执行职业健康安全管理手册；向最高管理者报告体系的运行情况；组织提供体系运行的证据及处理相关方提出的有关职业健康安全管理方面的问题，负责与体系有关事宜的外部联络工作，任命自签发之日起生效。

最高管理者：

2020年7月20日

职业健康安全管理方针：

以人为本：以控制人的不安全因素为基础，达到控制物的不安全状态；

预防为主：以预控为主要手段，达到控制目标；

技术创新：以安全技术创新推动安全管理水平上等级；

管理创优：工程现场安全管理创国内一流水平。

职业健康安全管理目标：

杜绝人身死亡事故；

杜绝重大设备、火灾、交通事故；

年负伤率控制在3‰以内；

减少职业危害，施工现场、生活区环境管理达标；

3年内施工现场安全管理水平全面达到国内一流。

最高管理者：

2020年7月20日

前　言

×××集团公司为中国大型综合性电力企业，具有工程总承包和施工总承包壹级资质和电力建设工程调试、工程监理甲级资质。主要承建各类火力发电厂、输变电工程、工业与民用建筑和各行业的设备安装等工程项目的建设管理与施工、设备调试和建设工程监理，对工程项目实行全过程项目总承包、施工总承包或分项承包，并可接受顾客委托对工程项目实行全过程建设管理或监理。

本公司始建于目前拥有全资子公司5个，其中火电安装公司2个(××建设第一工程公司、××建设第三工程公司)，建筑施工企业1个(××建设第四工程公司)，送变电施工企业1个(××送变电工程公司)；控股公司3个[××建设工程监理有限公司、××电力有限公司(多经总公司)、××制品有限责任公司]；分公司3个(××建设工程承包公司、××建设调试公司、××建设集团公司物业公司)。

30年来，本公司在中20多个省市自治区及国外承担工程项目，先后建成各类火力发电机组192台、13296MW；发电与供热锅炉200台、53603t/h；35～500kV输电线路792条、27820km；变电设备735台、23970MVA；工业与民用建筑859052m^2等。中国分别从日本、英国引进的第一座大型火电厂、中国第一条330kV输电线路、第一座330kV变电站、第一条500kV交直流输电线路，均由本公司安装或承包建设。其中××二期工程(4×200MW)、500kV平武输电线路和330kV秦北庄输电线路工程，荣获国家质量银质奖；××一期工程(2×350MW)荣获××电力公司进度和质量金奖；××电厂一期工程(2×300MW)荣获国家鲁班奖，并有多项工程被评为部、省级优质工程。

本公司除在国内安装调试过日本、英国、苏联、法国、美国、加拿大、瑞典等10多个国家的大型、高等级发电、输变电设备外，还先后承担原西德的电站工程劳务、承包科威特阿兹佐尔南方电站(8×300MW)锅炉钢架、管道及油漆、保温等工程的施工，印度尼西亚电站工程和巴基斯坦220kV输电线路施工等。

本公司实力雄厚，技术、管理先进。长期以来吸收和积累了丰富的工程建设安全管理经验，建立健全了安全工作网络，具有突出的工程安全管理工作业绩，为了使公司的安全管理工作与国际标准接轨，公司贯彻执行GB/T 45001—2020《职业健康安全管理体系 要求及使用指南》标准，以保证公司安全管理工作持续改进。

编写本手册，是为了阐明公司职业健康安全管理体系的构成，规定各项安全管理活动的内容和要求，明确各有关部门、单位和人员的职责、职权。本手册适用于本公司承建的火力发电、输/变电工程及其他工业、民用建筑和安装工程的建设管理、监理、施工总承包和电力建设工程启动调试以及公司多种经营、物业和交通车辆的安全管理工作。

目　录

第五节　职业健康安全管理体系程序文件编写

一、程序文件编写的工作程序

1. 对现行文件的收集与分析

收集用人单位的现行制度、标准、规定等文件，其中很多具有程序的性质，但也有其不足之处，应以职业健康安全管理体系有效运行为前提，以程序文件的要求为尺度，对这些文件进行一次清理和分析，摘其有用、删除无关，按程序文件内容及格式要求进行改写。

用人单位如果已经建立 ISO 9000 质量管理体系或 ISO 14000 环境管理体系，就应该使职业健康安全管理体系与这两个体系充分融合，特别是培训、文件控制、记录管理、内部审核和管理评审等，其管理方式类似。这些程序最好在原 ISO 9000 程序或 ISO 14000 程序的基础上补充为好。

2. 编制程序文件明细表

一个用人单位的职业健康安全管理体系程序文件的多少，每个程序的详略、篇幅和内容都没有定论，但在能够控制的前提下，程序文件个数和每一个程序的篇幅越少越好。每一个程序之间，要有必要的衔接，但要避免相同的内容在不同的程序之间有较大的重复。根据用人单位的职业健康安全管理体系总体设计方案，按体系要素逐级展开，制定程序文件明细表，明确程序主管部门及相关部门的职责，对照已有的各种文件，确定需新编、改造和完善的程序文件，制定计划逐步完成。

二、程序文件编写的注意事项

在职业健康安全管理体系建设中，需要制定的程序文件数量多、工作量大。在贯标过程中对这一环节要给予高度的重视，以达到既使用人单位的管理文件与标准接轨，又达到改善内部职业健康安全管理基础工作的目的。

1. 细致策划程序文件的层次

企业的规模有大有小，各层次管理人员所要求的程序内容就会有所不同，同时职业健康安全管理体系也是一个多层次结构：一个完整的体系由若干个要素组成，一个要素又通过若干项职能来给予落实，而每项职能都又要有若干个职业健康安全活动来保证。因此，程序文件需要经过细致策划，建立不同层次的程序以适应相应的管理层和所对应的职业健康安全活动。所有政策和程序的总和，实际上构成职业健康安全管理体系总策划和管理职业健康安全活动的基础。

如上所述，由于职业健康安全管理体系结构是多层次的，所以其程序文件在客观上也存在着层次性。在策划程序层次时，一般地说，中小型用人单位的职业健康安全管理体系结构层次少而简单，其程序文件的层次也可以少些，甚至可以只是一个层次，即按要素划分，一个要素编一个(或几个)程序文件，对该要素的全部职业健康安全活动加以规定。大中型企业的职业健康安全管理体系结构层次多而复杂，上层管理者希望每个要素有一份简练包含该要素所有职业健康安全活动的程序文件，中层管理者可能希望编写比较详细地描述要素一部分的程序以控制基层管理人员的职业健康安全活动。这时，程序文件可能分为两个或更多个层次。第一个层次是按整个要素所有职业健康安全活动的简明程序文件，供用人单位的上层管理者使用，也可以把程序文件的头、尾部分去掉直接纳入职业健康安全管理手册的对应要素或作为编写职业健康安全管理手册对应要素的基础。第二个层次是对第一层次的展开，按细化了的职业健康安全活动编写，一个要素包括多个程序文件。通过这样的设计，从而确定程序的层次和数量。

另外，要特别注意相关要素和相关职业健康安全活动的接口，通过程序文件的规定使其衔接，协调一致。在设计时要力求减少程序文件的数量，并防止接口各方出现相互矛盾。

通过这样的策划，提出程序文件层次和目录清单，使其覆盖所有适用的职业健康安全管理体系要素和活动。但是并不是说用人单位的所有职业健康安全活动都必须写成程序文件。程序文件具有标准的性质，只有那些通用的、会重复出现的职业健康安全活动才需要写成程序文件，对于那些一次性的或简单的职业健康安全活动，可以用其他方式进行规定，不需写成程序文件。一个用人单位的程序文件层次和数量，由用人单位根据需要自行确定。

不难理解，程序文件的层次性关系到体系的完整性和系统性，是至关重要的。如果不事先细致地策划和统筹安排，采用想到哪里写到哪里的“零打碎敲”方式，很难达到完整性和系统性之目的，在组织实施时就会产生许多“三不管”地带，引起互相扯皮，职业健康安全管理职能不落实的局面。

2. 精心设计程序文件的内容

程序文件是有关人员实施职业健康安全活动的依据。其基本内容是阐明影响职业健康安全的那些管理、执行、验证或评审人员的职责、职权和相互关系；说明如何执行各项活动、使用文件及进行控制；其详细程度要满足对有关职业健康安全活动进行恰当而连续控制的需要。在编写时要注意可操作性，特别在编写细化的职业健康安全活动时，更要注意一步一步地列出开展此项活动的工作流程和细节，列出输入、转换、输出的内容，包括文件、物品、人员等，明确它们与其他活动的接口和协调措施；规定开展职业健康安全活动时在物资、人员、信息和环境等方面应具备的条件；明确每个环节内转换过程中的各项因素，即由谁干(说明什么部门和岗位)，干什么，干到什么程度，达到什么要求，如何控制，形成什么记录和报告等。同时，还应涉及可能出现的任何例外事项，规定可能发生职业健康安全问题的预防措施，以及一旦发生职业健康安全问题应采取的纠正措施。

3. 统一文件的结构和格式

程序文件的结构和格式由编写的用人单位自行确定。但是，一个用人单位的所有程序文件应规定一种统一的格式，以相同的结构和格式编排每一程序，以便使用者熟悉适合于每项要求的用固定方法编排的程序文件，增进系统满足标准要求的可能性。

对于以往程序文件不规范，特别是在贯标中要初次设计程序文件的用人单位在编制程序文件前，管理部门要认真设计并规定程序文件的结构和格式，以便使用人单位的所有程序文件得以统一。这种方法更重要的是使程序的起草者，按规定的结构格式填写，保证写出的程序文件达到与5W+1H(Why、What、Who、When、Where、How)的要求，不致遗漏必不可少的内容。

三、程序文件格式、要求和内容

1. 程序文件的基本格式

程序文件的基本格式主要是指对文件的版面规格和文头、文尾的规范化设计。

程序文件的版面一般可采用16开幅面，太大和太小均不利于保管和使用。对于原来标准化程度基础较好的企业，在印刷和复制没有困难时，也可按 GB/T 1.1 规定的要求规定版面规格。

程序文件的文头一般要包括：企业标志(厂名)、程序名称、文件编号、版次(含修改次数)、页码、文件层次或级别、文件发布或实施日期、编制者和批准者(也可放在文尾)及日期等内容。

在更多的情况下，采取简化的文尾，将其内容直接放在文头中，不另设计文尾。

2. 程序文件的要求

① 程序所涉及的范围很广，职业健康安全管理体系的所有要素、要求、涉及影响用人单位职业健康安全状况的所有活动均应建立程序。

② 每一个程序文件都应包含职业健康安全管理体系中的一个逻辑上独立的内容，可能是标准的一个要素，或要素中的一个部分，或是几个要素相关要求的一组活动等。程序文件的数量、内容、格式和外观由用人单位自行确定，程序文件一般不应涉及纯技术性的细节，细节通常在工作指令或作业指导书中规定。

③ 程序文件的有效实施才能体现职业健康安全管理体系的功能，因此，程序文件的内容和要求要密切结合实际情况。程序文件展开的深度和广度，取决于用人单位任务的复杂性、采用的工作方法、活动内容和对执行活动人员的水平、能力、技术与培训所达到的效果。

④ 程序文件实质上是用人单位管理中科学的管理制度，是法规性文件，要强制执行，因此程序文件应有可操作性和可检查性。

3. 程序文件的基本内容

为了便于编制和协调，同时也便于实施和管理，用人单位所编制的所有职业健康安全管理体系程序文件都应按统一的表达形式进行陈述。职业健康安全管理体系程序文件章节结构推荐如下：

① 目的；

② 范围；

③ 术语(若需要)；

④ 职责；

⑤ 工作程序；

⑥ 相关文件；

⑦ 相关记录。

在职业健康安全管理体系程序文件各章节中，建议规定以下有关内容：

① 目的。应说明该程序的控制目的、控制要求。推荐使用如下引导语：

为了……制定本程序。

本程序规定了……

② 范围。应指出该程序所规定的内容和所涉及的控制范围。推荐使用如下引导语：

本程序适用于……

适用于……

③ 术语(若需要)。应给出与该程序有关的术语及其定义(特别是专用术语)。

④ 职责。应规定实施该程序的主管部门/人员的职责以及各相关部门/人员的职责。

⑤ 工作程序。主要应规定以下 9 方面内容：

- 确定需开展的各项活动及实施步骤；
- 明确所涉及的人员；
- 规定具体的控制要求和控制方法；
- 确定开展各项活动的时机；
- 给出所需的设备、设施及要求；
- 规定例外情况的处理方法；
- 引出所涉及的相关/支持性文件；
- 明确记录的填写和保存要求；
- 列出所使用的记录表格等。

⑥ 相关文件应列出与本程序有关的相关文件。

⑦ 相关记录。应给出有关的 OHSMS 记录名称并附上相应的空白表格。

程序文件应得到本活动相关部门负责人同意和接受，以及相关方对接口关系的认可，经过审批后实施。

四、程序文件编写案例

以某公司“职业健康安全管理程序”文件为例。

1 目的

加强职业健康安全管理工作，预防、减少安全事故的发生，消除职业(病)危害，保护员工健康及相关权益。

2 范围

适用于本公司生产、产品和服务全过程中职业健康安全管理和职业病防治工作等管理。

3 职责

3.1 生产维修部

a) 负责建立并保持《职业健康安全管理程序》；

b) 负责生产运行过程的职业健康安全管理；

c) 负责职业健康安全设备设施的管理；

d) 组织作业现场职业病危害因素的监测工作；

e) 负责组织职业健康安全隐患的治理。

3.2 人事行政部

a) 定编和配备职业健康安全管理人员；

b) 在与员工签订劳动合同时，告知员工相关的职业危害；

c) 协助做好员工的职业性体检工作；

d) 根据国家规定，落实对职业病危害岗位员工和职业病患者的福利待遇。

3.3 营销部

a) 负责营销库房的职业健康安全管理；

b) 负责原、辅材料运输过程的职业健康安全管理；

c) 负责建立供应商管理档案，供应商管理档案中要包括供应商的资质证明、化学品的中文 MSDS 及有关毒物性成分检测报告。

3.4 财务部负责落实 HSE 工作所需费用，保证专款专用。

4 工作程序

4.1 组织机构

公司 QHSE 管理委员会是公司职业健康安全管理的最高权力机构，公司总经理和副总经理分别担任 QHSE 管理委员会主任和副主任，各部门经理，分部经理为管委会成员。每半年至少召开一次 QHSE 管理委员会会议，主要内容是各部门回顾上期职业健康安全工作，并对下一步要解决的职业健康安全问题拿出行动方案。

4.2 获取、识别与评价法律及其他要求

生产维修部负责建立并保持《法律法规及合规性评价控制程序》，确定本公司 QHSE 管理体系应遵守的法律、法规和其他要求，建立获取这些要求的渠道并及时更新，确保执行的相关法律、法规和其他要求是最新版本；并进行合规性评审，确保公司的活动、产品和服务符合相关法律、法规和其他要求。

4.3 危险源的辨识与风险评价

生产维修部负责建立并保持《危险源辨识和风险评价管理程序》，系统识别和确定与本公司各项活动、产品和服务相关的危险源，评价风险等级，明确风险控制的措施，确保公司实现安全生产。

4.4 管理方案的制定

生产维修部根据危险源辨识及风险评价的结果，结合公司的职业健康安全目标，组织相关部门编制相应的职业健康安全管理方案，报管理者代表审批；如需资源投入的，管理方案须报公司总经理批准后执行。职业健康安全管理方案主要内容有：需要控制的风险、风险控制目标、控制风险的措施及方案(包括可选技术方案、技术措施、技术方法或规定、适当的资源、职责和权限、实现目标以及管理方案的时间表或进度计划等)。

生产维修部应定期组织检查、监督各部门职业健康安全管理方案的实施情况及有效性，并定期组织评审，针对运行条件等变化，对职业健康安全管理方案及时加以修订。

4.5 项目安全评估制度管理

生产维修部负责组织相关部门，对新建、改建、扩建设施及技改技措项目的职业健康安全状况按照“三同时”要求进行项目的安全评估：

a）在可行性研究阶段：通过识别和预测在项目中可能遇到的重大危险因素来确定适当的安全策略，进行职业健康安全预评价；

b）在项目设计、建设和施工阶段：针对各阶段、各专业的特点，识别当前阶段最重要的风险；确保在项目前阶段识别的重大危险因素已按计划采取行动；并预测在下一阶段可能出现的危险，并采取有效的风险防范措施，最大限度地预防和减少各类事故和职业病的发生；

c）项目验收、试运前的检查确认：审查内容包括验证设施与设计要求是否一致，职业健康安全防范措施是否到位，员工培训是否已完毕，规章制度是否建立、健全等。

4.6 HSE 教育管理

4.6.1 生产维修部负责组织公司级员工的职业健康安全法律法规、意识和技能培训与教育，各部门负责职责范围内的 HSE 教育，具体按《HSE 教育管理》执行。

4.6.2 承包商及外来人员 HSE 教育

对进入公司的外来人员和施工队伍，生产维修部负责进行入公司 HSE 教育，并按规定

办理相应的工作许可证，做好记录，具体按《HSE 教育管理》执行。

4.7　作业许可制度

作业运行过程中，应按规定的要求办理相应的作业许可证，具体按《安全作业管理》执行。

4.8　现场作业管理

生产运行部负责装置建设、生产运行及检维修作业等过程中的安全管理，具体按《安全作业管理》执行。装置开停工 HSE 管理按《装置开停工 HSE 管理》执行。

4.9　承包商 HSE 管理

4.9.1　生产维修部、营销部等负责对承包商进行严格的选择和评价，确定合格的承包商，并与其签订“安全协议书”，并对承包商在公司范围内的活动进行监控，具体按照《承包商管理程序》执行。

4.9.2　生产维修部组织相关部门对承包商进行全过程 HSE 管理，具体按《承包商管理程序》执行。

4.10　事故管理和隐患治理

4.10.1　对影响 HSE 绩效的隐患进行识别、评价，根据评价结果，采取相应的风险预防及削减措施，使风险达到可接受的程度。对作业过程中存在的隐患及时进行治理，保证生产与施工作业的顺利完成。

4.10.2　对于在公司内发生的，或涉及公司人员及产品和服务的事故，相关部门都应及时报告并彻底调查，按“四不放过”的原则，弄清事实、明确原因并提出整改措施，以便进行有效控制，防止重新发生。

4.10.3　生产维修部负责组织对事故和隐患治理的管理，具体按《事故管理》和《安全检查及隐患治理管理》执行。

4.11　消防、气防管理

生产维修部负责消防、气防的管理，消防工作贯彻“预防为主、防消结合”的方针，确保在事故状态下人身和设备安全，将损失降低到最少，具体按《消防、气防设施管理》执行。

4.12　应急准备及响应

生产维修部负责建立并保持《应急准备和响应控制程序》，对本公司内可能发生的自然灾害(洪水、台风等)、火灾爆炸以及人员伤亡等事故，规定应急处理的程序，提高对事故处理的快速反应能力，有效组织事故处理，及时落实各项防范措施，控制事故范围，从而将事故损失减少到最低程度。

4.13　职业卫生管理

4.13.1　防护用品管理

生产维修部负责建立和实施《个人防护及职业卫生管理》，以保证各生产现场能够遵循 YGC 和 YPC 标准和相关的国家标准，以确保员工的安全和健康。

4.13.1.1　劳动防护用品使用和管理：

a）各部门按《个人防护及职业卫生管理》提出需求；

b）生产维修部对需求进行汇总、确认和核实后上报；

c）生产维修部参与劳动防护用品供方选择与评价，并对供方进行资质确认；

d）营销部负责采购与发放。

4.13.1.2　各部门根据作业场所存在的职业卫生危害特点，检查、督促员工佩戴相应的个体防护用品，防止各类职业卫生危害的发生。

4.13.2 职业伤害及职业病危害预防。

4.13.2.1 前期预防。

生产维修部负责组织有关部门开展防止职业伤害及职业病危害前期准备工作，主要内容包括：优先采用有利于保护员工健康的新技术、新工艺、新材料；配备必要的检测设备，对作业现场进行监测；现场配套必要的更衣间、休息间等卫生设施；配备符合生理、心理健康要求的设备、机具等设施；对新上岗及特种作业员工进行岗前体检，杜绝职业禁忌证；组织治理可能造成职业伤害和职业病的隐患等。

4.13.2.2 生产过程中的防护与管理：

a）各部门做好本部门内职业病危害告知工作；

b）公司为员工提供有效的个人防护用品，各部门加强对员工使用个人防护用品的检查监督，不按规定使用防护用品者不得上岗作业，具体按《个人防护及职业卫生管理》执行；

c）生产维修部定期组织员工进行职业卫生知识培训，确保生产岗位员工能正确使用、维护职业卫生防护设施和个人防护用品，掌握生产现场中毒自救互救基本知识和基本技能；

d）根据危险源辨识和评价的结果，生产维修部负责对噪声、尘毒、酸碱、高温、振动等职业危害因素的管理，采取有效措施控制职业性危害；

e）生产维修部对可能发生急性损伤的有毒、有害工作场所，设置相应的报警装置，配备现场急救用品、冲洗设备，设置应急撤离通道；

f）生产维修部负责组织建立健全职业病危害事故应急救援预案，并定期演练；

g）各部门做好作业场所的公共卫生与个人卫生工作；

h）生产维修部负责组织在可能产生严重职业病危害作业岗位的醒目位置设置警示标识和中文警示说明；

i）生产维修部负责组织定期进行职病危害因素的监测。

4.13.2.3 职业卫生设备设施管理：

a）生产维修部负责确定所需配置的职业卫生设备设施的技术要求，并参与对供方调查、选择和评价；

b）生产维修部负责提出职业卫生设备设施需求，营销部负责采购；

c）生产维修部按规定在现场配备必要的职业卫生防护设施和应急用品，并做好管理和维护工作，确保其处于完好状态。

4.13.2.4 职业卫生体检和职业病人处理：

a）人事部选择由省卫生行政管理部门批准的医疗卫生机构，定期组织员工进行职业健康体检，并建立健全“员工职业卫生健康监护档案”；

b）生产维修部对体检中发现职业病例或疑似职业病例按规定上报上级主管部门，人事行政部确定处理意见，并进行处理；

c）人事行政部不得安排有职业禁忌者从事所禁忌的工作，不得安排未经上岗前职业健康体检的员工从事存在职业病危害的作业；

d）各部门严格执行女工劳动保护法规，保护女工健康权益。

4.13.3 放射作业的管理

4.13.3.1 生产维修部负责委托有资质的承包商进行放射作业，生产维修部做好放射源强度和能量的监控工作。放射源的安装应设置防护屏障，根据辐射源的防护要求选用不同的屏障材料对辐射源进行屏蔽。

4.13.3.2　生产维修部负责督促施工单位在现场设置醒目的安全警示标志。

4.14　标识及警示的管理

按照职业健康安全的需要，生产维修部在公司相应场所设置规定要求的安全标识及警示，具体按《标识及警示管理》执行。

4.15　监视、测量和改进

4.15.1　生产维修部每月对本公司的职业健康安全卫生设施运行情况、安全活动、HSE教育情况及存在问题做出评价，形成"安全月报"。

4.15.2　生产维修部按《绩效监视和测量管理程序》对职业健康安全控制的绩效进行监视和测量，根据监测结果和评估结论，对实际存在的或潜在的不符合项实施纠正或预防措施；每年对管理体系进行内部审核和评审，确保体系的适宜性和有效性，并根据审核、评审的结果和建议，及时改进管理体系。

5　相关文件

《关于成立××公司 QHSE 管理委员会的决定》

《法律法规及合规性评价控制程序》

《危险源辨识和风险评价管理程序》

《承包商管理程序》

《应急准备和响应控制程序》

《HSE 教育管理》

《安全作业管理》

《事故管理》

《装置开停工 HSE 管理》

《安全检查及隐患治理管理》

《消防、气防设施管理》

《个人防护及职业卫生管理》

《标识及警示管理》

《绩效监视和测量管理程序》

6　相关记录

《消防、气防管理台账》

《员工职业卫生健康监护档案》

《安全技术月报》

7　附加说明

本程序文件编写部门：生产维修部

本程序文件修订人：

本程序文件审核人：

本程序文件批准人：

第六节 职业安全健康管理体系作业文件的编写

一、作业文件的编写

在作业文件中通常包括活动的目的和防卫，做什么和谁来做，何时、何地以及如何做，应采用什么方法、设备和文件，如何对活动进行控制和记录，即“5W+1H”原则。作业文件的内容是描述实施程序文件所涉及的各职能部门的具体活动。

1. 作业文件的作用和要求

作业文件是程序文件的支持性文件。为了使各项活动具有可操作性，一个程序文件可分解成几个作业文件，但能在程序文件中交代清楚的活动，就不要再编制作业文件。作业文件必须与采用要素的程序相对应，它是对程序文件中整个程序或某些条款进行补充、细化，不能脱离程序另搞一套作业文件。国家、行业、用人单位的技术标准、规范不作为作业文件，单独在“在用标准目录”中体现。在作业文件中通常包括活动的目的和防卫，做什么和谁来做，何时、何地以及如何做，应采用什么方法、设备和文件，如何对活动进行控制和记录，即“5W+1H”原则。作业文件的内容是描述实施程序文件所涉及的各职能部门的具体活动。

2. 作业文件内容和格式

文件的编号可以根据活动的层次进行编排，同一层次的作业文件应统一编号，以便于识别，标题应明确说明开展的活动及其特点。

① 目的和使用范围。一般简单说明开展这项活动的目的和所涉及的范围。

② 职责指明实施文件部门及其职责、权限、接口及相互关系。

③ 管理内容是作业文件的核心部分。应列出开展此项活动的步骤，保持合理的编写顺序，明确各项活动的接口关系、职责、协调措施，明确每个过程中各项活动由谁干、什么时间干、什么场合(地点)干、干什么、怎么干、如何控制，及所要达到的要求，需形成记录和报告的内容，出现例外情况的处理措施等，必要时辅以流程图。

④ 更改。指明文件更改时所遵循的规定，如程序文件的更改影响该作业文件，则应一起组织更改。

⑤ 相关程序、文件和记录指需引进的或与本作业文件相关的程序、文件和记录。

3. 报告和记录格式

确定使用该作业文件时所产生的记录和报告格式，记录的保存部门和期限，写明表格的编号和名称。

作业文件必须操作性强，并得到本活动相关部门负责人同意和接受，以及有关部门对接口关系的认可，经过审批、实施。

二、记录编写

1. 记录及记录的功能

记录是为已完成的活动或达到的效果提供客观证据的文件，它是重要的信息资料，为证实可追溯性以及采取预防措施和纠正措施提供依据。职业健康安全记录覆盖于体系运行过程中的各个阶段，因此，记录有如下功能：

① 是体系文件的组成部分，是职业健康安全职能活动的反映和载体。

② 是验证 OHSMS 体系的运行结果是否达到其目标的主要依据，是体系有效性的证明文件，具有可追溯性。

③ 记录可以是书面形式，也可以是其他方式，如电脑软件储存的资料。

④ OHSMS 记录为采取预防和纠正措施提供了依据。

2. 记录的编制与要求

OHSMS 记录的设计应与编制程序文件和作业文件同步进行，以使 OHSMS 记录与程序文件和管理作业文件协调一致、接口清楚。

（1）编制记录总体要求的文件

根据标准、手册和呈现文件的要求，应对体系中所需记录进行统一规划，同时对表格的标记、编目、表式、表名内容、审批程序以及记录要求做出统一的规定。

（2）表格设计

在编制程序文件与作业文件的同时，分别制定与各程序相适应的记录表格。必要时可附在程序文件和作业文件的后面。

（3）校审和批准

汇总所有记录表格，组织有关部门进行校审。校审的重点，应从体系的整体性出发，重点是各表格间的内在联系和协调性、表格的统一性和内容的完整性。校审并作相应修改后报主管领导批准。

（4）汇编成册

将所有表式统一编号，汇编成册发布执行，必要时，对某些较复杂的记录表式要规定填写说明。

（5）要求

① 应建立并保持有关 OHSMS 记录的标识、收集、编目、查阅、归档、储存、保管、收回和处理的文件化程序。

② 记录应在适宜的环境中储存，以免损坏并防止丢失，保管方式应便于查询，应制定相关方查阅和索取所需记录的有关规定。

③ 应明确记录所采用的方式（如文字填写、缩微胶卷、磁盘或其他媒介）。

④ 按规定表式填写或输入记录，做到记录内容准确、填写（输入）及时、字迹清楚、整齐。

⑤ 应根据需要规定记录的保存期限，一般应遵循的原则是：有永久保存价值的记录应整理成档案，长期保管；合同要求时，应征得相关方的同意或由相关方确定。

⑥ 应规定对过期或作废记录的处理办法。

3. OHSMS 记录编制的内容

职业健康安全管理体系记录的内容一般包括以下几个方面：

① 记录名称：简短反映记录对象；

② 记录编码：编码是每种记录的识别标记，每种记录只有一个编码；

③ 记录顺序号：顺序号是某种记录中每张记录的识别标记，若记录为成册票据，印有流水序号，可视为记录顺序号；

④ 记录内容：按记录对象要求，确定编写内容；

⑤ 记录人员：记录填写人、会签人、审批人等；

⑥ 记录时间：按活动时间填写，一般应写清年、月、日；

⑦ 记录单位名称；

⑧ 保存期限和保存部门。

通常，用人单位需要有如下的职业健康安全记录(示例)：

① 设计评审、鉴定和验证记录；

② 设备安装鉴定周期记录；

③ 特殊工序人员和操作的监督记录；

④ 检验和试验记录(含测试报告)；

⑤ 计量器具校准记录；

⑥ 纠正措施验证报告；

⑦ 产品质量报告；

⑧ 用户申诉处理记录和情况报告；

⑨ 事故报告表；

⑩ 文件更改记录；

⑪ 人员培训记录；

⑫ 人员资格认可记录；

⑬ 体系审核记录和审核报告；

⑭ 体系的复审记录和复审报告；

⑮ 检验证书。

除此之外，还应根据不同的安全生产活动，增添相应的职业健康安全记录。

三、作业文件编写案例

(一) 压力容器操作规程(作业指导书)示例

1. 压力容器操作工必须持“证”方可独立操作。操作人员应熟悉设备及容器技术特性、结构、工艺流程、工艺参数、可能发生的事故和应采取的防范措施、处理方法。

2. 设备运行启动前应巡视，检查设备状况有否异常。安全附件、装置是否符合要求，管道接头、阀门有否泄漏，并查看运行参数要求，操作工艺指标及最高工作压力，最高或最低工作温度的规定，做到心中有数。当符合安全条件时，方可启动设备，使容器投入运行。

3. 容器及设备的开、停车必须严格执行岗位安全技术操作规程，应分段分级缓慢升、降压力，也不得急剧升温或降温。工作中应严格控制工艺条件，观察监测仪表或装置，附件，严防容器超温、超压运行。

4. 工作中，应定时、定点、定线、定项进行巡回检查。安全阀、压力表、测温仪表、紧急切断装置及其他安全装置应保持齐全、灵敏、可靠，每班应按有关规定检查、试验。有关巡视、检查、调试的情况应载入值班日记和设备缺陷记录。

5. 发生下列情况之一者，操作人员有权采取紧急措施停止压力容器运行，并立即报告有关领导和部门：

（1）容器工作压力，工作温度或壁温超过许用值，采取各种措施仍不能使之正常时；

（2）容器主要承压元件发生裂纹、鼓包、变形、泄漏，不能延长至下一个检修周期处理时；

（3）安全附件或主要附件失效，接管端断裂，紧固件损坏难以保证安全运行时；

（4）发生火灾或其他意外事故已直接威胁容器正常运行时。

6. 压力容器紧急停用后，再次开车，须经主管领导及技术总负责人批准，不得在原因未查清、措施不力的情况下盲目开车。

7. 压力容器运行或进行耐压试验时，严禁对承压元件进行任何修理或紧固、拆卸、焊接等工作。对于操作规程许可的热紧固、运行调试应严格遵守安全技术规范。

容器运行或耐压试验需要调试、检查时，人的头部应避开事故源。检查路线应按确定部位进行。

8. 进入容器内部应做好以下工作：

（1）切断压力源，应用盲板隔断与其连接的设备和管道，并应有明显的隔断标记，禁止仅仅用阀门代替盲板隔断。断开电源后的配电箱、柜应上锁，挂警示牌；

（2）将容器人、手孔全部打开，通风放散达到要求。

9. 对停用和备用的容器应按有关规定做好维护保养及停车检查工作。必要时，操作者应进行排放，清洗干净和置换。

（二）电焊工安全操作规程（作业指导书）示例

1. 严格执行安全操作规程和动用明火的规定，采用正确的工艺方法精心施焊，对本岗位的安全与防火与防爆直接负责。

2. 熟悉施工图有关工艺要求，正确选用焊机焊条和焊接设备，做好焊机的日常维护保养。

3. 经常对焊割设备附件进行检查，气压表、阀门、气管、割具、焊具、导线等，其技术性能必须安全可靠。

4. 在焊割完毕后，及时清理现场，彻底消除遗留下来的火种，关闭电源、气源。

5. 正确使用，穿戴防护用具。

6. 在室内或露天进行电焊工作，必要时应在周围设挡光屏，防止弧光伤害周围人员的眼睛。

7. 在潮湿的地方进行电焊工作，焊工必须站在干燥的木板上，或穿橡胶绝缘鞋。

8. 固定或移动的电焊机（电动发电机或电焊变压器）的外壳及工作台，必须有良好的接地。

9. 电焊工所使用的导线，必须使用绝缘良好的皮线。如有接头时，则应连接牢固，并包有可靠的绝缘。连接到电焊钳上的一端，至少有5m为绝缘软导线。

10. 电焊设备（变压器、电动发动机）应使用带有保险的电源开关，并应装在密闭箱匣内。

11. 电焊设备的装设、检查和修理工作，必须在切断电源后进行。

12. 电焊钳必须符合下列几项基本要求：

a. 须能牢固地夹住焊条；

b. 保证焊条和电焊钳的接触良好；

c. 更换焊条必须便利；

d. 握柄必须用绝缘耐热材料制成。

13. 电焊机的裸露导电部分和转动部分以及冷却用的风扇，均应装有保护罩。

14. 电焊工应备有下列防护工具：

a. 镶有滤光镜的手把面罩和防护用具；

b. 电焊手套；

c. 绝缘橡胶鞋；

d. 清除焊渣用的白光眼镜(防护镜)。

15. 电焊工在合上电焊机刀闸开关前，应先检查电焊设备，如电焊机外壳的接地线是否良好，电焊机的引出线是否有绝缘损伤、短路或绝缘不良等现象。

16. 电焊工在合上或拉开电源刀闸时，必须戴干燥的手套，另一只手不得按在电焊机的外壳上。

17. 电焊工更换焊条时，必须戴绝缘手套，以防触电。

18. 不准将带电的绝缘导线搭在身上或踏在脚下，电焊导线经过通道时，应采取防护措施，防止外力损伤。

19. 电焊工离开工作现场时，必须把电源切断。

四、记录编写案例

(一) 安全检查表记录示例

安全检查(SCL)分析记录表

单位：　　　　区域/工艺过程：　　　　装置/设备/设施：

日期：　　　　分析人员：　　　　审核人员：

序号	检查项目	标准	产生偏差的主要后果	以往发生频率及现有安全管理措施					L	S	R	建议改正/控制措施
				发生频率	管理措施	员工胜任程度	设备实施现状	安全设施				
1												
2												
3												
4												
5												

（二）文件评审单记录示例

文件评审单

流水号：

文件名称（编号）	
评审结果	归口部门领导签字　　年　月　日
相关部门会签（必要时） 年　月　日	
管理者代表意见 签字　　年　月　日	
总经理审批意见（必要时） 签字　　年　月　日	

（三）职业健康安全管理方案记录示例

职业健康安全管理方案

职业健康安全目标：			
分目标：			
项目主管部门		项目负责人	
项目相关部门		项目财务预算	
主要技术方案及技术措施：			

项目实施计划			
项目内容	进度计划		

拟定	审核	批准

项目实施结果及表明：

项目主管部门：

年　月　日

项目验收：

年　月　日

备注：

年　月　日

第六章　职业健康安全管理体系审核

第一节　概　　述

一、职业健康安全管理体系审核定义

“审核”在《管理体系审核指南》(ISO 19011：2018)定义为：为获取客观证据并客观地评价它，以确定审核准则的满足程度的系统，独立和形成文件的过程。

注1：内部审核，有时称第一方审核，由组织本身或代表组织本身进行的。用于管理评审和其他内部目的(例如确认管理体系的有效性或获得用于改进管理体系的信息)，可作为组织自我合格声明的基础。在许多情况下，尤其在中小型组织内，可以由与正在被审核的活动无偏见以及无责任关系的人员进行，以证实独立性。

注2：外部审核包括通常所说的第二方审核和第三方的审核。第二方审核由与组织有利害关系的各方(如客户)或由代表他们的其他人员进行。第三方审核由独立的审核组织进行，例如提供合格证明/注册或政府机构的审核组织。

结合审核：在两个或多个管理体系上对一个受审方一起进行的审核。当两个或多个不同领域的管理体系合成到单个管理体系中时，这称为结合审核。

联合审核：当两个或两个以上审核机构对同一个受审核方时，这种情况称为联合审核。

审核的系统性是指审核是正式有序的活动，“正式”是指外部审核是按照合同进行的，内部审核是由最高管理者授权的。“有序”指有组织、有计划并按规定的程序和规则进行，包括审核前应准备好审核文件，审核后提出审核报告，并进行纠正措施的跟踪。

“独立”是指审核应保持客观性和公正性，包括审核人员应是与受审核方无直接经济利害关系或行政隶属关系的审核员独立进行，审核中应尊重客观事实，在第三方审核的情况下，不得对受审核方及提供咨询又进行审核。

二、职业健康安全管理体系审核的类型

职业健康安全审核可按两种方法划分其类型：

① 是按侧重的主题事项划分，可包括符合性审核、风险审核、安全程度审核、事故隐患审核、事故原因审核、职业健康安全管理体系审核等；

② 是按审核方和受审核方的关系划分，可分为第一方审核、第二方审核和第三方审核。

1. 按主题事项划分

① 符合性审核是最基本的一种职业健康安全审核，内容是对照职业健康安全法律、法规，检查用人单位的职业健康安全状况的符合性。

② 风险审核通常称为风险评价，是判定危险源导致事故的可能性和后果，或者二者的结合是否在可接受的范围内的过程。风险评价针对不同的目的和对象，需采用不同的方法。

③ 安全程度审核是检查、评定用人单位的职业健康安全状况，得出安全程度结论的过

程。安全程度审核通常以安全检查的形式出现，一般用拟定好的表格式标准来对照、检查、评定。我国有关行业实施的安全评价标准，是一种典型的安全程度审核形式。

④ 事故隐患审核是针对物的不安全状态和人的不安全行为进行的检查、评定。它与其他审核不同的是，它的主题内容针对的就是用人单位所存在的可能导致事故的缺陷。

⑤ 事故原因审核是指在事故发生后针对事故发生的原因进行的调查过程。事故原因审核的主要任务是查清事故发生的经过，找出事故原因，分清事故责任，吸取事故教训，提出预防措施，防止类似事故的重复发生。

⑥ 职业健康安全管理体系审核是判定活动和有关结果是否符合计划的安排，以及这些安排是否得到有效实施并适用于实现用人单位的方针和目标的一个系统化的验证过程。职业健康安全管理体系审核综合性非常强，它包括符合性审核、风险审核、安全程度审核、事故隐患审核、事故原因审核的部分甚至全部。

2. 按审核方和受审核方关系划分

① 第一方审核，又称为内部审核，是指由用人单位的成员或其他人员以用人单位的名义进行的审核。是组织的一种自我检查，自我完善的持续改进活动，可为管理评审，纠正、预防措施或持续改进提供信息。

② 第二方审核，是在某种合同要求的情况下，由与用人单位(受审核方)在某种利益关系的相关方(委托方)或由其他人员以相关方的名义实施的审核。如某组织的顾客或组织的总部或委托第三方认证机构对该组织的职业健康管理体系进行审核。

第二方审核的目的是：选择合适的供应商或合作伙伴；证实供应商或合作伙伴满足规定要求；促进供应商或合格伙伴改进职业健康安全管理体系

③ 第三方审核是由独立于受审核方且不受其经济利益制约的第三方机构依据特定的审核准则，按规定的程序和方法对受审核方进行的审核。在第三方审核中，由第三方认证机构依据认可制度的要求实施的、以认证为目的的审核，又称为认证审核。认证审核旨在为受审核方提供符合性的客观证明和书面保证。

在上述三种审核类型中，第三方认证审核的客观程度最高，因此，认证审核往往被称为具有权威性、公正性、客观性的审核，具有更强的可信度。

三、实施职业健康安全审核的要求与通用原则

1. 职业健康安全审核的要求

理想的职业健康安全审核应具备如下特点：无倾向性、独立性、定期性、系统性、成文性、效率性，由有资格的人员来完成。

① 无倾向性。审核组的成员不得对个别用人单位、个别人和设施表示偏爱。审核员必须把保护人的生命、健康这一道德责任放在第一位。

② 独立性。审核组或审核员不得与审核结果有利害关系(只能专业地完成)。一个有独立性的、不对职业健康安全某项绩效负有责任的审核员，更不会有倾向性。

③ 定期性。审核应按规定的时间表定期开展。在此基础上，根据具体情况，也可随机安排某次审核。再审核包括对根据前一次审核结果制定的某些行动计划的结果评估。

④ 系统性。审核是在程序和计划的指导下完成的。从审核发起、过程到审核结束，都是正规、系统的。系统性还意味着，任一审核组，在同一地点完成的审核，应当得出相似的结果。

⑤ 成文性。审核计划、审核发现、对审核发现的评估以及任何行动计划，都要形成文

件。审核员对结果的成文形式应是确信管理部门能清楚地理解审核发现。它包含：

a. 效率性。审核能按期和在预算内达到目的；

b. 有资格。审核组成员，为对所接触的信息做出正确判断，应具有一定的知识和经验。

2. 职业健康安全审核的通用原则

为达到上述理想的职业健康安全审核，应采用下述职业健康安全审核的通用原则。

① 审核的目的与范围。审核的目的一般以委托方的规定为基础。

审核范围规定了审核的深度和广度，一般由审核组长根据目的的要求与委托方商定。审核范围要满足审核目的，对于第三方认证审核，审核范围的确定还必须与认证制度的有关要求相一致。审核前应将审核目的与范围通报受审核方。

注：审核范围一般包括物理和虚拟场所、功能、组织单元、活动和过程以及所覆盖的时间段的描述；虚拟场所是组织使用在线环境执行工作或提供服务的场所，该在线环境允许个人执行过程，而不管物理位置如何。

② 审核的客观性、公正性。是职业健康安全审核的最基本原则。为确保审核过程、审核发现与审核结论的客观性，审核组成员应与被审核的活动无关。他们在审核全过程中，应当保持客观，不存偏见和主观臆断，无利益冲突。审核组成员应具备从事审核工作的知识、技能和经验。

③ 审核员的职业守则。审核员在从事职业健康安全审核过程中，应认真、勤勉、娴熟、明断。

审核组与委托方之间应做到保守机密和充分信赖。没有委托方或审核方的许可，审核组成员不得将审核中得到的有关受审核方活动、产品或服务的有关经营管理及技术信息、文件、有关审核信息以及最终审核报告，泄露给任何第三方，法律上有要求者除外。审核员应遵循相应的质量保证程序。

④ 系统化的审核程序。为了提高一致性和可靠性，进行职业健康安全审核应遵循一套文件化的、规范化的方法与系统化的程序。对于第三方认证审核而言，审核程序应遵循认可制度的要求。

⑤ 审核准则、审核证据和审核发现。职业健康安全审核的首要步骤是确定审核准则。审核准则应由审核组长与委托方共同认可，然后提交受审核方。

审核时应收集、分析、说明并记录所需信息，为审核和评价过程提供审核证据，以判定是否符合审核准则。

审核证据的质量与数量应达到相应的水平，即由称职的审核员参照同一审核准则，独立地对同样的审核证据进行评价，能得到相似的审核发现。

⑥ 审核发现与审核结论的可靠性。审核过程的设计，应使审核发现与审核结论的可靠性达到委托方和审核员所期望的可信度。

由于职业健康安全审核在一定程度上要受时间和资源的限制，收集的审核证据只能是现有信息的一部分样本。审核员应考虑到在审核过程中所收集的审核证据的局限性，并在计划和实施审核时考虑这些因素。

审核员应获取充足的审核证据，既要考虑重要的审核发现，又要考虑次要的审核发现的总数，因为二者都可能对审核结论产生影响。

⑦ 审核报告。审核发现和审核结论以及审核的有关信息，最终应以书面报告的形式报送委托方，一般也应将报告的副本送受审核方。审核报告的发放范围应由委托方决定。

第二节 职业健康安全管理体系审核

一、职业健康安全管理体系审核的依据

职业健康安全管理体系审核(以第三方审核为例)的依据有以下三个内容:

① 职业健康安全管理体系规范试行标准是用人单位建立职业健康安全管理体系的依据,同时也是审核的依据,就是利用标准的要求来评价职业健康安全管理体系的符合性。

② 国家职业健康安全法律、法规及其他要求按标准要求用人单位在建立职业健康安全管理体系时应对遵守职业健康安全法律、法规及其他要求的承诺,这也是实施职业健康安全管理体系的最基本的要求。

③ 用人单位编制的职业健康安全管理手册、程序文件及其他相关的职业健康安全管理体系文件是依据职业健康安全管理体系标准编制的一套管理文件,对用人单位来说也是加强职业健康安全管理的管理制度,是具有法规性文件,必须严格执行。

二、职业健康安全管理体系审核的过程

职业健康安全管理体系审核无论是内部审核(第一方审核)还是外部审核(第三方审核),其审核过程大致可分为 4 个阶段,审核过程分以下 4 个阶段:

① 审核提出阶段;

② 审核准备阶段;

③ 现场审核与审核报告阶段;

④ 纠正措施的跟踪与证后监督阶段。

1. 审核提出阶段

审核的提出是依据不同的审核类型和目的而有较大的差异。

(1) 第一方审核多是用人单位为了加强职业健康安全管理,利用职业健康安全管理体系标准,建立了用人单位自身的职业健康安全管理体系,并且按标准条款的要求定期的实施职业健康安全管理体系内审以不断改进用人单位的安全生产绩效。

(2) 第二方审核一般是为满足供需双方的合同需求,双方依据双方供需关系,共同商定合同条款或选用职业健康安全管理体系试行标准全部或部分条款的要求,作为合同条款的基础,由供方实施职业健康安全管理体系要求,需方则依据合同条款的要求,定期或不定期对供方的管理体系进行审核。第二方审核一般是由需方提出共同商定审核时间和审核计划。

(3) 第三方审核是为用人单位的职业健康安全管理体系获取认证注册的审核,一般由委托方或受审核方有资格的审核认证机构提出申请。这时双方的职责如下。

① 委托方或受审核方申请。委托方或受审核方拟申请第三方审核认证时,应做好以下几件工作:

a. 职业健康安全管理体系按标准要求已建立,文件已编制,并已由用人单位最高管理者颁布执行,现场均为现行有效版本。

b. 职业健康安全管理体系已进行了 3~6 个月以上的试运行,并对试运行中发现的问题进行了改进。

c. 完成了职业健康安全管理体系内部审核，对体系试运行阶段中所发现的不符合项实施了纠正措施，对体系的符合性及有效性进行了评价。

d. 进行了管理评审，全面评价了职业健康安全管理体系的适宜性、充分性和有效性。

② 评审及受理申请。审核方对委托方或受审核方的申请报告及其他相关文件进行初步评审，确定是否受理申请，凡有下列几种不符合情况之一，则不受理或暂不受理申请，并以书面的形式通知委托方或受审核方：

a. 受审核方的职业健康安全管理体系从最高管理者正式宣布运行之日起，必须全过程运行 3~6 个月以上，并经过内部审核、管理评审确认体系运行有效。

b. 职业健康安全管理体系建立以来，没有发生较大的安全生产事故，没有因安全问题受到行政或刑事处罚。

c. 受审核方条件已具备，或不存在其他问题。

经初步评审后，决定是否承担审核申请。

2. 审核准备阶段

经审核机构初步评审确定受理申请后，即进入审核准备阶段，这阶段主要有以下活动。

① 签订认证审核合同。在合同中应明确审核目的，界定审核范围，商定审核依据及双方的责任和义务。

② 委托方或受审核方向审核方提交职业健康安全管理手册及必要的相关文件。

③ 任命审核组长，组成审核组，确定审核组长的职责和权限，进行联合审核时尤其要注意就审核组长的职责和权限达成一致。

④ 确定审核范围和准则：

审核范围即审核的内容和界限，例如：实际位置，组织单元，受审核而活动和过程以及审核所覆盖的时期。

审核准则用作确定符合性的依据，可以包括所用的方针、程序、标准、法律法规、管理体系要求、合同要求或行业规范。

3. 文件审核

评审受审核方的文件，以确定未见所述的体系与审核准则的符合性。文件包括管理体系的相关文件和记录，以及以前的审核报告。如果发现文件不适宜、不充分，审核组长应当通知受审核方或审核委托方，应当决定审核是否继续进行或暂停，直至有关文件问题解决。

4. 现场审核及认证审核

① 编制现场审核计划。由审核组长编制审核计划，为审核委托方、审核组和受审核方之间就审核的实施达成提供依据。

② 审核组工作分配及文件准备。

③ 现场审核的实施。

④ 编写审核报告。

⑤ 纠正措施的追踪和证后监督审核。对审核中发现的不符合项(问题)要督促受审核方制定纠正、预防措施，并追踪纠正预防措施的执行落实情况。受审核方的不符合项均已整改完成，认证机构可据此批准注册。当批准注册后，认证机构据此颁发职业健康安全管理体系认证证书，并注明证书注册编码。

⑥ 证后监督审核是职业健康安全管理体系认证机构对已获准认证的受审核方在证书有

效期内(一般为 3 年)应定期实施监督和复审，以验证其是否持续满足认证标准的要求，对前一次审核发现的不符合项是否得到了有效地纠正，所确定的职业健康安全目标及职业健康安全管理方案是否得到有效的实施，以及职业健康安全管理体系运行的结果是否有效等。第一次监督审核的时间间隔为半年，以后监督审核的时间间隔一般不超过一年。图 6-1 为典型的认证审核程序。

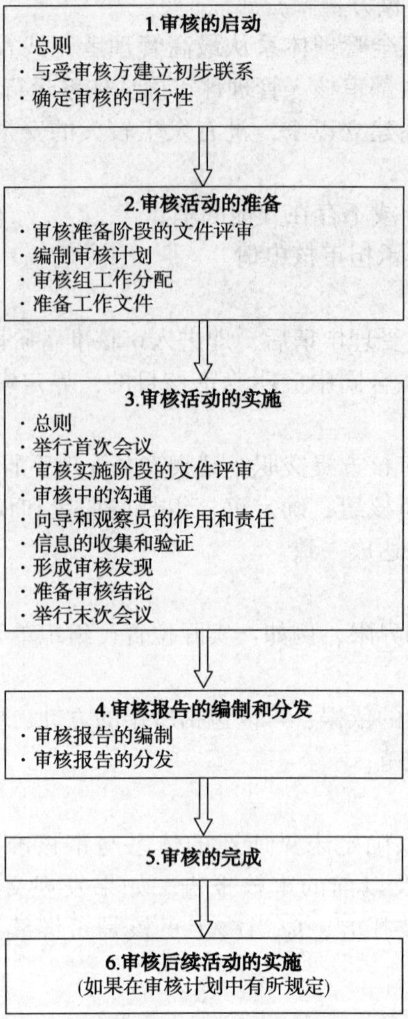

图 6-1　典型的认证审核程序

第三节　职业健康安全管理体系内部审核

职业健康安全管理体系内部审核，是为了检查与确认体系各要素的实施效果是否按照计划有效实现，它是对管理体系运行是否达到了规定的目标所作的系统的、独立的检查和评价，是职业健康安全管理体系一种自我保证手段，也是为实施第二方审核或第三方审核做好管理体系上的准备。内部审核是一个系统的、独立的并形成文件的过程。

一、内部审核基本要求及准备

（一）基本要求

内部审核是用人单位自身的安全生产管理行为，是依据职业健康安全管理体系的基本要求实施的审核活动。如何有效的实施首先要做好以下各项工作。

① 最高管理者的重视是实施内部审核的关键。做好这项工作的关键是最高管理者的重视和支持，要把内部审核列入用人单位的年度计划中；任命一名职业健康安全管理者代表负责内部审核的领导工作，指定一个专门的职能部门组织好内部审核的管理工作，培训一定数量的内部审核员队伍，实施职业健康安全管理内部审核的工作。

② 职业健康安全管理者代表认真领导是实施内部审核的保证。

③ 要设置专门的职能部门负责内部审核的管理工作。需要有一个常设机构来负责职业健康安全管理体系实施中的监督和管理，协助职业健康安全管理者代表，做好对职业健康安全管理体系的日常管理及内部审核工作。

④ 要组建一支合格的职业健康安全管理体系内部审核员队伍。职业健康安全管理体系内部审核要有一批具有一定专业技能、较好的文化素质、较强的分析问题能力，并经过专门培训的内部审核员，这是实施好职业健康安全管理体系内部审核的基本条件。

⑤ 要制定适合用人单位活动、产品或服务特点的内部审核程序。用人单位应依据职业健康安全管理体系审核的要求编制内部审核程序。

（二）内部审核准备

1. 组成审核组

（1）确定审核组长

通常管理者代表应当为内部审核指定审核组长。

（2）确定审核组成员

审核组成员是要考虑审核员实现审核目的所需的能力，并确保内审员不审自己的工作。对参加内部审核的审核员要求：

① 道德行为，职业的基础。对审核而言，诚信、正直、保守秘密和谨慎是最基本的。

② 公正表达：真实、准确地报告的义务。审核发现、审核结论和审核报告真实和准确地反映审核活动。报告在审核过程中遇到的重大障碍以及在审核组和受审核方之间没有解决的分歧意见。

③ 职业素养：在审核中勤奋并具有判断力。审核员珍视他们所执行的任务的重要性以及审核委托方和其他相关方对自己的信任。具有必要的能力是一个重要的因素。

④ 独立性：审核的公正性和审核结论的客观性是基础。审核员独立于受审核的活动，并且不带偏见，没有利益上的冲突。审核员在审核过程中保持客观的心态，以保证审核发现和结论仅建立在审核证据的基础上。

2. 界定内部审核的审核范围

实施审核必须首先界定其审核的范围，即界定职业健康安全管理体系所覆盖的活动、产品、部门及场所的范围。

① 管理要素的审核。内部审核中应覆盖职业健康安全管理体系标准中全部管理要素，但用人单位在职业健康安全管理体系标准的基础上，又增加了若干相关的管理要素，并准备进行第三方审核认证，则在内部审核中也应包括这些新增加的管理要素。

② 产品的范围。一般情况下可以比第三方审核的审核范围大，但不宜于比第三方审核所确定的产品范围小。

③ 场所的范围。一般涉及两个概念，一个是部门，另一个是地区。凡是与审核的职业健康安全管理体系所覆盖的产品和管理要素中的活动所涉及的部门和地区均应列在审核范围之内。任何一个产品的生产，依据其生产工艺流程的特点有可能分散在不同的生产场地，即不同的场所。切忌为了有利于获取第三方审核认证把生产工艺流程中具有危险源的生产过程排除在外，这是不允许的，这没体现全过程控制。

④ 活动的范围。是指凡是与安全生产有关，易产生安全事故及职业伤害的活动都应当界定在审核范围之内。

3. 编制内部审核计划

审核组长应当编制一份审核计划，审核计划应当包括以下内容：

① 审核目的；

② 审核准则和引用文件；

③ 审核范围，包括确定受审核的组织单元和职能单元及过程；

④ 现场审核活动的日期和地点；

⑤ 现场审核活动预期的时间和期限，包括与受审核方管理层的会议及审核组会议；

⑥ 审核成员和向导的作用和职责；

⑦ 为审核的关键区域配置适当的资源的。

在现场审核活动开始前，内部审核计划应当经管理者代表审批，并应审核前 5 日交给受审核部门，如受审方有异议，可以通过双方协商调整。任何经修改的审核计划应当在继续审核前征得各方的同意。审核计划示例见表 6-1。

表 6-1 某公司 2020 年第一次 OHSMS 内部审核的计划

<table>
<tr><td>审核目的</td><td colspan="2">检查本公司职业健康安全管理体系是否符合职业健康安全管理体系标准的要求，评价是否具备申请职业健康安全管理体系第三方审核认证的条件</td></tr>
<tr><td>审核范围</td><td colspan="2">本公司职业健康安全管理手册覆盖的所有部门和生产现场</td></tr>
<tr><td>审核依据</td><td colspan="2">GB/T 45001—2020 职业健康安全管理体系规范；本公司 OHSMS 管理手册、程序文件及 OHSMS 其他文件；本公司适用的职业安全健康法律、法规及其他要求</td></tr>
<tr><td rowspan="2">审核组</td><td>组长</td><td>审核组组员</td></tr>
<tr><td>刘××</td><td>第一组：刘××、王×× 第二组：李××、宋××</td></tr>
<tr><td>审核日期</td><td colspan="2">2020 年 6 月 17 日~2020 年 6 与 18 日</td></tr>
<tr><td colspan="3">日程安排</td></tr>
<tr><td>日期及时间</td><td>第一小组</td><td>第二小组</td></tr>
<tr><td>2020. 6. 17
8：30~9：00
9：00~10：00
10：00~12：00</td><td>首次会议
与最高管理者及 OHSMS 管理者代表交流
化学品库、原料罐区、分装站</td><td>首次会议
与最高管理者及 OHSMS 管理者代表交流
生产一区</td></tr>
<tr><td>12：00~13：30
13：30~16：30</td><td>午餐
生产二区、污水处理站、分析室</td><td>午餐
生产三区、控制室、成品室</td></tr>
<tr><td>2020. 6. 18
8：30~12：00</td><td>供应部、财务部、市场部</td><td>空压机器、技术部、事务部</td></tr>
</table>

续表

12：00~13：30	午餐	午餐
13：30~14：30	质量部	生产部
14：30~15：30	审核小组内部会议	审核小组内部会议
15：30~16：30	与最高管理层交谈	与最高管理层交谈
16：30~17：00	末次会议	末次会议

计划编制人：刘××　　　　批准人：胡××(管代)

日期：2020 年 5 月 28 日　　　　日期：2020 年 6 月 3 日

4. 审核组工作分配

审核组长应当与审核组协商，将具体的过程、职能、场所、区域或活动的审核职责分配给审核组每位成员。审核组工作的分配应当考虑审核员的独立性和能力的需要、资源的有效利用以及审核员、实习审核员和技术专家的不同作用和职责。为确保实现审核日的，可随着审核的进展调整所分配的工作。

5. 准备工作文件、编写检查表

审核组成员应当评审与其所承担的审核工作有关的信息，并准备必要的工作文件，用于审核过程的参与和记录。这些工作文件可以包括：

① 受审核部门相关文件(含手册、程序、作业指导书等)；

② 检查表和审核抽样计划；

③ 记录信息(例如：支持性证据，审核发现和会议记录)的表格。

检查表和表格的使用不应当限制审核活动的内容，审核活动的内容可随着审核中收集信息的结果而发生变化，检查表示例见表 6–2。

表 6–2　职业健康安全管理体系文件审核检查表

受审核单位：　　　　编号：

审核员：

序号	标准的要求	符合程序			审查意见
		符合	不符合	改进	
1	4.1　组织及其所处的环境				
2	4.2　相关方的需求和期望				
3	4.3　管理体系的范围				
4	4.4　管理体系				
5	5.1　领导作用与承诺				
6	5.2　管理方针				
7	5.3　岗位、职责和权限				
8	6.1　应对风险和机遇的措施策划				
9	6.2　目标及实现的策划				
10	6.3　变更管理				
11	7.1　资源				
12	7.2　能力				
13	7.3　意识				

续表

序号	标准的要求	符合程序			审查意见
		符合	不符合	改进	
14	7.4 信息交流				
15	7.5 文件(文件化信息)				
16	8.1 运行的策划和控制				
17	8.2 产品和服务的要求				
18	8.3 产品和服务的设计开发				
19	8.4 外部提供的过程、产品和服务控制				
20	8.5 生产和服务提供				
21	8.6 产品和服务的放行				
22	8.7 不合格输出的控制				
23	8.8 应急准备与响应				
24	9.1 监视、测量、分析和评价				
25	9.2 内部审核				
26	9.3 管理评审				
27	10 改进				
28	10.1 不符合和纠正措施				
29	10.2 持续改进				
审查结论： □通过 □请按审查意见修改后，按规定时间提交，并经再次确认		说明：			

6. 审核频次

依据用人单位安全管理的需求自定，但无论如何每年至少进行一次内部审核。其审核方法有以下两种方法。

① 滚动式审核。依据管理要素的要求及部门情况编制年度滚动式内部审核计划，即每个月对一个或几个部门、管理要素进行审核，逐月展开，一年内把所有部门、所有要素都覆盖至少一次，最好是覆盖两次。对重点部门或重要要素的审核频次可适当增加。内部审核计划应请用人单位的最高管理者批准实施，修改时要按一定的程序进行，修改后的计划仍需由用人单位最高管理者批准。

② 集中式审核。目前较多的用人单位均仿效第三方审核(即外部审核)的做法，采用一年1~2次集中式的内审方式，即每次集中几天对整个用人单位的全部管理要素和所有部门进行一次审核。这种审核的效率比较高，而且对于审核中发现的问题也便于集中整改。

二、实施现场审核

1. 举行首次会议

应当与受审部门职能或过程的负责人召开首次会议。首次会议的目的是：

① 确认审核计划；

② 简要介绍审核活动如何实施；

③ 确认沟通渠道；

④ 向受审方提供询问的机会。

在许多情况下，例如小型组织中的内部审核，首次会议可简单地包括对即将实施的审核的沟通和对审核性质的解释。首次会议应当是正式的，并保存出席人员的记录。会议应当由审核组长主持。适当时，首次会议应当包括以下内容：

① 介绍与会者，包括概述其职责；

② 确认审核目的，范围和准则；

③ 与受审核方确认审核日程以及相关的其他安排，例如：末次会议的日期和时间，审核组和受审核部门管理层之间的临时会议以及任何新的变动；

④ 实施审核所用的方法和程序，包括告知受审核方审核证据只是基于可获得的信息样本，因此，在审核中存在不确定因素；

⑤ 确认审核组和受审核方之间的正式沟通渠道；

⑥ 确认有关保密事宜；

⑦ 确认在审核中将及时向受审核方通报审核进展情况；

⑧ 确认已具备审核组所需的资源和设施；

⑨ 报告的方法，包括不符合的分级；

⑩ 确认审核组工作时的安全事项、应急和安全程序；

⑪ 确认向导的安排、作用和身份；

⑫ 关于审核的实施或结论的申诉系统的信息。

2. 现场查证实施

（1）在审核中进行沟通

根据审核的范围和复杂程序，在审核中可能有必要对审核组内部以及审核组与受审核方之间的沟通作出正式安排。

审核组应当定期讨论以交换信息，评定审核进展情况，以及需要时重新分派审核组成员的工作。

（2）向导的作用和职责

向导可以与审核同行，但不是审核组成员，不应当影响或干扰审核的实施。

组织指派的向导应当协助审核组并且根据审核组长的要求行动。他们的职责可包括：

① 沟通联系；

② 对审核进行见证；

③ 在收集信息的过程中，引导帮助。

（3）收集和验证信息

在审核中，与审核目的、范围和准则有关的信息，包括与职能、活动和过程间接接口有关的信息，应当通过适当的抽样进行收集并验证。只有可证实的信息方可作为审核证据。审核证据应当予以记录。收集信息的方法包括：

① 面谈；

② 对活动的观察；

③ 文件评审。

所选择的信息源可以根据审核的范围和复杂程度而不同，信息可包括：

① 与员工及其他人员的面谈；

② 对活动、周围工作环境和条件的观察；

③ 文件，例如：方针、目的、计划、程序、标准、指导书、执照和许可证、规范、图样、合同和订单；

④ 记录，例如：检查记录、会议纪要、审核报告、方案监测的记录和测量结果。

⑤ 数据和汇总、分析和绩效指标；

⑥ 受审核方抽样方案的信息，抽样和测量过程控制程序的信息；

⑦ 其他方面的报告，例如：顾客反馈、来自外部和供方等级的相关信息；

⑧ 计算机数据库和网站。

面谈是收集信息的一个重要手段，应当在条件许可并以适合于被面谈人的方式进行。但审核员应当考虑：

① 面谈人员应当来自审核范围内实施活动或任务的适当的层次和职能；

② 面谈应当在被面谈人正常工作时间和(可行进)正常工作地点进行；

③ 在面谈和面谈过程中应当努力使被面谈人放松；

④ 应当解释面谈和做记录的原因；

⑤ 面谈可通过请对方描述其工作开始；

⑥ 应当避免提出有倾向性答案的问题(即引导性提问)；

⑦ 应当与对方总结和评审面谈的结果；

⑧ 应当感谢对方的参与和合作。

三、形成审核发现

应当对照审核准则评价审核证据以形成审核发现。审核发现能表明符合或不符合审核准则。当审核目的有规定时，审核发现能识别改进的机会。

审核组应当根据需要在审核的适当阶段共同评审审核发现。应当记录不符合及其支持的审核证据。可以对不符合进行分级。应当与受审核方一起评审不符合，以确认审核证据的准确性，并使受审核方理解不符合。应当努力解释对审核证据和(或)审核发现有分歧的问题，并记录尚未解决的问题。

1. 不符合的确定

(1) 必须以客观事实为基础

判定不符合必须以客观事实为基础，客观事实不能掺杂任何个人的主观因素，也不能掺杂“推理”“假设”或“想当然”的成分。

(2) 必须以审核准则为依据

判定不符合项时，一定要以审核准则为依据，不能以审核员个人的任何主观意见、观点作依据。也就是说，审核员开具的不符合项必须在审核准则中明确地找到所不符合的条款。如果找不到不符合条款，就不能判为不符合。

(3) 分析所有不符合的原因，找出体系缺陷

职业健康安全管理体系内部审核是一种体系审核，目的是判定受审核方的职业健康安全管理体系是否符合策划的文件和标准的要求。所以，审核员不能仅满足于发现个别的不符合现象，还应对这些现象进行追踪和分析，以找出体系上存在的问题。这也是正确判定不符合的需要。

(4) 审核组内相互沟通，统一意见

职业健康安全管理体系中存在的问题往往不是孤立的，常常存在相互联系。在形成不符合项前，需要审核组成员充分讨论，交流情况，互相补充印证。这样才有利于发现受审核方体系上的问题。另一方面，审核组成员的充分讨论，可以更准确、更全面地做出判断，避免由于某个审核员个人收集信息的局限所带来的片面性。审核发现最终是否形成不符合项，由审核组长确定。

(5) 与受审核方共同确认审核发现的事实

审核组应当与受审核部门共同确认不符合的事实依据。审核员在现场审核的时间毕竟有限，所发现的问题有可能只是问题的一个侧面，所以要在形成不符合报告前与受审核方共同确认这些事实。要及时听取受审核部门对不符合项判定的意见，以利于查清楚造成问题的根本原因，也有利于审核部门制定纠正措施。

如果受审核部门提出补充证据，证明审核员对不符合项陈述有误，审核员经过补充调查核准，应勇于修正错误。

2. 不符合项和不符合报告

对照标准条款的要求，查证其符合性和有效性，发现不符合项，并开具不符合报告。

(1) 不符合项

就是某一客观事实不满足标准规定的要求，这里所指的标准是职业安全与健康管理体系标准，所规定的要素的基本要求，一般不符合项的判定有以下几种情况。

(2) 不符合项性质的判定

不符合项性质分类的原则是依据不符合项情节的严重程度以及不纠正可能造成的后果，以及不符合性是系统性、全局性的过失还是个别的或局部的问题。一般分成两类。

① 严重不符合项

a. 体系运行出现系统性的失效。如某一要素的要求，在多个关键过程重复出现失效的现象。例如，在多个部门或多个活动现场上均发现有不同版本的文件同时使用，这说明文件管理失控，而且在体系实施过程中也未加以纠正。

b. 体系运行出现区域性失效。如果一部门或活动现场，有程序文件或作业指导书，但运行过程未按规定要求实施，以至于多次出现安全生产事故，而未能加以纠正。

c. 体系运行是按规定要求实施，但仍多次出现安全生产事故，未查明原因，也未采取有效的措施。

② 轻微不符合项

a. 审核中的发现对满足职业健康安全管理体系要素、体系文件要求或体系实施有效性而言，是个别的、偶然的、孤立的问题，如缺少一次培训记录等。

b. 对保证所审核区域的体系有效实施是次要的问题。

(3) 不符合项报告

审核员在审核过程中所发现的不符合项，应按规定要求编写不符合项报告，不符合项报告应包括如下内容：

① 不符合事实的描述；

② 不符合条款的要求；

③ 不符合性质的判定；

④ 审核员签名；

⑤ 受审核方代表确认签字。

不符合报告示例，见表 6-3。

表 6-3　不符合项报告

编号：01

受审核部门	××××项目部	审核时间	××年×月×日
区域	1#楼	陪同人员	陈××

不符合事实描述：

在搅拌混凝土作业区域，有一作业人员未按要求正确佩戴个人防护用品

不符合 GB/T 45001—2020《职业健康安全管理体系 要求及使用指南》条款号：8.1

审核员（签名）：林××　　　　受审核方确认（签名）：王××

原因分析：

纠正措施：

完成日期：　　　　受审核方代表（签名）：

纠正措施评价：

验证人（签名）：　　　　日期：

四、审核结论

（1）在末次会议前，审核组应当讨论以下内容：

① 针对审核目的，评审审核发现以及在审核过程中所收集的其他适当信息；

② 考虑审核过程中固有的不确定因素，对审核结论达成一致；

③ 如果审核目的有规定，准备建议性意见；

④ 如果审核计划有规定，讨论审核后续活动。

（2）审核结论可陈述诸如以下内容：

① 管理体系与审核准则的符合程度；

② 管理体系的有效实施、保持和改进；

③ 管理评审过程在确保管理体系持续的适宜性、充分性、有效性和改进方面的能力。

如果审核目的有规定，审核结论可能导致有关改进或未来审核活动的建议。

（3）举行末次会议。末次会议应当由审核组长主持，并以受审核部门能够理解和认同的方式提出审核发现和结论；适当时，双方就受审核方提出的纠正和预防措施计划的时间表达成共识。参加末次会议的人员应当包括受审核方，也可包括审核委托方和其他方。必要时，审核组长应当告知受审核方在审核过程中遇到的可能降低审核结论可信程度的情况。

（4）审核报告的编制、批准和分发。

① 编制审核报告

审核组长应当对审核报告的编制和内容负责。审核报告应当提供完整、准确、简明和清晰的审核记录，并包括或引用以下内容：

- 审核目的；

- 审核范围，尤其是应当明确审核的组织单元和职能单元或过程以及审核所覆盖的时期。
- 受审核部门；
- 审核组长和成员；
- 现场审核活动实施的日期和地点；
- 审核准则；
- 审核发现；
- 审核结论。

② 批准和分发审核报告

审核报告应当在商定的时间期限内提交。如果不能完成，应当向审核委托方通报延误的理由，并就新的提交日期达成一致。审核报告应当根据审核方案程序的规定注明日期，并经评审和批准。经批准的审核报告应当分发给审核委托方指定的接受者。

(5) 审核的完成。当审核计划中的所有活动已完成，并分发了经过批准的审核报告时，审核即告结束。

五、纠正措施及跟踪检查

1. 双方职责

(1) 审核组的责任

① 确认不符合项并提出纠正措施要求；

② 审查受审核方提出的纠正措施的计划；

③ 纠正措施的跟踪评价。

(2) 受审核方的责任

① 分析不符合项的原因；

② 制定纠正措施计划；

③ 实施纠正措施；

④ 接受审核组现场验证。

2. 跟踪检查的方式

根据不符合项的性质和严重程度，可采用不同纠正措施跟踪检查方式。

① 对受审核方的不符合项所涉及的某些要素或部门组织一次现场审核。这一般是针对严重不符合项或只有到现场才能验证的轻微不符合项。

② 受审核方按要求提供纠正措施的实施记录。审核员根据实施记录验证其是否已完成纠正措施。这一般适用于轻微不符合，并且不需要去现场跟踪验证。

③ 对于第三方案审核(外部审核)有时尚需在监督审核时再予跟踪验证。这适用于该不符合项短期内无法完成的轻微不符合项。

3. 纠正措施期限

① 性质非常轻微而且便于纠正的不符合项可在现场审核期间由受审核方立即完成纠正措施，审核员可以及时进行纠正措施跟踪。

② 轻微不符合项一般规定要 1 个月内完成。

③ 严重不符合项一般规定在 3 个月内完成。根据纠正措施完成情况，审核组再派审核人员去进行现场审核。

内部审核与外部审核的区别见表6-4。

表6-4 OHSMS内部审核与外部审核的区别

序号	项目	内部审核	外部审核
1	委托方、审核方和受审核方	无委托方，审核方和受审核方均属同一个用人单位	第二方审核时委托方为需方，审核方为需方自己或需方委托的一个审核机构，受审核方为供方。第三方审核时，审核方为体系审核机构，受审核方是某个用人单位。委托方可以是受审核方，也可以是其他用人单位
2	审核的主要目的和重点	主要目的在于改进自身的体系，故重点是发现问题，纠正和预防不符合项	主要目的在于决定是否批准认证，故重点是评价受审核方的体系
3	前期准备工作	由用人单位的最高管理层组建审核机构或指定某职能机构主管审核工作，培训干部、制定程序，任命职业健康安全管理者代表	了解受审核方情况，预审文件，决定是否受理申请(第三方审核)，必要时可预审
4	审核计划	例行审核，编制年度滚动计划，每月审核一个或几个部门，半年或一年覆盖全部要素及部门(也可采用集中审核方式)	短期内集中审核所有有关部门和要素，进行现场审核
5	样本量及审核深度	如时间比较充裕，样本量可取得较多，审核可以较深	时间较短，样本量及深度相对较小
6	首末次会议	虽也有较正规的首末次会议，但由于都是同一用人单位内的人，不用互相介绍，其他内容也可简化，故首次会议较简短	正规的首末次会议，审核组长应作全面说明，包括人员介绍、审核程序、方法以及保密原则的声明等
7	争执处理	如发生审核组与受审核部门的争执时可提请职业健康安全管理者代表仲裁，或最终由最高领导决定	如发生争执，审核组应耐心地根据客观证据说服受审核方；如争执不能解决，最后只能请政府主管部门或认可委员会仲裁
8	不符合问题的分类	按性质分类，目的在于抓住重点问题纠正，以及评价体系改进情况	按严重程度分类，目的在于决定是否予以通过认证(第三方审核)或认可(第二方认证)
9	纠正措施	重视纠正措施，对纠正措施计划可作具体咨询，但可提方向性意见供参考，对纠正措施完成情况不仅要跟踪验证，还要分析研究其有效性	对纠正措施不能作咨询；对纠正措施计划的实施要跟踪验证
10	监督审核	无此内容	认证或认可后，每年至少要进行1次监督检查
11	审核员的注册	目前我国尚无内部审核员注册制度	认证机构的审核员必须取得国家注册审核员资格

第四节 职业健康安全管理体管理评审

一、管理评审概述

1. 含义

管理评审就是最高管理者为评价管理体系的适宜性、充分性和有效性所进行的活动。管理评审的主要内容是组织的最高管理者就管理体系的现状、适宜性、充分性和有效性以及方针和目标的贯彻落实及实现情况组织进行的综合评价活动，其目的就是通过这种评价活动来总结管理体系的业绩，并从当前业绩上考虑找出与预期目标的差距，同时还应考虑任何可能改进的机会，并在研究分析的基础上，对组织在市场中所处地位及竞争对手的业绩予以评价，从而找出自身的改进方向。

2. 管理评审内容

① 对该组织的整个管理体系(包括职业健康安全等有标准要求的体系)执行状况进行的评估；

② 应该涉及外部机构和客户等对该组织之审核状况；

③ 各项组成部门之管理目标达成状况；

④ 过程绩效体现和产品符合性评估；

⑤ 纠正措施改善措施成效；

⑥ 各项资源配备之评估。

3. 管理评审的程序

管理评审程序可描述为：管理评审策划→管理评审准备→召开评审会→发布评审报告→实施改进。

（1）管理评审策划。在管理评审前30天，由组织职业健康安全管理体系运行主管部门负责编制《管理评审计划》，经管理者代表审核后，报最高管理者批准。

① 管理评审的频度。一般情况下每年进行一次管理评审。在以下特殊情况下，最高管理者可决定增加管理评审频度：

a. 用人单位的组织机构、产品和服务内容、资源、单位经营战略、市场环境发生重大变化或调整时；

b. 用人单位发生重大质量、环境或健康安全事故，或相关方连续投诉时；

c. 法律、法规、标准及其他要求影响引起管理体系的重大变更时；

d. 最高管理者认为必要的其他时机(如第三方审核前)。

② 管理评审参加人员。参加管理评审人员包括最高管理者、管理者代表、有关部门领导、相关人员及员工代表。

③ 发布会议通知。职业健康安全管理体系运行主管部门在管理评审会议前15天下发《管理评审计划》，通知参加管理评审的所有人员。

④ 职业健康安全管理体系运行主管部门在召开管理评审会议前5天，发出管理评审会议通知，并做好会议准备。

（2）管理评审准备

① 管理者代表负责组织相关职能部门，按《管理评审计划》要求准备相关工作，调查有关情况，收集并提交有关文件和资料。

② 管理评审输入。各部门接到管理评审的通知后，于管理评审会议召开3天前，向职业健康安全管理体系运行主管部门提供以下材料：

a. 与本部门相关的目标、指标完成情况；

b. 本部门相关的环境绩效，职业健康安全绩效；

c. 本部门工作业绩；

d. 提供的资源满足需要的情况；

e. 纠正和预防措施的实施情况；

f. 管理体系的改进建议；

g. 与本部门相关的其他情况。

③ 职业健康安全管理体系运行主管部门将各相关部门提供的材料汇总、分析后，编写《管理体系运行情况报告》并交管理者代表批准，《管理体系运行情况报告》作为管理评审的输入包含以下内容：

a. 近期内、外审的评审结果；

b. 顾客信息反馈；

c. 相关方关注的问题；

d. 工作业绩与存在的问题；

e. 纠正与预防措施实施情况；

f. 上次管理评审有关决定和措施的执行情况；

g. 可能影响管理体系变更的情况(如：法律、法规的变化，组织机构或产品、活动的变化，外部环境的变化等)；

h. 管理方针、目标和指标的适宜性及其实现情况。

(3) 召开管理评审会

① 最高管理者依据《管理评审计划》主持评审会议。

② 管理者代表报告公司管理体系运行情况。

③ 内审组长汇报内审结果报告。

④ 参加评审的人员对于重点要阐述的相关工作进行汇报。

⑤ 与会人员根据管理体系运行情况报告讨论并评审体系运行情况，提出改进的项目与措施。

⑥ 最高管理者对所涉及的评审内容作出评审结论，对评审后的纠正、预防措施明确责任部门和完成日期。

⑦ 职业健康安全管理体系运行主管部门负责做好管理评审会议记录并形成管理评审会议纪要，同时负责会议的签到工作。

⑧ 管理评审输出。职业健康安全管理体系运行主管部门根据管理评审会议纪要编写《管理评审报告》。《管理评审报告》作为评审输出应包括以下内容：

a. 管理评审的目的、时间、参加人员及评审内容；

b. 管理体系及过程的适用性、充分性、有效性的综合评价和需要的改进；

c. 管理方针、目标、指标适宜性的评价及需要的更改；

d. 资源需求的决定和措施；

e. 管理评审所确定的改进措施、责任部门和完成日期。

(4) 发布评审报告

职业健康安全管理体系运行主管部门将《管理评审报告》(包括确定分发范围)提交管理者代表审核，公司总经理批准后，在评审会议结束后的8个工作日内，依据分发范围分发至相关部门、人员。

(5) 实施改进

根据《管理评审报告》的要求，各部门按《纠正和预防措施管理程序》的规定负责实施改进工作，职业健康安全管理体系运行主管部门组织完成验证工作。

(6) 其他管理要求

记录的管理按《记录管理程序》的规定执行。

二、管理评审与内部审核的区别

职业健康安全管理体系管理评审，是用人单位最高管理者亲自对体系的现状是否有效地适应职业健康安全方针要求，以及体系环境变化后确定的新目标是否合适等所作的综合评价。职业健康安全管理体系内部审核，是为了检查与确认体系各要素的实施效果是否按照计划有效实现，它是对体系运行是否达到了规定的目标所作的系统的、独立的检查和评价，是OHSMS体系一种自我保证手段。它是在体系审核的基础上进行的，但并不是每次体系内部审核后都要进行管理评审，而是视客观需要，决定对体系的全部或部分要素进行核查活动。

1. 内容不同

管理评审与内部审核在内容和操作上的不同点见表6-5。

表6-5　内部体系审核和管理评审的比较

项目	内部体系审核	管理评审
目的	评价体系运行的符合性和有效性	就方针和目标，评价体系现状 对环境的持续的适应性、充分性和有效性
依据	体系文件/OHSMS标准/法律法规/合同等	受益者的期望、体系审核的结果
结果	导致体系要素的改进，采取纠正和预防措施，使体系得以改进和正常运作	改进体系，提高管理水平
执行者	有资格的内审员或外聘的审核员	最高管理者主持，管理层人员参与
方式	现场审核	一般采用会议评审

2. 频次不同

管理评审通过年度计划安排，每年至少进行一次。管理评审一般由最高管理者主持，各部门负责人和有关人员(如内审员等)参加。职业健康安全管理者代表应将OHSMS现状及其变化趋势和提交研究的问题形成书面材料。评审会议对有关提案或问题作出明确决定，如体系内审结果、方针、目标贯彻落实情况，体系的符合性、有效性，持续改进的承诺，有关纠正和预防措施相关方关注的问题等。

职业健康安全管理体系内部审核需定期进行，是向用人单位管理者提供职业健康安全管理体系是否正常的证明，以便根据审核结果采取措施，消除、减少和预防各种不符合项；定期进行职业健康安全管理体系审核，是发现、寻找职业健康安全管理手册的不足，发现新的需求和用人单位内外部环境的重要改变，以便对OHSMS手册进一步完善。当然，应该认识到，一方面手册的完善是一个动态的、持续的过程；另一方面，还要保持其相对稳定的执行期。

第七章　企业安全生产标准化建设规范与实施

2004年初，国务院《关于进一步加强安全生产工作的决定》，明确提出要在全国所有工矿、商贸、交通运输、建筑施工等企业普遍开展安全质量标准化活动。国家安全生产监督管理总局为贯彻落实国务院《关于进一步加强安全生产工作的决定》和国务院领导同志的指示精神，下发了《关于开展安全质量标准化活动的指导意见》(安监管政法字〔2004〕62号)，对开展安全质量标准化工作进行了全面部署，提出了明确要求，但各行业标准化推进的效果不佳。2010年《国务院关于进一步加强企业安全生产工作的通知》(国发〔2010〕23号)："7. 全面开展安全达标。深入开展以岗位达标、专业达标和企业达标为内容的安全生产标准化建设，凡在规定时间内未实现达标的企业要依法暂扣其生产许可证、安全生产许可证，责令停产整顿；对整改逾期未达标的，地方政府要依法予以关闭。"从此安全生产标准化的工作在各行各业中如火如荼地开展了。

第一节　企业安全生产标准化建设基本规范

《企业安全生产标准化基本规范》(AQ/T 9006—2010)是原国家安全生产监督管理总局2010年4月15日发布，2010年6月1日实施。目的是进一步落实企业安全生产的主体责任，全面推进企业安全生产标准化工作，深入贯彻落实国家关于安全生产的方针政策和法律法规，使企业安全生产工作有据可依，有章可循，同时为调动企业开展安全生产标准化工作的积极性和主动性，提供可操作性较强的安全生产工作规范。

2016年12月13日，中华人民共和国国家质量监督检验检疫总局和国家标准化管理委员会联合发布了《企业安全生产标准化基本规范》(GB/T 33000—2016)，该规范于2017年4月1日实施。

一、《企业安全生产标准化基本规范》及其特点

《企业安全生产标准化基本规范》(GB/T 33000—2016)主要有以下三个方面的特点：

① 采用国际通用的策划(Plan)、实施(Do)、检查(Check)、改进(Act)动态循环的PDCA现代安全管理模式。通过企业自我检查、自我纠正、自我完善这一动态循环的管理模式，能够更好地促进企业安全绩效的持续改进和安全生产长效机制的建立。

② 对各行业、各领域具有广泛适用性。《企业安全生产标准化基本规范》总结归纳了煤矿、危险化学品、金属非金属矿山、烟花爆竹、冶金、机械等已经颁布的行业安全生产标准化中的共性内容，提出了企业安全生产管理的共性基本要求，既适应各行业安全生产工作的开展，又避免了自成体系的局面。

③ 体现了企业主体责任与外部监督相结合的思想。《企业安全生产标准化基本规范》要求企业对安全生产标准化工作进行自主评定，自主评定后申请外部评审定级，并由安全生产监督部门对评审定级进行监督。

二、《企业安全生产标准化基本规范》的范围和一般要求

《企业安全生产标准化基本规范》共分为范围、规范性引用文件、术语和定义、一般要求、核心要求五部分。在核心要求这一部分中，对企业安全生产标准化的目标职责、制度化管理、教育培训、现场管理、安全风险及隐患排查治理、应急管理、事故查处和持续改进等8个体系核心技术要求内容作了具体规定。

1. 范围

该标准适用于工矿企业开展安全生产标准化建设工作，有关行业制修订安全生产标准化标准、评定标准，以及对标准化工作的咨询、服务、评审、科研、管理和规划等。其他企业和生产经营单位等可参照执行。

有关行业制定安全生产标准化标准应满足该标准的要求；已经制定行业安全生产标准化标准的，优先适用行业安全生产标准化标准。

2. 一般要求

（1）原则

企业开展安全生产标准化工作，应遵循“安全第一、预防为主、综合治理”的方针，落实企业主体责任。以安全风险管理、隐患排查治理、职业病危害防治为基础，以安全生产责任制为核心，建立安全生产标准化管理体系，全面提升安全生产管理水平，持续改进安全生产工作，不断提升安全生产绩效，预防和减少事故的发生，保障人身安全健康，保证生产经营活动的有序进行。

（2）建立和保持

企业应采用“策划、实施、检查、改进”的“PDCA”动态循环模式，依据该标准的规定，结合企业自身特点，自主建立并保持安全生产标准化管理体系；通过自我检查、自我纠正和自我完善，构建安全生产长效机制，持续提升安全生产绩效。

（3）自评和评审

企业安全生产标准化管理体系的运行情况，采用企业自评和评审单位评审的方式进行评估。企业应当根据该标准和有关评分细则，对本企业开展安全生产标准化工作情况进行评定；自主评定后申请外部评审定级。安全生产标准化评审分为一级、二级、三级，一级为最高。安全生产监督管理部门对评审定级进行监督管理。

第二节 《企业安全生产标准化基本规范》通用条款理解

一、安全生产与职业卫生目标

> **5.1.1 目标**
>
> 企业应根据自身安全生产实际，制定文件化的总体和年度安全生产与职业卫生目标，并纳入企业总体生产经营目标。明确目标的制定、分解、实施、检查、考核等环节要求，并按照所属基层单位和部门在生产经营活动中所承担的职能，将目标分解为指标，确保落实。
>
> 企业应定期对安全生产与职业卫生目标、指标实施情况进行评估和考核，并结合实际及时进行调整。

理解：

制定企业文件化的总体和年度安全生产与职业卫生目标时，明确目标的制定、分解、实施、检查、考核等环节内容，尽量做到目标可量化，便于考核，同时目标应该考虑以下内容：

① 员工的伤亡指标，如死亡、重伤、轻伤等要求；

② 经济指标：直接经济损失控制在多少范围内；

③ 职业病控制情况；

④ 隐患整改率的控制，重大的事故隐患整改率应达到100%；

⑤ 环境污染的控制情况及对周围群众的扰民控制。

二、组织机构和职责

> **5.1.2.1　机构设置**
>
> 企业应落实安全生产组织领导机构，成立安全生产委员会，并应按照有关规定设置安全生产和职业卫生管理机构，或配备相应的专职或兼职安全生产和职业卫生管理人员，按照有关规定配备注册安全工程师，建立健全从管理机构到基层班组的管理网络。

理解：

《安全生产法》第二十一条　矿山、建筑施工单位、道路运输企业和危险物品的生产、经营、储存单位，应当设置安全生产管理机构或者配备专职安全生产管理人员。

前款规定以外的其他生产经营单位，从业人员超过100人的，应当设置安全生产管理机构或者配备专职安全生产管理人员；从业人员在100人以下的，应当配备专职或者兼职的安全生产管理人员。

生产经营单位委托本法第十三条规定的机构提供安全生产技术、管理服务的，保证安全生产的责任仍由本单位负责。

矿山、建筑施工单位、道路运输企业和危险物品的生产、经营、储存单位应根据规定要求配备注册安全工程师，企业应根据实际情况建立健全安全生产领导机构到基层班组的安全管理网络，定期召开安全专题会。

> **5.1.2.2　主要负责人及领导层职责**
>
> 企业主要负责人全面负责安全生产和职业卫生工作，并履行相应责任和义务。
>
> 分管负责人应对各自职责范围内的安全生产和职业卫生工作负责。
>
> 各级管理人员应按照安全生产和职业卫生责任制的相关要求，履行其安全生产和职业卫生职责。

理解：

《安全生产法》第十八条　生产经营单位的主要负责人对本单位安全生产工作负有下列职责：

① 建立、健全本单位安全生产责任制；

② 组织制定本单位安全生产规章制度和操作规程；

③ 组织制定并实施本单位安全生产教育和培训计划；

④ 保证本单位安全生产投入的有效实施；

⑤ 督促、检查本单位的安全生产工作，及时消除生产安全事故隐患；

⑥ 组织制定并实施本单位的生产安全事故应急救援预案；

⑦ 及时、如实报告生产安全事故。

《安全生产法》第二十二条　生产经营单位的安全生产管理机构以及安全生产管理人员履行下列职责：

① 组织或者参与拟订本单位安全生产规章制度、操作规程和生产安全事故应急救援预案；

② 组织或者参与本单位安全生产教育和培训，记录安全生产教育和培训情况；

③ 落实本单位重大危险源的安全管理措施；

④ 组织或者参与本单位应急救援演练；

⑤ 检查本单位的安全生产状况，及时排查生产安全事故隐患，提出改进安全生产管理的建议；

⑥ 制止和纠正违章指挥、强令冒险作业、违反操作规程的行为；

⑦ 落实本单位安全生产整改措施。

三、安全生产投入

5.1.4　安全生产投入

企业应建立安全生产投入保障制度，按照有关规定提取和使用安全生产费用，并建立使用台账。

企业应按照有关规定，为从业人员缴纳相关保险费用。企业宜投保安全生产责任保险。

理解：

《安全生产法》第二十条　生产经营单位应当具备的安全生产条件所必需的资金投入，由生产经营单位的决策机构、主要负责人或者个人经营的投资人予以保证，并对由于安全生产所必需的资金投入不足导致的后果承担责任。

有关生产经营单位应当按照规定提取和使用安全生产费用，专门用于完善和改进安全生产条件的有关支出。安全生产费用在成本中据实列支出。安全生产费用提取、使用和监督管理的具体办法由国务院财政部门会同国务院安全生产监督管理部门征求国务院有关部门意见后制定。

在《企业安全生产费用提取和使用管理办法》(财企〔2012〕16 号)中从第五条至第十四条，分别对煤炭生产企业、非煤矿山开采企业、建设工程施工企业、交通运输企业、冶金企业、机械制造企业、烟花爆竹生产企业、武器装备研制生产与试验企业等各类企业做了明确的规定。

企业应建立安全生产投入保险制度，按规定提取和使用安全费用，为从业人员缴纳工伤保险，改善安全生产条件，并建立安全费用台账。

四、制度化管理

5.2.1 法规标准识别

企业应建立安全生产和职业卫生法律法规、标准规范的管理制度，明确主管部门，确定获取的渠道、方式，及时识别和获取适用、有效的法律法规、标准规范，建立安全生产和职业卫生法律法规、标准规范清单和文本数据库。

企业应将适用的安全生产和职业卫生法律法规、标准规范的相关要求转化为本单位的规章制度、操作规程，并及时传达给相关从业人员，确保相关要求落实到位。

理解：

企业的各职能部门(包括下属机构)，负责识别、获得、更新适用于本单位安全生产和职业健康安全、环境法律法规、标准规范和其他应遵守的要求，以保证本单位的经营、生产、管理活动符合相应的法律法规、标准规范和其他要求。安全职能部门组织各部门(包括下属机构)对识别出的法律法规、标准和其他要求的适用性进行评价，并编制本单位的《法律法规、标准和其他要求清单》报管理者代表审批后，发放给体系所覆盖的各部门(包括下属机构)，并监督落实。

5.2.2 规章制度

企业应建立健全安全生产和职业卫生规章制度，并征求工会及从业人员意见和建议，规范安全生产和职业卫生管理工作。

企业应确保从业人员及时获取制度文本。

企业安全生产和职业卫生规章制度包括但不限于下列内容：

——目标管理；

——安全生产和职业卫生责任制；

——安全生产承诺；

——安全生产投入；

——安全生产信息化；

——四新(新技术、新材料、新工艺、新设备设施)管理；

——文件、记录和档案管理；

——安全风险管理、隐患排查治理；

——职业病危害防治；

——教育培训；

——班组安全活动；

——特种作业人员管理；

——建设项目安全设施、职业病防护设施“三同时”管理；

——设备设施管理；

——施工和检维修安全管理；

——危险物品管理；

——危险作业安全管理；

——安全警示标志管理；
——安全预测预警；
——安全生产奖惩管理；
——相关方安全管理；
——变更管理；
——个体防护用品管理；
——应急管理；
——事故管理；
——安全生产报告；
——绩效评定管理。

理解：

企业除了制定上述有关安全生产和职业健康管理的规章制度外，还应根据本单位的实际情况，制定符合生产、经营和管理过程的有关安全生产和职业健康管理制度。

5.2.3 操作规程

企业应按照有关规定，结合本企业生产工艺、作业任务特点以及岗位作业安全风险与职业病防护要求，编制齐全适用的岗位安全生产和职业卫生操作规程，发放到相关岗位员工，并严格执行。

企业应确保从业人员参与岗位安全生产和职业卫生操作规程的编制和修订工作。

企业应在新技术、新材料、新工艺、新设备设施投入使用前，组织制修订相应的安全生产和职业卫生操作规程，确保其适宜性和有效性。

理解：

企业应根据生产特点和岗位风险，编制齐全、适用的岗位安全操作规程，以简单的图文方式，制作成操作牌、警示牌、岗位牌等，挂设在岗位的醒目位置，提醒作业人员在操作过程中，应注意的安全事项和安全要求。

在新技术、新材料、新设备设施投用前，应编制新的操作规程、保证其科学性、适用性和可操作性。

五、教育培训

5.3 教育培训(5.3.1 教育培训管理；5.3.2 人员教育培训)

理解：

《安全生产法》中第二十五条、第四十一条、第五十二条等要求企业应当组织对人员参加培训做出要求。在第五十四条规定从业人员应当严格遵守本单位的安全规章制度和操作规程，服从管理，正确佩戴和使用劳动保护用品；第五十五条规定从业人员应当接受安全生产教育和培训，掌握本职工所需的安全生产知识，提高安全生产技能，增强事故预防和应急处置能力。

在《生产经营单位安全培训规定》(国家安全总局第3号，2015年修订)中，第八条 生产经营单位安全生产管理人员安全培训应当包括下列内容：

① 国家安全生产方针、政策和有关安全生产的法律、法规、规章及标准；

② 安全生产管理、安全生产技术、职业卫生等知识；

③ 伤亡事故统计、报告及职业危害的调查处理方法；

④ 应急管理、应急预案编制以及应急处置的内容和要求；

⑤ 国内外先进的安全生产管理经验；

⑥ 典型事故和应急救援案例分析；

⑦ 其他需要培训的内容。

第九条　生产经营单位主要负责人和安全生产管理人员初次安全培训时间不得少于 32 学时。每年再培训时间不得少于 12 学时。

煤矿、非煤矿山、危险化学品、烟花爆竹、金属冶炼等生产经营单位主要负责人和安全生产管理人员初次安全培训时间不得少于 48 学时，每年再培训时间不得少于 16 学时。

第十二条　加工、制造业等生产单位的其他从业人员，在上岗前必须经过厂(矿)、车间(工段、区、队)、班组三级安全培训教育。

生产经营单位应当根据工作性质对其他从业人员进行安全培训，保证其具备本岗位安全操作、应急处置等知识和技能。

第十三条　生产经营单位新上岗的从业人员，岗前安全培训时间不得少于 24 学时。

煤矿、非煤矿山、危险化学品、烟花爆竹、金属冶炼等生产经营单位新上岗的从业人员安全培训时间不得少于 72 学时，每年再培训的时间不得少于 20 学时。

第二十三条　生产经营单位安排从业人员进行安全培训期间，应当支付工资和必要的费用。

从事特种作业、特种设备作业的人员应取得相应作业操作证书，方可上岗作业，并定期复审。

六、现场管理

5.4.1　设备设施管理(5.4.1.1 设备设施建设；5.4.1.2 设备设施验收；5.4.1.3 设备设施运行；5.4.1.4 设备设施检维修；5.4.1.5 检测检验；5.4.1.6 设备设施拆除、报废)

理解：

企业应建立设备设施管理制度，对设备的计划、采购(租赁)、安装、调试、验收、使用、维护、拆除、报废等过程做出规定和控制。安全设备设施必须符合法律法规、标准规范要求，不得使用淘汰的产品。并且做到安全设备设施应与建设项目主体工程同时设计、同时施工、同时投入生产和使用。

企业对生产设备设施要进行规范化管理。一是建立各种安全设备设施台账，定期检修、维修和保养，确保安全设备设施灵敏可靠，并做好相关记录。在年度综合检维修计划，应落实“五定”，即定检修方案、定检修人员、定安全措施，定检修质量、定检修进度原则；二是安全设备设施不得随意拆除、挪用或弃置不用，确因检维修拆除的，应采取临时安全措施，修复的仪器设备在投入使用前进行检定或校准，以确定其性能指标已恢复至原有状态；三是特种设备设施必须按规定进行检定或校准，合格后，方可投入使用。

七、作业安全

5.4.2 作业安全(5.4.2.1 作业环境和作业条件；5.4.2.2 作业行为；5.4.2.3 岗位达标；5.4.2.4 相关方)

理解：

企业为加强生产现场安全管理和生产过程中八大危险作业(危险区域动火、受限空间作业、高处作业、大型吊装作业、交叉作业、高温作业、临时用电作业、其他危险作业)的控制，强化人员的作业行为管理，完善现场警示标识，规范相关方管理及变更管理制度，控制和消除生产过程中的潜在风险，实现安全生产。

① 加强生产现场管理和生产过程控制。企业对生产过程及物料、设备设施、器材、通道、作业环境等存在的隐患，应进行分析和控制。特别是对八大危险作业活动实施作业许可管理，严格履行审批手续。

② 加强现场安全管理。对作业行为的隐患、设备设施使用隐患，工艺技术隐患等进行分析，按风险优先次序的区分，采取合适的控制措施，并按如下顺序考虑降低风险：a. 消除；b. 替代；c. 工程控制措施；d. 标志、警告和(或)管理控制措施；e. 个体防护装备。

③ 加强从业人员作业管理，教育并督促从业人员正确佩戴个人防护用品，杜绝违章指挥和违章作业。

④ 加强相关方的管理。企业应建立合格相关方的名录和档案，针对承包商、供应商等相关方的资格预审、选择、服务前准备、作业过程、提供的产品、技术服务、表现评估、续用等进行有效管理。

⑤ 加强变更管理。对机构、人员、工艺、技术、设备设施、作业过程及环境等永久性或暂时性的变化进行有计划的控制。变更的实施应履行审批及验收程序，并对变更过程及变更所产生的隐患进行分析和控制。

八、职业健康

5.4.3 职业健康(5.4.3.1 基本要求；5.4.3.2 职业危害告知；5.4.3.3 职业病危害申报；5.4.3.4 职业病危害检测与评价)

理解：

职业健康又称为劳动健康，是以员工的健康在职业活动过程中免受有害因素侵害为目的的工作领域及在法律、法规、规章、标准、技术、设备、组织制度和教育等方面所采取的相应措施。主要的目的是防止员工在职业活动中职业病的发生。

职业性有害因素主要有：化学因素、物理因素和生物因素以及在作业过程中产生的其他职业有害因素。

企业应该根据《中华人民共和国职业病防治法》做好下列工作：

① 制定职业健康安管理制度，预防、控制、消除职业危害，防止职业病的发生；

② 为从业人员提供符合职业健康要求的工作环境和条件，配备与职业健康保护相适应的设施、工具；

③ 建立健全本单位的职业卫生管理台账及有关档案，并妥善保存；

④ 依法履行向从业人员告知在工作过程中可能产生职业病危害及后果和防护措施，并在合同中明确，严重职业危害的作业岗位，应按照 GB Z158 要求设置警示标识和警示说明，警示说明应载明职业危害的种类、后果、预防和应急救治措施；

⑤ 对重点岗位和特殊岗位的健康监护应做到岗前、岗中和岗后的体检；

⑥ 企业应按规定，及时、如实向当地主管部门申报生产过程存在的职业危害因素，并依法接受其监督。

九、安全风险管控及隐患排查治理

5.5.3 隐患排查治理

5.5.3.1 隐患排查

企业应建立隐患排查治理制度，逐渐建立并落实从主要负责人到每位从业人员的隐患排查治理和防控责任制。并按照有关规定组织开展隐患排查治理工作，及时发现并消除隐患，实行隐患闭环管理。

企业应依据有关法律法规、标准规范等，组织制定各部门、岗位、场所、设备设施的隐患排查治理标准或排查清单，明确隐患排查的时限、范围、内容和要求，并组织开展相应的培训。隐患排查的范围应包括所有与生产经营相关的场所、人员、设备设施和活动，包括承包商和供应商等相关服务范围。

企业应按照有关规定，结合安全生产的需要和特点，采用综合检查、专业检查、季节性检查、节假日检查、日常检查等不同方式进行隐患排查。对排查出的隐患，按照隐患的等级进行记录，建立隐患信息档案，并按照职责分工实施监控治理。组织有关人员对本企业可能存在的重大隐患作出认定，并按照有关规定进行管理。

企业应将相关方排查出的隐患统一纳入本企业隐患管理。

5.5.3.2 隐患治理

企业应根据隐患排查的结果，制定隐患治理方案，对隐患及时进行治理。

企业应按照责任分工立即或限期组织整改一般隐患。主要负责人应组织制定并实施重大隐患治理方案。治理方案应包括目标和任务、方法和措施、经费和物资、机构和人员、时限和要求、应急预案。

企业在隐患治理过程中，应采取相应的监控防范措施。隐患排除前或排除过程中无法保证安全的，应从危险区域内撤出作业人员，疏散可能危及的人员，设置警戒标志，暂时停产停业或停止使用相关设备、设施。

理解：

国务院在《关于进一步加强企业安全生产工作的通知》(国发〔2010〕23 号)中，强调严格企业安全管理，要求企业要经常性开展安全隐患排查，并切实做到整改措施、责任、资金、时限、和预案“五到位”，建立以安全生产专业人员为主导的隐患整改效果评价制度，确保整改到位，对隐患整改不力造成事故的，要依法追究企业和企业相关负责人的责任。

原国家安监总局的《安全生产事故隐患排查治理暂行规定》中提到安全生产事故隐患(以

下简称事故隐患或隐患)，是指生产经营单位违反安全生产法律、法规、规章、标准、规程和安全生产管理制度的规定，或者因其他因素在生产经营活动中存在可能导致事故发生的物的危险状态、人的不安全行为和管理上的缺陷。

事故隐患分为一般事故隐患和重大事故隐患。一般事故隐患，是指危害和整改难度较小，发现后能够立即整改排除的隐患。重大事故隐患，是指危害和整改难度较大，应当全部或者局部停产停业，并经过一定时间整改治理方能排除的隐患，或者因外部因素影响致使生产经营单位自身难以排除的隐患。

总之，隐患排查和治理，就是企业依据法律、法规、规章、标准和其他规定，采取适合本单位实际需要和特点的方法，排查本单位所有的与生产经营相关的场所、环境、人员、设备设施和活动。根据隐患排查的结果，制定相应的治理方案(包括目标和任务、方法和措施、经费和物资、机构和人员、时限和要求)，重大事故隐患在治理前应采取临时控制措施并制定应急预案。

十、应急管理

5.6 应急管理

5.6.1.2 应急预案

企业应在开展安全风险评估和应急资源调查的基础上，建立生产安全事故应急预案体系，制定符合 GB/T 29639 规定的生产安全事故应急预案，针对安全风险较大的重点场所(设施)制定现场处置方案，并编制重点岗位、人员应急处置卡。

企业应按照有关规定将应急预案报当地主管部门备案，并通报应急救援队伍、周边企业等有关应急协作单位。

企业应定期评估应急预案，及时根据评估结果或实际情况的变化进行修订和完善，并按照有关规定将修订的应急预案及时报当地主管部门备案。

理解：

企业在编制应急预案前，应当进行事故风险评估和应急资源调查。并根据《生产安全事故应急预案管理办法》(应急管理部 2 号令)和《生产经营单位生产安全事故应急预案编制导则》(GB/T 29639—2020)等有关规定，制定符合本单位实际的生产安全事故综合和专项应急预案，并针对危险性较大的重点岗位制定现场处置方案，形成安全生产应急预案体系。

对于某一种或者多种类型的事故风险，生产经营单位可以编制相应的专项应急预案，或将专项应急预案并入综合应急预案。

如综合预案和专项预案中的组织机构、应急程序一致，可不编写专项预案。

事故风险单一、危险性小的生产经营单位，可以只编制现场处置方案。

矿山、金属冶炼、建筑施工企业和易燃易爆物品、危险化学品的生产、经营(带储存设施的)、储存企业，以及使用危险化学品达到国家规定数量的化工企业、烟花爆竹生产、批发经营企业和中型规模以上的其他生产经营单位，应当对本单位编制的应急预案进行评审，形成书面评审纪要，并按照分级属地原则，向安全生产监督管理部门和有关部门进行告知性备案。

5.6.1.4　应急演练

企业应按照 AQ/T 9007 的规定定期组织公司(厂、矿)、车间(工段、区、队)、班组开展生产安全事故应急演练，做到一线从业人员参与应急演练全覆盖，并按照 AQ/T 9009 的规定对演练进行总结和评估，根据评估结论和演练发现的问题，修订、完善应急预案，改进应急准备工作。

理解：

企业根据《生产安全事故应急演练指南》(AQ/T 9007—2011)要求，制定本单位的应急预案演练计划，根据本单位的事故风险特点，每年至少组织一次综合应急预案演练或者专项应急预案演练，每半年至少组织一次现场处置方案演练。按《安全生产事故应急演练评估规范》(AQ/T 9009—2015)要求对演练效果进行评估。根据评估结果，修订、完善应急预案，改进应急管理工作。

企业发生事故后，应立即启动相关应急预案，积极开展事故救援。企业发生有害物大量外泄事故或火灾爆炸事故应设警戒线。抢救人员应佩戴好相应的防护器具，对伤亡人员及时进行抢救处理。

十一、事故查处

5.7.1　报告

企业应建立事故报告程序，明确事故内外部报告的责任人、时限、内容等，并教育、指导从业人员严格按照有关规定的程序报告发生的生产安全事故。

企业应妥善保护事故现场以及相关证据。

事故报告后出现新情况的，应当及时补报。

理解：

《生产安全事故报告和调查处理条例》(国务院第 493 号令)第九条　事故发生后，事故现场有关人员应当立即向本单位负责人报告；单位负责人接到报告后，应当于 1h 内向事故发生地县级以上人民政府安全生产监督管理部门和负有安全生产监督管理职责的有关部门报告。

情况紧急时，事故现场有关人员可以直接向事故发生地县级以上人民政府安全生产监督管理部门和负有安全生产监督管理职责的有关部门报告。

第十二条　报告事故应当包括下列内容：

① 事故发生单位概况；

② 事故发生的时间、地点以及事故现场情况；

③ 事故的简要经过；

④ 事故已经造成或者可能造成的伤亡人数(包括下落不明的人数)和初步估计的直接经济损失；

⑤ 已经采取的措施；

⑥ 其他应当报告的情况。

企业发生事故后，应按相关规定成立事故调查组，明确其职责与权限，进行事故调查或配合上级部门的事故调查。

事故调查应查明事故发生的时间、经过、原因、人员伤亡情况及直接经济损失等。

事故调查组应根据有关证据、资料，分析事故的直接、间接原因和事故责任，提出整改措施和处理建议，编制事故调查报告。

企业应落实事故整改和预防措施，做到事故管理“四不放过”，即：事故原因不查清不放过、责任人员未处理不放过、整改措施未落实不放过、有关人员未受到教育不放过。

十二、持续改进

> **5.8 持续改进**
>
> **5.8.1 绩效评定**
>
> 企业每年至少应对安全生产标准化管理体系的运行情况进行一次自评，验证各项安全生产制度措施的适宜性、充分性和有效性，检查安全生产和职业卫生管理目标、指标的完成情况。
>
> 企业主要负责人应全面负责组织自评工作，并将自评结果向本企业所有部门、单位和从业人员通报。自评结果应形成正式文件，并作为年度安全绩效考评的重要依据。
>
> 企业应落实安全生产报告制度，定期向业绩考核等有关部门报告安全生产情况，并向社会公示。
>
> 企业发生生产安全责任死亡事故，应重新进行安全绩效评定，全面查找安全生产标准化管理体系中存在的缺陷。

理解：

企业应根据年初制定的安全生产和职业卫生目标、指标，每年至少一次对本单位安全生产标准化的实施情况进行评定并形成自评报告，验证各项安全生产制度措施的适宜性、充分性和有效性，检查安全生产工作和职业卫生目标、指标的完成情况。

自评编写的提纲通常包括以下内容：

① 概述(包括企业概况、主要生产工艺流程、生产安全事故和职业病发生情况、标准化运行情况)；

② 自评过程(包括自评依据、自评范围、自评程序)；

③ 危险有害因素辨识及重大危险源管控(危险源辨识及控制、重大危险源管控)；

④ 单元评价(元素及子元素评价、综合评价)；

⑤ 标准化自评结论。

企业主要负责人应对绩效评定工作全面负责。评定工作应形成正式文件，并将结果向所有部门、所属单位和从业人员通报，作为年度考评的重要依据。

> **5.8.2 持续改进**
>
> 企业应根据安全生产标准化管理体系的自评结果和安全生产预测预警系统所反映的趋势，以及绩效评定情况，客观分析企业安全生产标准化管理体系的运行质量，及时调整完善相关制度文件和过程管控，持续改进，不断提高安全生产绩效。

理解：

企业应根据安全生产标准化管理体系审核的分析和评价的结果和安全生产预警指数系统所反映的趋势，以及管理评审的输出，以确定是否对安全生产和职业卫生的目标、指标、规章制度、操作规程等进行进一步修订完善，并作为持续改进的一部分而加以应对的需求或机会不断提高安全绩效。

第三节　安全生产标准化建设与评审

一、安全生产标准化概述

安全生产标准化：通过建立安全生产责任制，制定安全管理制度和操作规程，排查治理事故隐患和监控重大危险源，建立预防机制，规范生产行为，使各生产环节符合有关安全法律、法规、规章、标准及其他要求，“人、机、物、环”处于良好的生产状态，并持续改进，不断加强企业安全生产规范化建设。

二、安全标准化建设实施步骤

企业开展安全标准化建设通常分为：准备、策划、培训、实施与运行、自评、改进与提高等阶段。

1. 准备阶段

企业根据法律、法规、规章、标准及其他要求，对本单位的安全管理现状进行了初始的评估，了解企业安全管理现状，业务流程、组织机构等基本信息，发现差距。

2. 策划阶段

依据准备阶段的初始评估结果和本行业安全生产标准化的具体要求，成立安全生产标准化组织机构；成立领导小组，由企业主要负责人担任领导小组组长，所有相关的职能部门的主要负责人作为成员，具体负责安全生产标准化工作的办公室可以设安全职能部门里，并由安全职能的负责人作为安全生产标准化办公室主任，确保安全生产标准化建设所需的资源充分，负责解决安全生产标准化建设过程中的具体问题。

安全生产标准化领导小组确定本企业建立安全生产标准化的方针和目标；建立安全生产标准化的具体方案，包括资源配置、进度、分工等；识别和获取适用的安全生产法律、法规、规章、标准及其他要求。

(1) 安全生产方针

安全生产方针应阐明单位安全生产的总体目标，并与本单位的工作性质、生产规模相适应，且应为制定和评审安全生产目标提供框架范围，同时还须体现以下内容：

① 遵守适用的法律法规和其他要求的承诺；

② 事故预防与防止人身伤害和职业病的承诺；

③ 持续改进安全生产绩效的承诺；

④ 体现本单位安全生产风险特点的承诺。

(2) 安全生产目标

单位应根据本单位具体特点，逐级设立文件化的安全生产目标并同时满足以下要求：

① 与单位的安全生产方针相适应；

② 体现行业的安全生产特点和不同职能、层次的具体情况；

③ 符合持续改进的承诺；

④ 与上级主管部门的安全生产责任制考核要求相吻合；

⑤ 所设立的安全生产目标应切实可行，且具体、可量化考核。

3. 培训阶段

培训阶段主要是对全体员工进行安全生产标准化相关培训，包括以下内容：

① 提高企业领导层对安全生产标准化建设的重要性认识，推动安全生产标准化的进程。

② 加强对各部门负责人安全生产标准化的理解和认识的提高，解决部门之间、人员操作的问题。

③ 解决安全生产标准化建设和企业以往安全管理的工作相结合，尤其是与已建立的职业安全健康管理体系相结合的问题，避免出现“两张皮”的现象。

④ 加强本行业的安全生产标准化的具体规范培训、危险源辨识与风险评价培训。解决标准化具体运作的问题。

⑤ 加大安全生产标准化工作的宣传力度，充分利用企业内部资源广泛宣传安全生产标准化的相关文件和知识，提高全员参与度，解决安全生产标准化建设的思想认识和关键问题。

4. 实施与运行阶段

依据策划结果，落实安全生产标准化体系建设的各项要求，并提供有效运行的必要资源。完善安全生产规章制度、安全操作规程、台账、档案、记录；进行危险源辨识与风险评价；细化目标指标，制定实施方案以及相关程序、制度。

（1）修订和完善相关安全管理制度和安全操作规程

对照安全生产标准化评定标准，对各单位主要安全、健康管理文件进行梳理，发现的问题，准确判断管理文件亟待加强和改进的薄弱环节，提出有关文件的制修订计划；以各部门为主，自行对相关文件进行修订，由标准化执行小组对管理文件进行把关。

值得提醒和注意的是，安全生产标准化对安全管理制度、操作规程的要求，核心在其内容的符合性和有效性，而不是其名称和格式。

（2）发动全员进行危险源辨识与风险评价

各单位开展危险源辨识与风险评价，辨识出生产作业过程的各类危险源，汇集到安全职能部门并进行归类整理，并进行公示。

（3）制定相应的运行表格

在安全生产标准化运行过程中，会存在大量的运行记录，制定合理的表格可以让运行的痕迹得到有效的记录。

（4）制定应急预案

根据企业危险源辨识与风险评价，对可能发生的事故进行有效的分析，制定符合《生产经营单位生产安全事故应急预案编制导则》（GB/T 29639—2013）的事故应急预案，并经相关专家评审，报当地应急管理部门备案。

5. 自评阶段

企业在安全生产标准化系统运行一段时间后（通常为 3~6 个月），依据安全生产标准化评定标准，由其企业主要负责人任组长的自评工作组，开展标准化的自主评定工作，并形成书面的自评报告。自评报告尽可能将每项考评内容的得分及扣分原因进行详细描述，分析出企业安全生产标准化运行的具体情况，供企业管理层进行决策。

企业应每年要进行1次自评，自评报告应在企业内部进行公示。

6. 改进与提高阶段

根据企业对自主评定过程中发现的问题及反映的趋势，进行对安全生产目标、规章制度、操作规程等进行修订完善，持续改进，不断提高安全绩效。整改完毕后，着手准备向主管部门进行安全生产标准化评审申请工作。

三、安全标准化的评审

根据《安全生产法》《国务院关于进一步加强企业安全生产工作的通知》(国发〔2010〕23号)，为有效实施《企业安全生产标准化基本规范》(GB/T 33000—2016)，规范和加强企业安全生产标准化评审工作，推动和指导企业落实安全生产主体责任，原国家安全监管总局制定《企业安全生产标准化评审工作管理办法(试行)》(安监总办〔2014〕49号)来规范安全生产标准化评审工作。

企业安全生产标准化达标等级分为一级企业、二级企业、三级企业，其中一级为最高。达标等级具体要求由中华人民共和国应急管理部按照行业分别确定。

安全生产标准化一级企业由中华人民共和国应急管理部公告，证书、牌匾由其确定的评审组织单位发放；二级企业的公告和证书、牌匾的发放，由省级应急管理部门确定；三级企业由地市级应急管理部门确定，经省级应急管理部门同意，也可以授权县级应急管理部门确定。

安全生产标准化评审的程序如下。

1. 申请

① 企业自愿申请的原则。申请取得安全生产标准化等级证书的企业，在上报自评报告的同时，提出评审申请。

② 申请安全生产标准化评审的企业应具备以下条件：

a. 设立有安全生产行政许可的，已依法取得国家规定的相应安全生产行政许可。

b. 申请评审之日的前1年内，无生产安全死亡事故。

c. 首次申请安全生产标准化达标评定的单位，必须建立安全生产标准化体系，并良好运行3~6个月以上。

d. 建立了健全了各项安全生产管理制度、岗位操作规程、岗位职责。

e. 按规定设立安全生产管理机构、配备专兼职安全生产管理人员。

f. 主要负责人、安全生产管理人员经安全生产监督管理部门考核合格，并取得安全合格证；特种作业人员经有关业务主管部门培训、考试合格，并取得相应资格证书。

g. 依照《企业安全生产费用提取和使用管理办法》的有关规定足额提取安全生产费用，且安全投入能够满足本单位的安全生产管理的需要。

h. 依法参加工伤保险并为从业人员缴纳保险费。

i. 制定事故应急救援预案，并配备了必要的应急救援器材、设备，并做好预案的发布、宣传与演练。

j. 注重安全生产管理基础工作，安全管理原始记录及台账资料规范、真实、齐全。

2. 评审

① 评审组织单位收到企业评审申请后，应在10个工作日内完成申请材料审查工作。经

审查符合条件的，通知相应的评审单位进行评审；不符合申请要求的，书面通知申请企业，并说明理由。

② 评审单位收到评审通知后，应按照有关评定标准的要求进行评审。评审完成后，将符合要求的评审报告，报评审组织单位审核。

③ 评审结果未达到企业申请等级的，申请企业可在进一步整改完善后重新申请评审，或根据评审实际达到的等级重新提出申请。

④ 评审工作应在收到评审通知之日起 3 个月内完成(不含企业整改时间)。

3. 公告

评审组织单位接到评审单位提交的评审报告后应当及时进行审查，并形成书面报告，报相应的应急管理部门；不符合要求的评审报告，评审组织单位应退回评审单位并说明理由。

4. 证书和牌匾。

① 经公告的企业，由相应的评审组织单位颁发相应等级的安全生产标准化证书和牌匾，有效期为 3 年。

② 证书和牌匾由中华人民共和国应急管理部统一监制，统一编号(包括：证书、牌匾)。

注：部分行业的安全生产标准化由其主管部门组织评审、发证，这里不另作说明。

5. 撤销

① 取得安全生产标准化证书的企业，在证书有效期内发生下列行为之一的，由原公告单位公告撤销其安全生产标准化企业等级：

a. 在评审过程中弄虚作假、申请材料不真实的；

b. 迟报、漏报、谎报、瞒报生产安全事故的；

c. 企业发生生产安全死亡事故的。

② 被撤销安全生产标准化等级的企业，自撤销之日起满 1 年后，方可重新申请评审。

③ 被撤销安全生产标准化等级的企业，应向原发证单位交回证书、牌匾。

6. 期满复评

① 取得安全生产标准化证书的企业，3 年有效期届满后，可自愿申请复评，换发证书、牌匾。

② 满足以下条件，期满后可直接换发安全生产标准化证书、牌匾：

a. 按照规定每年提交自评报告并在企业内部公示。

b. 建立并运行安全生产隐患排查治理体系。一级企业应达到一类水平，二级企业应达到二类及以上水平，三级企业应达到三类及以上水平，实施自查自改自报。

c. 未发生生产安全死亡事故。

d. 安全监管部门在周期性安全生产标准化检查工作中，未发现企业安全管理存在突出问题或者重大隐患。

e. 未改建、扩建或者迁移生产经营、储存场所，未扩大生产经营许可范围。

③ 一、二级企业申请期满复评时，如果安全生产标准化评定标准已经修订，应重新申请评审。

④ 安全生产标准化达标企业提升达到高等级标准化企业要求的，可以自愿向相应等级评审组织单位提出申请评审。

四、评审管理

① 安全生产标准化工作机构一般应包括评审组织单位和评审单位，由一定数量的评审

人员参与日常工作。

② 评审组织单位应具有固定工作场所和办公设施，设有专职工作人员。负责对评审单位的日常管理工作和对评审单位的现场评审工作进行抽查；承担评审人员培训、考核与管理等工作。应定期开展对评审人员的继续教育培训，不断提高评审能力和水平。

③ 评审单位是指由安全监管部门考核确定、具体承担企业安全生产标准化评审工作的第三方机构。应配备满足各评定标准评审工作需要的评审人员，保证评审结果的科学性、先进性和准确性。

④ 评审人员包括评审单位的评审员和聘请的评审专家，按评定标准参加相关专业领域的评审工作，对其作出的文件审查和现场评审结论负责。

⑤ 评审组织单位、评审单位、评审人员要按照“服务企业、公正自律、确保质量、力求实效”的原则开展工作。

⑥ 一级企业的评审组织单位、评审单位和评审人员基本条件由国家安全监管总局按照行业分别确定；二级企业的评审组织单位、评审单位和评审人员基本条件由省级安全监管部门负责确定；三级企业的评审组织单位、评审单位和评审人员基本条件由市级安全监管部门负责确定。

第四节　不同行业企业安全生产标准化实施案例

一、危险化学品企业安全生产标准化实施案例

2008 年 11 月 19 日，国家安全生产监督管理总局发布《危险化学品从业单位安全标准化通用规范》(AQ 3013—2008)，2009 年 1 月 1 日实施，该标准适用于中华人民共和国境内危险化学品生产、使用、储存企业及有危险化学品储存设施的经营企业。

该安全生产标准化建立过程包括初始评审、策划、培训、实施、自评、改进与提高等 6 个阶段。

① 初始评审阶段：依据法律法规及该规范要求，对企业安全管理现状进行初始评估，了解企业安全管理现状、业务流程、组织机构等基本管理信息，发现差距。

② 策划阶段：根据相关法律法规及该规范的要求，针对初始评审的结果，确定建立安全标准化方案，包括资源配置、进度、分工等；进行风险分析；识别和获取适用的安全生产法律法规、标准及其他要求；完善安全生产规章制度、安全操作规程、台账、档案、记录等；确定企业安全生产方针和目标。

③ 培训阶段：对全体从业人员进行安全标准化相关内容培训。

④ 实施阶段：根据策划结果，落实安全标准化的各项要求。

⑤ 自评阶段：应对安全标准化的实施情况进行检查和评价，发现问题，找出差距，提出完善措施。

⑥ 改进与提高阶段：根据自评的结果，改进安全标准化管理，不断提高安全标准化实施水平和安全绩效。

该安全生产标准化共有 10 个管理要素，分别是：负责人与职责；风险管理；法律法规与管理制度；培训教育；生产设施及工艺安全；作业安全；产品安全与危害告知；职业危害；事故与应急；检查与自评。

（一）负责人与职责

1. 负责人

企业主要负责人是本单位安全生产的第一责任人，应全面负责安全生产工作，落实安全生产基础和基层工作。组织实施安全标准化，建设企业安全文化。应作出明确的、公开的、文件化的安全承诺，并确保安全承诺转变为必需的资源支持。定期组织召开安全生产委员会（以下简称安委会）或领导小组会议。

2. 方针目标

主要负责人应依据国家法律法规，结合企业实际，组织制定文件化的安全生产方针和目标。安全生产方针和目标应满足：

① 形成文件，并得到所有从业人员的贯彻和实施；

② 符合或严于相关法律法规的要求；

③ 与企业的职业安全健康风险相适应；

④ 目标予以量化；

⑤ 公众易于获得。

企业应签订各级组织的安全目标责任书，确定量化的年度安全工作目标，并予以考核。企业各级组织应制定年度安全工作计划，以保证年度安全工作目标的有效完成。

3. 机构设置

根据企业经营规模大小，设置相应的管理部门，并且应该符合《中华人民共和国安全生产法》有关规定，配备专职安全生产管理人员，并按规定配备注册安全工程师。

4. 职责

企业应制安委会或领导小组和管理部门的安全职责；制定主要负责人、各级管理人员和从业人员的安全职责；建立安全责任考核机制，定期考核并予奖惩。

5. 安全生产投入及工伤保险

企业应依据国家、当地政府的有关安全生产费用提取规定，自行提取安全生产费用，专项用于安全生产，并建立安全生产费用台账，同时应依法加工工伤社会保险，为从业人员缴纳工伤保险费。

（二）风险管理

1. 范围与评价方法

企业应组织制定风险评价管理制度，明确风险评价的目的、范围和准则。企业风险评价的范围应包括：

① 规划、设计和建设、投产、运行等阶段；

② 常规和非常规活动；

③ 事故及潜在的紧急情况；

④ 所有进入作业场所人员的活动；

⑤ 原材料、产品的运输和使用过程；

⑥ 作业场所的设施、设备、车辆、安全防护用品；

⑦ 丢弃、废弃、拆除与处置；

⑧ 企业周围环境；

⑨ 气候、地震及其他自然灾害等。

2. 风险评价

企业应依据风险评价准则，选定合适的评价方法，定期和及时对作业活动和设备设施进行危险、有害因素识别和风险评价。企业在进行风险评价时，应从影响人、财产和环境等三个方面的可能性和严重程度分析。

3. 风险控制

企业应根据风险评价结果及经营运行情况等，确定不可接受的风险，制定并落实控制措施，将风险尤其是重大风险控制在可以接受的程度。企业在选择风险控制措施时：

① 应考虑：可行性、安全性、可靠性。

② 应包括：工程技术措施、管理措施、培训教育措施、个体防护措施。

企业将风险评价的结果及所采取的控制措施对从业人员进行宣传、培训，使其熟悉工作岗位和作业环境中存在的危险、有害因素，掌握、落实应采取的控制措施。

4. 隐患治理

企业应对风险评价出的隐患项目，下达隐患治理通知，限期治理，做到定治理措施、定负责人、定资金来源、定治理期限。企业应建立隐患治理台账。

企业应对确定的重大隐患项目建立档案，档案内容应包括：

① 评价报告与技术结论；

② 评审意见；

③ 隐患治理方案，包括资金概预算情况等；

④ 治理时间表和责任人；

⑤ 竣工验收报告。

5. 重大危险源

企业应按照《危险化学品重大危险源辨识》（GB 18218—2009）辨识并确定重大危险源，建立重大危险源档案。按规定对重大危险源设置安全监控报警系统。对重大危险源的设备、设施定期检查、检验，并做好记录，并制定重大危险源应急救援预案，配备必要的救援器材、装备，每年至少进行 1 次重大危险源应急救援预案演练。

6. 风险信息更新

企业应适时组织风险评价工作，识别与生产经营活动有关的危险、有害因素和隐患。并定期评审或检查风险评价结果和风险控制效果。

在下列情形发生时及时进行风险评价：

① 新的或变更的法律法规或其他要求；

② 操作条件变化或工艺改变；

③ 技术改造项目；

④ 有对事件、事故或其他信息的新认识；

⑤ 组织机构发生大的调整。

（三）法律法规与管理制度

1. 法律法规

企业应建立识别和获取适用的安全生产法律、法规、标准及其他要求管理制度，明确责任部门，确定获取渠道、方式和时机，及时识别和获取，定期更新。将适用的安全生产法律、法规、标准及其他要求及时对从业人员进行宣传和培训，提高从业人员的守法意识，规范安全生产行为，同时及时传达给相关方。

2. 符合性评价

企业应每年至少 1 次对适用的安全生产法律、法规、标准及其他要求的执行情况进行符合性评价，消除违规现象和行为。

3. 安全生产规章制度

企业应制定健全的安全生产规章制度，至少包括下列内容：

① 安全生产职责；

② 识别和获取适用的安全生产法律法规、标准及其他要求；

③ 安全生产会议管理；

④ 安全生产费用；

⑤ 安全生产奖惩管理；

⑥ 管理制度评审和修订；

⑦ 安全培训教育；

⑧ 特种作业人员管理；

⑨ 管理部门、基层班组安全活动管理；

⑩ 风险评价；

⑪ 隐患治理；

⑫ 重大危险源管理；

⑬ 变更管理；

⑭ 事故管理；

⑮ 防火、防爆管理，包括禁烟管理；

⑯ 消防管理；

⑰ 仓库、罐区安全管理；

⑱ 关键装置、重点部位安全管理；

⑲ 生产设施管理，包括安全设施、特种设备等管理；

⑳ 监视和测量设备管理；

㉑ 安全作业管理，包括动火作业、进入受限空间作业、临时用电作业、高处作业、起重吊装作业、破土作业、断路作业、设备检维修作业、高温作业、抽堵盲板作业管理等；

㉒ 危险化学品安全管理，包括剧毒化学品安全管理及危险化学品储存、出入库、运输、装卸等；

㉓ 检维修管理；

㉔ 生产设施拆除和报废管理；

㉕ 承包商管理；

㉖ 供应商管理；

㉗ 职业卫生管理，包括防尘、防毒管理；

㉘ 劳动防护用品(具)和保健品管理；

㉙ 作业场所职业危害因素检测管理；

㉚ 应急救援管理；

㉛ 安全检查管理；

㉜ 自评等。

企业应将安全生产规章制度发放到有关的工作岗位。

4. 操作规程

企业应根据生产工艺、技术、设备设施特点和原材料、辅助材料、产品的危险性，编制操作规程，并发放到相关岗位。在新工艺、新技术、新装置、新产品投产或投用前，组织编制新的操作规程。

5. 修订

企业应明确评审和修订安全生产规章制度和操作规程的时机和频次，定期进行评审和修订，确保其有效性和适用性。在发生以下情况时，应及时对相关的规章制度或操作规程进行评审、修订：

① 当国家安全生产法律、法规、规程、标准废止、修订或新颁布时；

② 当企业归属、体制、规模发生重大变化时；

③ 当生产设施新建、扩建、改建时；

④ 当工艺、技术路线和装置设备发生变更时；

⑤ 当上级安全监督部门提出相关整改意见时；

⑥ 当安全检查、风险评价过程中发现涉及规章制度层面的问题时；

⑦ 当分析重大事故和重复事故原因，发现制度性因素时；

⑧ 其他相关事项。

企业应组织相关管理人员、技术人员、操作人员和工会代表参加安全生产规章制度和操作规程评审和修订，注明生效日期。及时组织相关管理人员和操作人员培训学习修订后的安全规章制度和操作规程。并保证使用最新有效版本的安全生产规章制度和操作规程。

（四）培训教育

1. 培训教育管理

企业应严格执行安全培训教育制度，依据国家、地方及行业规定和岗位需要，制定适宜的安全培训教育目标和要求。根据不断变化的实际情况和培训目标，定期识别安全培训教育需求，制定并实施安全培训教育计划。建立从业人员安全培训教育档案并对培训教育效果进行评价。

2. 管理人员培训教育

企业主要负责人和安全生产管理人员应接受专门的安全培训教育，经安全生产监管部门对其安全生产知识和管理能力考核合格，取得安全资格证书后方可任职，并按规定参加每年再培训。

3. 从业人员培训教育

企业应对从业人员进行安全培训教育，并经考核合格后方可上岗。从业人员每年应接受再培训，再培训时间不得少于国家或地方政府规定学时。

特种作业人员应按有关规定参加安全培训教育，取得特种作业操作证，方可上岗作业，并定期复审。

4. 新从业人员培训教育

企业应按有关规定，对新从业人员进行厂级、车间（工段）级、班组级安全培训教育，经考核合格后，方可上岗，培训教育时间不得少于国家或地方政府规定学时。

5. 其他人员培训教育

企业从业人员转岗、脱离岗位一年以上（含一年）者，应进行车间（工段）、班组级安全培训教育，经考核合格后，方可上岗。

应对承包商的作业人员进行入厂安全培训教育，经考核合格发放入厂证，保存安全培训教育记录。进入作业现场前，作业现场所在基层单位应对施工单位的作业人员进行进入现场前安全培训教育，保存安全培训教育记录。

6. 日常安全教育

企业管理部门、班组应按照月度安全活动计划开展安全活动和基本功训练。

班组安全活动每月不少于 2 次，每次活动时间不少于 1 学时。班组安全活动应有负责人、有计划、有内容、有记录。企业负责人应每月至少参加 1 次班组安全活动，基层单位负责人及其管理人员应每月至少参加 2 次班组安全活动。

安全生产管理部门或专职安全生产管理人员应每月至少 1 次对安全活动记录进行检查，并签字。

（五）生产设施及工艺安全

1. 生产设施建设

企业应确保建设项目安全设施与建设项目的主体工程同时设计、同时施工、同时投入生产和使用。

企业建设项目建设过程中的变更应严格执行变更管理规定，履行变更程序，对变更全过程进行风险管理。

2. 安全设施

企业应严格执行安全设施管理制度，建立安全设施台账。

企业应确保安全设施配备符合国家有关规定和标准，做到：

① 宜按照 AQ 3013—2008《危险化学品从业单位安全标准化通用规范》在易燃、易爆、有毒区域设置固定式可燃气体和/或有毒气体的检测报警设施，报警信号应发送至工艺装置、储运设施等控制室或操作室；

② 按照 GB 50351—2014《储罐区防火堤设计规范》在可燃液体罐区设置防火堤，在酸、碱罐区设置围堤并进行防腐处理；

③ 宜按照 SH 3097—2017《石油化工静电接地设计规范》在输送易燃物料的设备、管道安装防静电设施；

④ 按照 GB 50057—2010《建筑物防雷设计规范》在厂区安装防雷设施；

⑤ 按照 GB 50016—2014《建筑设计防火规范(2018 年版)》、GB 50140—2015《建筑灭火器配置设计规范》配置消防设施与器材；

⑥ 按照 GB 50058—2014《爆炸危险环境电力装置设计规范》设置电力装置；

⑦ 按照 GB/T 11651—2008《个体防护装备选用规范》配备个体防护设施；

⑧ 厂房、库房建筑应符合 GB 50016—2014《建筑设计防火规范（2018 年版）》、GB 50160《石油化工企业设计防火标准(2018 年版)》；

⑨ 在工艺装置上可能引起火灾、爆炸的部位设置超温、超压等检测仪表、声和/或光报警和安全联锁装置等设施。

企业的各种安全设施应有专人负责管理，定期检查和维护保养。安全设施应编入设备检维修计划，定期检维修。安全设施不得随意拆除、挪用或弃置不用，因检维修拆除的，检维修完毕后应立即复原。

企业应对监视和测量设备进行规范管理，建立监视和测量设备台账，定期进行校准和维护，并保存校准和维护活动的记录。

3. 特种设备

企业应按照《特种设备安全监察条例》管理规定，对特种设备进行规范管理，建立特种设备台账和档案。企业应对在用特种设备进行经常性日常维护保养，至少每月进行一次检查，并保存记录。

特种设备检验合格有效期届满前一个月向特种设备检验检测机构提出定期检验要求。未经定期检验或者检验不合格的特种设备，不得继续使用。企业应将安全检验合格标志置于或者附着于特种设备的显著位置。

4. 工艺安全

企业操作人员应掌握工艺安全信息，主要包括：

(1) 化学品危险性信息

① 物理特性；

② 化学特性，包括反应活性、腐蚀性、热和化学稳定性等；

③ 毒性；

④ 职业接触限值。

(2) 工艺信息

① 流程图；

② 化学反应过程；

③ 最大储存量；

④ 工艺参数(如：压力、温度、流量)安全上下限值。

(3) 设备信息

① 设备材料；

② 设备和管道图纸；

③ 电气类别；

④ 调节阀系统；

⑤ 安全设施(如报警器、联锁等)。

企业应保证下列设备设施运行安全可靠、完整：压力容器和压力管道，包括管件和阀门；泄压和排空系统；紧急停车系统；监控、报警系统；联锁系统；各类动设备，包括备用设备等。

企业应对工艺过程进行风险分析：工艺过程中的危险性；工作场所潜在事故发生因素；控制失效的影响；人为因素等。

企业生产装置开车前应组织检查，进行安全条件确认。安全条件应满足下列要求：现场工艺和设备符合设计规范；系统气密测试、设施空运转调试合格；操作规程和应急预案已制订；编制并落实了装置开车方案；操作人员培训合格；各种危险已消除或控制。

企业生产装置停车应满足下列要求：编制停车方案；操作人员能够按停车方案和操作规程进行操作。

企业生产装置紧急情况处理应遵守下列要求：发现或发生紧急情况，应按照不伤害人员为原则，妥善处理，同时向有关方面报告；工艺及机电设备等发生异常情况时，采取适当的措施，并通知有关岗位协调处理，必要时，按程序紧急停车。

5. 关键装置及重点部位

企业应加强对关键装置、重点部位的安全管理，实行企业领导干部联系点管理机制。

联系人对所负责的关键装置、重点部位负有安全监督与指导责任，包括：

① 指导安全联系点实现安全生产；

② 监督安全生产方针、政策、法规、制度的执行和落实；

③ 定期检查安全生产中存在的问题；

④ 督促隐患项目治理；

⑤ 监督事故处理原则的落实；

⑥ 解决影响安全生产的突出问题等。

企业应建立关键装置、重点部位档案，建立企业、管理部门、基层单位及班组监控机制，明确各级组织、各专业的职责，定期进行监督检查，并形成记录。联系人应每月至少到联系点进行一次安全活动，活动形式包括参加基层班组安全活动、安全检查、督促治理事故隐患、安全工作指示等。

6. 检维修

企业应严格执行检维修管理制度，实行日常检维修和定期检维修管理。制订年度综合检维修计划，落实“五定”，即定检修方案、定检修人员、定安全措施、定检修质量、定检修进度原则。

企业在进行检维修作业时，应执行下列程序：

① 检维修前：

a. 进行危险、有害因素识别；

b. 编制检维修方案；

c. 办理工艺、设备设施交付检维修手续；

d. 对检维修人员进行安全培训教育；

e. 检维修前对安全控制措施进行确认；

f. 为检维修作业人员配备适当的劳动保护用品；

g. 办理各种作业许可证。

② 对检维修现场进行安全检查。

③ 检维修后办理检维修交付生产手续。

7. 拆除和报废

企业应严格执行生产设施拆除和报废管理制度。拆除作业前，拆除作业负责人应与需拆除设施的主管部门和使用单位共同到现场进行对接，作业人员进行危险、有害因素识别，制定拆除计划或方案，办理拆除设施交接手续。

企业凡需拆除的容器、设备和管道，应先清洗干净，分析、验收合格后方可进行拆除作业。

（六）作业安全

1. 作业许可

企业应对下列危险性作业活动实施作业许可管理，严格履行审批手续，各种作业许可证中应有危险、有害因素识别和安全措施内容：

① 动火作业；

② 进入受限空间作业；

③ 破土作业；

④ 临时用电作业；

⑤ 高处作业；

⑥ 断路作业；

⑦ 吊装作业；

⑧ 设备检修作业；

⑨ 抽堵盲板作业；

⑩ 其他危险性作业。

2. 警示标志

企业应按照 GB 16179 规定，在易燃、易爆、有毒有害等危险场所的醒目位置设置符合 GB 2894 规定的安全标志。

企业应在可能产生严重职业危害作业岗位的醒目位置，按照 GBZ 158—2003《工作场所职业病危害警示标识》设置职业危害警示标识，同时设置告知牌，告知产生职业危害的种类、后果、预防及应急救治措施、作业场所职业危害因素检测结果等。

3. 作业环节

企业应在危险性作业活动作业前进行危险、有害因素识别，制定控制措施。在作业现场配备相应的安全防护用品(具)及消防设施与器材，规范现场人员作业行为。

企业同一作业区域内有两个以上承包商进行生产经营活动，可能危及对方生产安全时，应组织并监督承包商之间签订安全生产协议，明确各自的安全生产管理职责和应当采取的安全措施，并指定专职安全生产管理人员进行安全检查与协调。

企业应严格执行危险化学品储存、出入库安全管理制度。危险化学品应储存在专用仓库、专用场地或者专用储存室(以下统称专用仓库)内，并按照相关技术标准规定的储存方法、储存数量和安全距离，实行隔离、隔开、分离储存，禁止将危险化学品与禁忌物品混合储存；危险化学品专用仓库应当符合相关技术标准对安全、消防的要求，设置明显标志，并由专人管理；危险化学品出入库应当进行核查登记，并定期检查。

企业的剧毒化学品必须在专用仓库单独存放，实行双人收发、双人保管制度。企业应将储存剧毒化学品的数量、地点以及管理人员的情况，报当地公安部门和安全生产监督管理部门备案。

4. 承包商与供应商

企业应严格执行承包商管理制度，对承包商资格预审、选择、开工前准备、作业过程监督、表现评价、续用等过程进行管理，建立合格承包商名录和档案。企业应与选用的承包商签订安全协议书。

5. 变更

企业应严格执行变更管理制度，履行下列变更程序：

① 变更申请：按要求填写变更申请表，由专人进行管理。

② 变更审批：变更申请表应逐级上报主管部门，并按管理权限报主管领导审批。

③ 变更实施：变更批准后，由主管部门负责实施。不经过审查和批准，任何临时性的变更都不得超过原批准范围和期限。

④ 变更验收：变更实施结束后，变更主管部门应对变更的实施情况进行验收，形成报告，并及时将变更结果通知相关部门和有关人员。

（七）产品安全与危害告知

1. 危险化学品档案

企业应对所有危险化学品，包括产品、原料和中间产品进行普查，建立危险化学品档案，包括：

① 名称，包括别名、英文名等；

② 存放、生产、使用地点；

③ 数量；

④ 危险性分类、危规号、包装类别、登记号；

⑤ 安全技术说明书与安全标签。

2. 化学品分类

企业应按照国家有关规定对其产品、所有中间产品进行分类，并将分类结果汇入危险化学品档案。

3. 化学品安全技术说明书和安全标签

生产企业的产品属危险化学品时，应按 GB/T 16483—2008《化学品安全技术说明书 内容和项目顺序》和 GB 15258—2009《化学品安全标签 编写规定》编制产品安全技术说明书和安全标签，并提供给用户。

企业采购危险化学品时，应索取危险化学品安全技术说明书和安全标签，不得采购无安全技术说明书和安全标签的危险化学品。

4. 化学事故应急咨询服务电话

生产企业应设立 24 h 应急咨询服务固定电话，有专业人员值班并负责相关应急咨询。没有条件设立应急咨询服务电话的，应委托危险化学品专业应急机构作为应急咨询服务代理。

5. 危险化学品登记

企业应按照有关规定对危险化学品进行登记。

6. 危害告知

企业应以适当、有效的方式对从业人员及相关方进行宣传，使其了解生产过程中危险化学品的危险特性、活性危害、禁配物等，以及采取的预防及应急处理措施。

（八）职业危害

1. 职业危害申报

企业如存在法定职业病目录所列的职业危害因素，应按照国家有关规定，及时、如实向当地安全生产监督管理部门申报，接受其监督。

2. 作业场所职业危害管理

企业应制定职业危害防治计划和实施方案，建立、健全职业卫生档案和从业人员健康监护档案。

企业应确保使用有毒物品作业场所与生活区分开，作业场所不得住人；应将有害作业与无害作业分开，高毒作业场所与其他作业场所隔离。

企业应在可能发生急性职业损伤的有毒有害作业场所按规定设置报警设施、冲洗设施、防护急救器具专柜，设置应急撤离通道和必要的泄险区，定期检查，并记录。

企业应严格执行生产作业场所职业危害因素检测管理制度，定期对作业场所进行检测，在检测点设置标识牌，告知检测结果，并将检测结果存入职业卫生档案。

企业不得安排上岗前未经职业健康检查的从业人员从事接触职业病危害的作业；不得安排有职业禁忌的从业人员从事禁忌作业。

3. 劳动防护用品

企业应根据接触危害的种类、强度，为从业人员提供符合国家标准或行业标准的个体防护用品和器具，并监督、教育从业人员正确佩戴、使用。

企业应建立职业卫生防护设施及个体防护用品管理台账，加强对劳动防护用品使用情况的检查监督，凡不按规定使用劳动防护用品者不得上岗作业。

（九）事故与应急

1. 事故报告

企业应明确事故报告程序。发生生产安全事故后，事故现场有关人员除立即采取应急措施外，应按规定和程序报告本单位负责人及有关部门。情况紧急时，事故现场有关人员可以直接向事故发生地县级以上人民政府安全生产监督管理部门和负有安全生产监督管理职责的有关部门报告。

企业负责人接到事故报告后，应当于 1 h 内向事故发生地县级以上人民政府安全生产监督管理部门和负有安全生产监督管理职责的有关部门报告。

2. 抢险与救护

企业发生生产安全事故后，应迅速启动应急救援预案，企业负责人直接指挥，积极组织抢救，妥善处理，以防止事故的蔓延扩大，减少人员伤亡和财产损失。安全、技术、设备、动力、生产、消防、保卫等部门应协助做好现场抢救和警戒工作，保护事故现场。

企业发生有害物大量外泄事故或火灾爆炸事故应设警戒线。

企业抢救人员应佩戴好相应的防护器具，对伤亡人员及时进行抢救处理。

3. 事故调查和处理

企业发生生产安全事故后，应积极配合各级人民政府组织的事故调查，负责人和有关人员在事故调查期间不得擅离职守，应当随时接受事故调查组的询问，如实提供有关情况。

未造成人员伤亡的一般事故，县级人民政府委托企业负责组织调查的，企业应按规定成立事故调查组组织调查，按时提交事故调查报告。

企业应落实事故整改和预防措施，防止事故再次发生。整改和预防措施应包括：

① 工程技术措施；

② 培训教育措施；

③ 管理措施。

企业应建立事故档案和事故管理台账。

4. 应急指挥与救援系统

企业应建立应急指挥系统，实行分级管理，即厂级、车间级管理。建立应急救援队伍。企业应明确各级应急指挥系统和救援队伍的职责。

5. 应急救援器材

企业应按国家有关规定，配备足够的应急救援器材，并保持完好。应建立应急通信网络，保证应急通信网络的畅通。企业应为有毒有害岗位配备救援器材柜，放置必要的防护救护器材，进行经常性的维护保养并记录，保证其处于完好状态。

6. 应急救援预案与演练

企业应根据《生产安全事故应急演练指南》（AQ/T 9007—2011）要求，组织从业人员进行应急救援预案的培训，定期演练，评价演练效果，评价应急救援预案的充分性和有效性，并形成记录。

企业应将应急救援预案报当地安全生产监督管理部门和有关部门备案，并通报当地应急协作单位，建立应急联动机制。

（十）检查与自评

1. 安全检查

企业应严格执行安全检查管理制度，定期或不定期进行安全检查，保证安全标准化有效实施。

企业安全检查应有明确的目的、要求、内容和计划。各种安全检查均应编制安全检查表，安全检查表应包括检查项目、检查内容、检查标准或依据、检查结果等内容。

2. 安全检查形式与内容

企业应根据安全检查计划，开展综合性检查、专业性检查、季节性检查、日常检查和节假日检查；各种安全检查均应按相应的安全检查表逐项检查，建立安全检查台账，并与责任制挂钩。

企业安全检查形式和内容应满足：

① 综合性检查应由相应级别的负责人负责组织，以落实岗位安全责任制为重点，各专业共同参与的全面安全检查。厂级综合性安全检查每季度不少于1次，车间级综合性安全检查每月不少于1次。

② 专业检查分别由各专业部门的负责人组织本系统人员进行，主要是对锅炉、压力容器、危险物品、电气装置、机械设备、构建筑物、安全装置、防火防爆、防尘防毒、监测仪器等进行专业检查。专业检查每半年不少于1次。

③ 季节性检查由各业务部门的负责人组织本系统相关人员进行，是根据当地各季节特点对防火防爆、防雨防汛、防雷电、防暑降温、防风及防冻保暖工作等进行预防性季节检查。

④ 日常检查分岗位操作人员巡回检查和管理人员日常检查。岗位操作人员应认真履行岗位安全生产责任制，进行交接班检查和班中巡回检查，各级管理人员应在各自的业务范围内进行日常检查。

⑤ 节假日检查主要是对节假日前安全、保卫、消防、生产物资准备、备用设备、应急预案等方面进行的检查。

3. 整改

企业应对安全检查所查出的问题进行原因分析，制定整改措施，落实整改时间、责任人，并对整改情况进行验证，保存相应记录。

企业各种检查的主管部门应对各级组织和人员检查出的问题和整改情况定期进行检查。

4. 自评

企业应每年至少1次对安全标准化运行进行自评，提出进一步完善安全标准化的计划和措施。

二、煤矿企业安全生产标准化实施案例

《煤矿安全质量标准化基本要求及评分方法(试行)》共分为13部分，分别是：总则、通风、地测防治水、采煤、掘进、机电、运输、安全管理、职业卫生、应急救援、调度、地面设施、露天煤矿。下面将分别介绍各部分。

第1部分　总则

1. 安全质量标准化煤矿基本条件

① 依法开采，证照齐全有效。

② 煤矿不应存在以下情况：

- 生产矿井没有2个能行人的通达地面的安全出口，采煤工作面没有2个畅通的安全出口(一个通到回风巷道，另一个通到进风巷道)；
- 超能力、超强度或者超定员组织生产；
- 使用明令禁止使用或者淘汰的设备、工艺；
- 存在超层越界开采等现象；
- 煤矿井下安全避险“六大系统”(监测监控系统、人员定位系统、紧急避险系统、压风自救系统、供水施救系统和通信联系系统)未按规定建设，未达到“系统可靠、设施完善、管理到位、运转有效”要求；
- 开拓煤量、准备煤量、回采煤量未达到规定要求；
- 存在危及安全生产的重大安全隐患。

2. 安全质量标准化煤矿基本要求

(1) 原则

贯彻“安全第一、预防为主、综合治理”的安全生产方针，运用先进的技术方法，完善标准化考核体系，推进安全质量标准化建设，强化安全基础管理，保障从业人员安全健康，实现煤矿安全高效生产。

(2) 建立和保持

通过科学管理、健全制度、规范行为、优化设计、控制质量、提高技术装备水平、加强培训与监督等方面的持续改进与完善，达到安全质量标准化的基本要求，建立安全生产长效机制。

(3) 目标与计划

制定安全质量标准化中长期规划和年度计划，分解到相关部门并严格执行和考核。

(4) 组织机构与职责

设立安全质量标准化管理机构，配备相应的管理人员；主要负责人全面负责安全质量标准化工作，各级单位、部门和人员的安全质量标准化工作职责明确。

(5) 安全质量标准化投入

建立安全质量标准化投入保障制度，完善和改进安全生产条件。

(6) 法律法规执行及制度完善

及时识别和获取适用的法律法规、标准规范，并传达给相关部门和从业人员，结合法定要求及时修订和完善本单位的规章制度，定期进行执行情况检查，不断提高制度执行力。

(7) 技术保障

健全技术管理体系，完善工作制度，开展技术创新；作业规程、操作规程及安全技术措施符合要求；各种规程审批手续完备，贯彻、考核和签字记录齐全。

(8) 生产现场管理和过程控制

严格执行《煤矿安全规程》、作业规程和操作规程；加强各生产环节的过程控制，生产布置合理，接续正常；定期开展安全质量标准化达标自检工作，并记录齐全；对于高危作业实施作业许可、监护管理，并安排专人进行现场监督管理。

(9) 设备设施

建立健全设备设施综合管理制度，运用信息化手段，加强设备设施管理；安全生产设施与建设项目主体工程同时设计、同时施工、同时投入生产和使用。

(10) 工程质量

各项工程应制定质量标准和要求，按照设计、施工组织设计、作业规程及安全技术措施进行施工，有相应的质量保证措施，定期进行工程质量检查验收。

(11) 作业环境

作业场所空气质量、温度、噪声、辐射及照明等符合相关规定；物料分类摆放整齐，环境整治，各类图牌板齐全，安设合理；管线吊挂整齐；按照 GB 2894—2008《安全标志及其使用导则》及企业规定设置标志。

(12) 隐患排查和风险预控

建立隐患排查制度，制定隐患治理方案，开展风险预控工作，采取信息化手段对隐患分级、分类建立档案，限期整改，闭环管理。

(13) 变化管理

针对煤矿生产过程中出现的变化，建立预防机制及应急反应机制。通过预防机制尽量减少突发性的变化；通过应急反应机制，按预案对突发性的变化采取相应的措施。

(14) 教育培训

建立完善全员培训制度，明确教育培训机构，制定培训计划，保证资金投入，对培训效果进行评估；从业人员按要求进行教育培训后持证上岗。

3. 煤矿安全质量标准化体系

(1) 井工煤矿

井工煤矿安全质量标准化体系包括以下 11 个部分；

通风：考核内容执行该方法第 2 部分“通风”的规定。

地测防治水：考核内容执行该方法第 3 部门“地测防治水”的规定。

采煤：考核内容执行该方法第 4 部分“采煤”的规定。

掘进：考核内容执行该方法第 5 部分“掘进”的规定。

机电：考核内容执行该方法第 6 部门“机电”的新规定。

运输：考核内容执行该方法第 7 部门“运输”的规定。

安全管理：考核内容执行该方法第 8 部分“安全管理”的规定。

职业卫生：考核内容执行该方法第 9 部门“职业卫生”的规定。

应急救援：考核内容执行该方法第 10 部分“应急救援”的规定。

调度：考核内容执行该方法第 11 部分“调度”的规定。

地面设施：考核内容执行该方法第 12 部分“地面设施”的规定。

(2) 露天煤矿

露天煤矿安全质量标准化体系包括以下 13 个部分；

穿孔、爆破、采装、运输、排土、机电、边坡、疏干排水。考核内容执行该方法第 13 部分“露天煤矿”的规定。

安全管理：考核内容执行该方法第 8 部分“安全管理”的规定。

职业卫生：考核内容执行该方法第 9 部分“职业卫生”的规定。

应急救援：考核内容执行该方法第 10 部分“应急救援”的规定。

调度：考核内容执行该方法第 11 部分“调度”的规定。

地面设施：考核内容执行该方法第 12 部分“地面设施”的规定。

4. 煤矿安全质量标准化评分办法

(1) 井工煤矿安全质量标准化评分办法

① 井工煤矿安全质量标准化考核满分为 100 分，采用各部分得分乘以权重计算，各部分的权重见表 7-1。

表 7-1　井工煤矿安全质量标准化评分表

序号	名称	满分	权重(a_i)	考核得分(M_i)	加权得分
1	通风	100	0.18		
2	地测防治水	100	0.12		
3	采煤	100	0.10		
4	掘进	100	0.10		
5	机电	100	0.10		
6	运输	100	0.09		
7	安全管理	100	0.08		
8	职业卫生	100	0.08		
9	应急救援	100	0.06		
10	调度	100	0.05		
11	地面设施	100	0.04		
井工煤矿安全质量标准化考核得分(M)					

② 按照井工煤矿安全质量标准化体系包含的各部分评分表进行打分。

③ 各部分考核得分乘以该部分权重之和即为井工煤矿安全质量标准化考核分得，计算公式如式(7-2)：

$$M = \sum_{i=1}^{n} (a_i m_i) \tag{7-2}$$

式中　M——井工煤矿安全质量标准化考核得分；

M_i——通风、地测防治水、采煤、掘进、机电、运输、安全管理、职业卫生、应急救援、调度、地面设施等 11 个部分的安全质量标准化考核得分；

a_i——通风、地测防治水、采煤、掘进、机电、运输、安全管理、职业卫生、应急救援、调度、地面设施等 11 个部分的权重。

(2) 露天煤矿安全质量标准化评分方法

① 露天煤矿安全质量标准化考核满分为 100 分，采用各部门得分乘以权重计算，各部分的权重见表 7-2。

表 7-2　露天煤矿安全质量标准化评分表

序号	名称	满分	权重(b_i)	考核得分(N_i)	加权得分
1	穿孔	100	0.06		
2	爆破	100	0.12		
3	采装	100	0.12		
4	运输	100	0.14		

续表

序号	名称	满分	权重(b_i)	考核得分(N_i)	加权得分
5	排土	100	0.10		
6	机电	100	0.10		
7	边坡	100	0.06		
8	疏干排水	100	0.06		
9	安全管理	100	0.06		
10	职业卫生	100	0.06		
11	应急救援	100	0.04		
12	调度	100	0.05		
13	地面设施	100	0.03		
露天煤矿安全质量标准化考核得分(N)					

② 按照露天煤矿安全质量标准化体系包含的各部门评分表进行打分。

③ 各项考核得分乘以其权重之和即为露天煤矿安全质量标准化考核得分，计算公式如式(7-3)：

$$N = \sum_{i=1}^{n} (b_i n_i) \tag{7-3}$$

式中 N——露天煤矿安全质量标准化考核得分；

N_i——穿孔、爆破、采装、运输、排土、机电、边坡、疏干排水、安全管理、职业卫生、应急救援、调度、地面设施等13个部分的安全质量标准化考核得分；

b_i——穿孔、爆破、采装、运输、排土、机电、边坡、疏干排水、安全管理、职业卫生、应急救援、调度、地面设施等13个部分的权重。

③ 在考核评分中，视生产工艺，如缺项，可将该部分的加权分值，平均折算到其他部分中去，折算方法如式(7-4)：

$$A = \frac{100}{100-C} \times B \tag{7-4}$$

式中 A——实得分数；

B——加权得分数；

C——缺项加权分数。

第2部分　通风

1. 基本条件

生产矿井不应存在以下情况：

① 瓦斯超限作业；

② 煤(岩)与瓦斯(二氧化碳)突出(以下简称“突出”)矿井，未依照规定实施防突出措施；

③ 矿井未建立安全监控系统，或者安全监控系统不能正常运行；

④ 未按照规定建立瓦斯抽采系统，或瓦斯抽采不达标；

⑤ 通风系统不完善、不可靠；

⑥ 自然发火严重，未采取有效措施。

2. 基本要求

(1) 通风系统

通风系统应符合以下要求：

① 采用机械通风，安装 2 套同等能力的主要通风机，实现双回路供电；

② 按规定进行通风能力核定；

③ 矿井内各地点风速符合《煤矿安全规程》的规定。

(2) 局部通风

局部通风应符合以下要求：

① 局部通风机的安装、使用符合《煤矿安全规程》的规定；

② 使用抗静电、抗阻燃标准风筒，风筒吊挂平、直、稳，风筒末端到工作面的距离和出风口的风量符合作业规程的规定。

(3) 通风设施

通风设施应符合以下要求：

① 风门、密闭、风桥等通风设施位置合理；

② 帮、顶、底掏槽深度符合要求，墙面平整；

③ 通风设施前后 5m 范围内支护完好，无杂物、积水和淤泥等。

(4) 瓦斯防治

瓦斯防治应符合以下要求：

① 设立防治瓦斯领导机构，配备满足工作需要的瓦斯防治专业队伍；

② 按规定进行矿井瓦斯等级和二氧化碳涌出量鉴定工作；

③ 采掘工作面及其他地点的瓦斯浓度符合《煤矿安全规程》的规定；

④ 按规定测定煤层的瓦斯赋存参数，并绘制瓦斯地质图；

⑤ 瓦斯检查工持证上岗，井下瓦斯检查地点、瓦斯检查次数及瓦斯检查工交接班等符合相关规定。

(5) 突出防治

突出防治应符合以下要求：

① 进行突出危险性鉴定，有规范的专项设计；

② 突出矿井应按照《防治煤与瓦斯突出规定》设立防突工作领导小组，配备满足防突工作需要的专业防突队伍和装备；

③ 区域预测结果、区域防突措施应经企业技术负责人审批并严格执行，预抽煤层瓦斯区域防突措施效果检验结果经矿技术负责人和主要负责人审批；

④ 采掘工作面落实区域及局部综合防突措施；

⑤ 防突装备、仪器、仪表的管理、检定符合相关要求。

(6) 瓦斯抽采

瓦斯抽采应符合以下要求：

① 按规定建立地面永久瓦斯抽采系统、井下临时抽采系统；

② 抽采瓦斯安全设施、参数监测符合相关规定；

③ 瓦斯抽采矿井建立专门的瓦斯抽采队伍；

④ 瓦斯抽采工作符合《煤矿瓦斯抽采达标暂行规定》的相关要求。

(7) 安全监控

安全监控应符合以下要求：

① 建立安全监控管理机构，配足各类专业人员；

② 安全监控系统应满足《煤矿安全监控系统通用技术要求》《煤矿安全监控系统及检测仪器使用规范》和《煤矿安全规程》等的要求；

③ 各类安全监控设备、仪器仪表应按规定进行调校、检定或试验。

(8) 防灭火

防灭火应符合以下要求：

① 建立防灭火管理机构，配备专业人员，建立管理制度；

② 按规定建立防灭火系统，设置井上、下消防材料库；

③ 按规定建立监测系统，开展火灾的预测预报工作，制定防治自然发火的专门措施。

(9) 防治粉尘

防治粉尘应符合以下要求：

① 建立综合防尘管理制度，配足防尘专业技术人员；

② 按规定制定综合防尘措施，建立防尘供水系统，完善综合防尘设施；

③ 按《煤矿安全规程》和《煤矿井下粉尘综合防治技术规范》的规定测定粉尘浓度、游离二氧化硅含量及分散度等；

④ 测尘仪器、仪表齐全，并定期进行校正、检定。

(10) 井下爆破

井下爆破应符合以下要求：

① 爆炸材料的储存、运输和爆炸材料库应符合《煤矿安全规程》的规定；

② 建立和执行电雷管编号制度、爆炸材料防止丢失及销毁制度、爆炸材料领退制度、“一炮三检”和“三人连锁”爆破等制度；

③ 矿井配有足够的爆破专业人员，且持证上岗；

④ 按规定编制爆破说明书，并按其进行爆破作业；

⑤ 特殊情况下的爆破作业执行相关规定。

(11) 管理制度

管理制度应符合以下要求：

① 按规定建立通风管理机构，配足专职人员，建立相应的工作责任制；

② 每月至少组织 1 次通风隐患排查，至少召开 1 次通风工作例会；

③ 各类人员按规定参加培训、持证上岗；

④ 通风措施按相关要求进行审批，并严格落实。

第 3 部分　地测防治水

1. 基本条件

生产矿井不应存在以下情况：

① 有冲击地压危险，未采取措施。

② 有严重水患，未采取措施

2. 基本要求

(1) 机构设置

机构设置应符合以下要求：

① 水文地质条件复杂或极复杂的矿井设立专门的防治水机构；

② 冲击地压矿井设立专门的防治冲击地压(以下简称“防冲”)机构。

③ 水文地质条件复杂或极复杂、煤与瓦斯突出、冲击地压等矿井应设地测部门、地测副总工程师，有分管负责人；

④ 地测防治水部门配备矿井地质、水文地质、瓦斯地质(煤与瓦斯突出矿井)、矿井储量管理、矿井测量、井下钻探、物探、制图绘图等方面满足工作需要的专业技术人员。

(2) 煤矿地质

煤矿地质应符合以下要求：

① 在不同生产阶段，按期完成报告修编、提交、审批及采后总结等基础工作；

② 成果资料、原始记录、地质图纸等基础资料齐全，内容规范；

③ 地质预报内容完整，档案管理规范。

(3) 煤矿测量

煤矿测量应符合以下要求：

① 建立健全测量控制系统，测量工作执行通知单制度，贯通精度、中腰线标定符合要求，原始记录齐全规范；

② 基本矿图种类、内容、填绘、存档符合《煤矿测量规程》规定；

③ 沉陷治理手段合理，台账资料齐全；

④ 储量计算图纸、台账、统计管理符合《生产矿井储量管理规程(试行)》规定。

(4) 煤矿防治水

煤矿防治水应符合以下要求：

① 井上、下和不同观测内容的专用原始记录及防治水基础台账、数据管理规范，水文地质图纸、水害预报内容齐全，符合要求；

② 建立健全防排水系统，防治水工程设计方案、施工措施、工程质量符合规定；

③ 水文地质条件复杂或极复杂的矿井应建立水文动态观测系统和水害监测预警系统，对构成威胁的水害进行检测、诊断和预控，并制定相应的安全技术措施。

(5) 防治冲击地压

防治冲击地压应符合以下要求：

① 进行冲击倾向性鉴定，冲击危险采区、工作面有规范的防冲专项设计，防冲措施科学有效；

② 建立健全合理有效的监测系统。

第4部分　采煤

(1) 基础管理

基础管理应符合以下要求：

① 有支护质量、顶板动态监测制度及地质和水文地质分析、预报制度，技术管理体系健全；

② 作业规程和措施针对性、操作性强，审批手续完备，贯彻、考核和签字记录齐全，作业规程每2个月至少组织1次复审并有复审意见；

③ 有支护材料管理台账。

(2) 岗位规范

岗位规范应符合以下要求：

① 应进行岗位人员培训，其能力符合相应岗位要求；

② 操作规范，无违章指挥、无违章作业、无违反劳动纪律的行为；

③ 管理人员、技术人员应掌握专业技术，作业人员熟知本岗位作业规程和安全技术措施；

④ 作业前进行隐患排查，并实行闭合管理。

(3) 质量与安全

质量与安全应符合以下要求：

① 工作面的支护形式、支护参数符合要求；

② 工作面出口畅通，回风巷和运输巷断面满足通风、运输、行人、设备安装、检修的需要；

③ 设备完好，保护齐全，使用规范；

④ 乳化液泵站压力和乳化液浓度符合要求，并有现场检测手段；

⑤ 工作面通信、监测监控设备运行正常；

⑥ 有完善的安全防护设施和安全措施。

(4) 机电设备

机电设备应符合以下要求：

① 采煤机、输送机、转载机、破碎机、支架(支柱)等选型有科学依据；

② 设备能力匹配，系统无制约因素；

③ 无国家明令淘汰、禁止使用的危及生产安全的设备。

(5) 文明生产

文明生产应符合以下要求：

① 作业场所卫生整洁，照明符合规定；

② 工具、材料等放置整齐，管线吊挂规范，图牌板内容准确、清晰；

③ 作业范围内支护完好，无失修巷道。

第5部分　掘进

1. 基本条件

生产矿井不应存在以下情况：

① 开拓煤量、准备煤量、回采煤量不满足规定要求；

② 使用明令禁止使用或者淘汰的设备、工艺。

2. 基本要求

(1) 生产组织

生产组织应符合以下要求：

① 按采煤工作面相对集中、效能最大的生产布局进行组织，实行集约生产；

② 科学进行劳动组织；

③ 采掘关系合理；

④ 掘进工作面的生产运输系统简单、合理。

(2) 设备配置

设备配置应符合以下要求：

① 无国家明令淘汰、禁止使用的危及生产安全的设备；

② 运输系统设备配置合理，不应有制约因素，材料应采用机械运输；

③ 具备条件的应使用综合机械化掘进。

(3) 技术保障

技术保障应符合以下要求：

① 技术管理体系健全，有矿压观测、分析、预报制度；

② 按规定设置机构和人员，配齐仪器仪表；

③ 作业规程和安全技术措施针对性、可操作性强，审批手续完备，贯彻、考核和签字记录齐全，作业规程每两个月至少组织一次复审并有复审意见；

④ 作业场所应有规范的施工图牌板；

⑤ 在支护、生产组织等方面应开展技术创新。

(4) 岗位规范

岗位规范应符合以下要求：

① 应进行岗位人员培训，其能力符合相应岗位要求；

② 操作规范，无违章指挥、无违章作业、无违反劳动纪律的行为；

③ 管理人员、技术人员应掌握专业技术，作业人员应熟知本岗位作业规程和安全技术措施；

④ 作业前进行隐患排查，并实行闭合管理。

(5) 工程质量

工程质量应符合以下要求：

① 临时支护措施到位，安全设施齐全可靠；

② 无不合格工程；

③ 规格质量、内在质量、附属工程质量、工程观感质量按 GB 50213—2010《煤矿井巷工程质量验收规范》中对应的支护方式或施工形式验收，未明确规定的支护方式或施工形式参照执行。

(6) 文明生产

作业场所卫生整洁，照明适度，工具、材料等放置整齐，设备设施保持良好状态。作业范围内支护完好，无失修巷道。

第 6 部分　机电

1. 基本条件

生产矿井不应存在以下情况：

① 年产 6×10^4t 及以上的煤矿没有双回路供电系统；

② 年产 6×10^4t 以下煤矿采用单回路供电时，没有备用电源；

③ 主要通风机高低压电源不是引自同一母线，主要通风机装置没有可靠的双电源供电；

④ 使用明令禁止使用或者淘汰的设备、工艺。

2. 基本要求

(1) 设备与指标

设备与指标应符合以下要求：

① 产品合格证、矿用产品安全标志、防爆合格证等证标齐全、合格；

② 设备综合完好率、防爆率、电缆吊挂合格率、小型电器合格率、矿灯完好率、设备待修率和事故率等达到规定要求。

(2) 煤矿机械

煤矿机械应符合以下要求：

① 机械设备完好，各类保护、保险装置齐全可靠；

② 积极采用新技术、新装备。

(3) 煤矿电气

煤矿电气应符合以下要求：

① 矿井有可靠的双回路电源线路；

② 防爆电气设备防爆性能符合要求，电气无失爆；

③ 矿井主要通风机、提升人员的绞车、抽放瓦斯泵等主要设备房，以及井下变(配)电所、主排水泵房和下山开采的采区排水泵房的供电线路符合《煤矿安全规程》要求；

④ 电气设备完好，继电保护设置齐全可靠；

⑤ 电气工作票、操作票填写、使用规范。

(4) 机电基础管理

机电基础管理应符合以下要求：

① 管理机构健全，制度完善；

② 机电设备选型论证、购置、安装、使用、维护、检修、更新改造、报废等综合管理程序规范，设备台账、技术图纸等资料齐全；

③ 按规定进行设备技术性能测试，在用设备性能可靠；

④ 各级专业技术人员、管理人员及岗位工人培训合格、持证上岗。

(5) 文明生产

文明生产应符合以下要求：

① 现场设备摆放规范、标识齐全，机房、硐室卫生清洁；

② 作业规范，无违章指挥、无违章作业、无违反劳动纪律的行为。

第 7 部分　运输

(1) 运输巷道与硐室

运输巷道断面、弯道半径、连接方式、运输方式，斜巷信号硐室、躲避硐、充电硐室、运输车辆检修硐室、加油硐室、车场、车房、候车室、调度站、人车库、矿车装卸载站等符合《煤矿安全规程》及有关规定要求。

(2) 运输线路

运输线路应符合以下要求：

① 线路轨型、回流线、轨道绝缘、分区开关符合《煤矿安全规程》要求，道岔轨型不低于线路轨型，无非标准道岔；

② 轨道、单轨吊、齿轨等线路质量达到合格及以上要求，主要运输线路及人车的轨道线路质量达到优良；

③ 道路路面合格，无轨胶轮车等运输设备的道路路面采用混凝土等方式硬化。

(3) 运输设备

运输设备应符合以下要求：

① 运输设备符合通用技术条件及安全检验规范要求，安装符合设计要求，安全保护装置齐全、有效；

② 无国家明令淘汰、禁止使用的危及生产安全的设备；

③ 在用运输设备完好率达标，防爆电气设备和防爆小型电器不失爆；

④ 井下按规定采用机械运送人员。

(4) 运输安全设施

运输安全设施应符合以下要求：

① 挡车装置和跑车防护装置齐全可靠；

② 运输系统及装备的控制系统、专用通信信号齐全可靠；

③ 运输场所、设施的警示信号和安全标志使用规范；

④ 斜巷保险链及矿车的连接环、链和插销等连接装置合格。

(5) 运输管理

运输管理应符合以下要求：

① 运输管理机构健全，各项管理制度、岗位责任制、操作规程及运输技术资料齐全、完整，作业人员按规定持证上岗；

② 定期对电机车、斜井人车、轨道机车、架空乘人装置、单轨吊车、无轨机车、齿轨机车、连接装置等进行检测、检验和试验，并有完整的测试记录和试验报告。

(6) 文明生产

文明生产应符合以下要求：

① 井下运输巷道及车场、运输调度室、井下运输机电硐室、机车维修点、车间等干净整洁；

② 水沟畅通，盖板齐全、稳固；

③ 电缆、管路、照明符合规定要求，牌板齐全规范。

第 8 部分　安全管理

(1) 机构设置与人员配备

机构设置与人员配备应符合以下要求：

① 按规定设置安全管理机构，配备专门人员负责煤炭生产过程各环节的安全管理工作，人员数量满足日常安全监管工作的需要；

② 安全管理人员任职资格符合准入要求。

(2) 安全规章制度

安全规章制度应符合以下要求：

① 建立健全安全生产规章制度；

② 安全生产规章制度以正式文件发布，并结合实际适时修订。

(3) 安全费用提取及使用

安全费用提取和使用应符合以下要求：

① 执行国家有关安全费用提取使用规定，落实安全投入保障及安全费用提取和使用制度；

② 制定安全费用年度使用计划，按标准及时、足额提取，并按照规定使用范围支出，做到专户存储、专款专用；

③ 建立安全费用项目管理台账，做到账目、项目相符，项目完成进行验收，并有验收记录。

(4) 隐患排查与治理

隐患排查与治理应符合以下要求：

① 煤矿主要负责人每月至少组织开展一次全面安全隐患排查工作；

② 建立隐患排查治理信息系统，按照等级和类别进行登记建档，实现安全隐患排查治理闭环管理。

(5) 安全生产技术管理

安全生产技术管理应符合以下要求：

① 建立健全以总工程师为首的安全技术管理体系，按规定配备相应的副总工程师和专业技术人员；

② 建立健全安全生产技术管理制度；

③ 煤矿生产应有批准的设计，各类工程施工有批准的作业规程、安全技术措施，并建立作业规程信息化管理系统；

④ 规范技术资料档案管理，准确、及时填绘反映实际情况的图纸资料。

(6) 安全生产教育与培训

安全生产教育与培训应符合以下要求：

① 设置教育培训机构，建立健全制度，具备满足教育培训要求的师资、场所、装备等；不具备培训条件的，应与具备资质的培训机构签订委托教育培训协议；

② 煤矿从业人员按照规定接受安全生产教育和培训并经考核合格后方可上岗，主要负责人、安全生产管理人员、特种作业人员应按规定参加培(复)训，并取得安全资格证书。

(7) 区队班组建设

区队、班组管理制度健全，特种作业人员配备合理、齐全。

(8) 安全信息管理

安全信息管理应符合以下要求：

① 及时识别和获取适用的安全生产法律法规、标准规范，完善安全信息管理机构和制度，做好执行情况的检查评估工作；

② 建立各类生产安全事故调查、处理、分析、归档等制度与台账；

③ 建立安全质量标准化信息管理体系，及时掌握安全质量标准化工作的动态信息，提高考评工作效率和服务水平。

(9) 安全文化建设

安全理念与目标、安全责任制内容齐全、清晰明确，定期开展形式多样的安全文化宣传教育活动。

第9部分　职业卫生

(1) 前期管理

前期管理应符合以下要求：

① 建立职业卫生管理机构，完善制度，配备人员，落实经费；

② 制定工作规划、年度计划和实施方案，并落实；

③ 建立健全职业卫生档案；

④ 定期进行职业病危害申报；

⑤ 主要负责人、管理人员和从业人员职业卫生培训符合相关规定；

⑥ 依法与劳动者签订劳动合同并履行职业病危害告知义务；

⑦ 依法足额为劳动者缴纳工伤保险。

（2）现场管理

现场管理应符合以下要求：

① 严格执行建设项目职业卫生“三同时”，加强职业危害源头控制；

② 采取综合治理措施，使作业场所职业危害浓度或强度符合职业卫生标准要求；

③ 配备专业人员和仪器设备，做好日常监测工作；

④ 定期开展职业病危害因素检测评价，并做好检测结果公布和上报工作；

⑤ 职业病防护设施、设备运转正常，并做好维护、检修工作，保留记录；

⑥ 按照规定配备和发放符合要求的个体防护用品，并督促检查劳动者正确使用；

⑦ 设置公告栏、警示标识和中文警示说明；

⑧ 建立健全职业病危害事故应急救援预案，并定期演练；

⑨ 保证应急救援设施正常运转，不应擅自拆除或停止使用。

（3）健康监护

健康监护应符合以下要求：

① 严格按照规定做好接触职业病危害因素人员上岗前、在岗期间、离岗时和应急职业健康检查，建立职业健康监护档案并妥善保存；

② 不安排未经职业健康检查的劳动者从事具有职业病危害的作业；

③ 不安排有职业禁忌的劳动者从事其所禁忌的作业；

④ 发现健康损害时及时调离原岗位并妥善安置；

⑤ 未经离岗职业健康检查不得与劳动者解除劳动合同；

⑥ 不安排孕期、哺乳期妇女从事具有职业病危害的作业；

⑦ 不使用童工。

（4）诊断鉴定

诊断鉴定应符合以下要求：

① 及时安排疑似职业病病人进行诊断；

② 在疑似职业病病人诊断或者医学观察期间，不得解除或者终止劳动合同，诊断、医学观察期间的费用由煤矿承担；

③ 保障职业病病人依法享受国家规定的职业病待遇；

④ 按照国家有关规定，安排职业病病人进行治疗、康复和定期检查；

⑤ 对不适宜继续从事原工作的职业病病人，调离原岗位，并妥善安置；

⑥ 如实提供职业病诊断、伤残等级鉴定所需资料。

（5）工会监督

煤矿工会组织依法对职业病防治工作进行监督，维护劳动者的职业卫生合法权益。

第 10 部分　应急救援

（1）应急机构、职责和制度

应急机构、职责和制度应符合以下要求：

① 建立应急救援指挥机构和工作机构，配备专职人员；

② 明确应急机构及其岗位职责；

③ 建立健全应急管理制度。

（2）应急救援队伍

按照《煤矿安全规程》《矿山救护规程》等规定建立矿山救护队，配备必需的物资、装备、器材，实行军事化管理和训练。不具备建立矿山救护队条件的煤矿，应组建兼职应急救援队伍，并与就近的矿山救护队签订救护协议。

(3) 应急预案管理

按照《生产安全事故应急预案管理办法》和《生产经营单位安全生产事故应急预案编制导则》的规定编制安全生产事故应急预案，并按规定组织实施。

(4) 应急培训和演练

应急培训和演练应符合以下要求：

① 制定年度应急宣传教育工作计划和年度应急培训计划，普及生产安全事故预防和应急救援基本知识；

② 按规定编制应急演练规划、计划和方案，组织演练，并形成完整的档案资料。

(5) 应急救援保障

配置应急救援必需的物资、装备、人员、经费等，并建立相应的保障措施。

(6) 资料和档案管理

文件和资料及时发放至有关部门，档案管理安全规范。

第 11 部分　调度

(1) 组织机构

组织机构应符合以下要求：

① 调度指挥机构健全，岗位职责明确；

② 调度人员配备满足双岗 24h 值班要求，调度人员的业务素质、工作能力满足工作需要。

(2) 调度管理

调度管理应符合以下要求：

① 建立健全调度规章制度和业务流程；

② 掌握日常安全生产动态及重点工程、主要系统和装备的运行情况，及时协调解决安全生产中出现的问题，发挥指挥协调作用；

③ 履行安全生产信息、指示、文件等的上传下达职责；

④ 出现险情和发生事故时，及时下达调度指令，进行应急处置。

(3) 调度汇报

调度汇报应符合以下要求：

① 按规定要求履行汇报职责，及时反映煤矿生产管理中存在的主要问题并提出相关建议；

② 按照规定要求报告生产安全事故和突发事件信息。

(4) 调度信息化

调度信息化应符合以下要求：

① 调度信息化基础设施、装备满足安全生产调度指挥、应急救援等工作需要；

② 供电、备用电源应符合相关规定要求；

③ 采用先进的装备和信息系统。

(5) 办公场所及环境

场所及环境应符合以下要求：

① 办公场所能满足调度工作和会议的要求，且清洁整齐、物放有序；

② 工作人员行为文明、规范；

③ 设备、设施的安装符合有关规范。

第 12 部分　地面设施

(1) 基础管理

基础管理应符合以下要求：

① 地面设施管理体系健全；

② 按规定设置机构、配备人员，设备设施齐全；

③ 作业场所有规范的牌板；

④ 建设资料齐全有效；

⑤ 供用电设备、设施符合要求，有管理制度；

⑥ 消防设计、设施、器材符合要求，有消防责任制。

(2) 办公场所

办公室、会议室等办公场所满足工作需要，办公设施及用品齐全，通道畅通，环境整洁。

(3) “两堂一舍”

“两堂一舍”应符合以下要求：

① 职工食堂设计合理、设施完备、证照齐全，工作人员按规定持证上岗；

② 职工澡堂设计合理，基础设施齐全完好，管理制度健全；

③ 职工宿舍基础设施齐全完好，人均面积满足要求。

(4) 工业广场

工业广场应符合以下要求：

① 工业广场及道路符合设计规范，满足矿井的实际需要；

② 工业广场及道路清洁，各种牌板及标志齐全清晰。

(5) 设备材料库

设备材料库应符合以下要求：

① 设备材料库符合设计规范、实用性强，设备及材料能够满足矿井日常生产的需要；

② 设备、材料的验收、保管、发放等制度健全，管理科学。

(6) 煤炭存储设施

煤炭存储设施应符合以下要求：

① 存储设施设计符合要求，满足生产需要；

② 存储场地降尘、消防、排水等设施完好有效；

③ 能动态掌握煤场情况，有落煤台账，相关记录详细完整。

(7) 节能环保设施

节能环保设施、计量器具和仪表齐全有效，排放达标，台账记录完备。

第 13 部分　露天煤矿

(1) 采矿作业

采矿作业应符合以下要求：

① 采剥应符合生产规模和设计要求，保证合理的采剥关系；

② 应科学组织生产，采掘、运输、排土系统匹配合理。

（2）工艺与设备

不使用明令禁止使用或者淘汰的设备、工艺，工艺设备配置合理。

（3）生产现场管理和生产过程控制

应加强对生产现场的安全管理和对生产过程的控制。对生产过程及物料、设备设施、器材、通道、作业环境等存在的隐患，应进行分析和控制。

（4）技术保障

技术保障应符合以下要求：

① 有健全的技术管理体系和完善的工作制度；

② 按规定设置机构，配备技术人员；

③ 各种规程审批手续完备，贯彻、考核和签字记录齐全；

④ 在生产组织等方面应开展技术创新。

（5）岗位规范

岗位规范符合以下要求：

① 安全管理人员、操作岗位人员应按规定进行培训，持证上岗；

② 现场作业人员操作规范，无违章指挥、无违章作业、无违反劳动纪律的行为；

③ 管理人员应熟悉采矿技术，技术人员应掌握实践知识，精通专业技术；

④ 作业人员应掌握《煤矿安全规程》、操作规程及作业规程；

⑤ 认真开展隐患排查，并实行闭合管理。

（6）文明生产

作业环境满足规范要求，设备状态良好，到界排土平盘应按计划复垦绿化。

（7）工程质量

工程质量应符合有关标准和规范要求。

三、建筑施工企业安全生产标准化实施案例

为贯彻落实《国务院关于进一步加强安全生产工作的决定》（国发〔2004〕2号），加强基层和基础工作，实现建筑施工安全标准化、规范化，促进建筑施工企业建立起自我约束、持续改进的安全生产长效机制，推动我国建筑安全生产状况的根本好转，促进建筑行业健康有序发展，2005年12月22日发布了《开展建筑施工安全质量标准化工作的指导意见》（建质〔2005〕232号），但文件只是框架性，没有实质的量化要求，标准化推进工作并不理想。

2011年5月3日，国务院安委会为深入贯彻落实《国务院关于进一步加强企业安全生产工作的通知》（国发〔2010〕23号）和《国务院办公厅关于继续深化“安全生产年”活动的通知》（国办发〔2011〕11号）精神，发布《关于深入开展企业安全生产标准化建设的指导意见》（安委〔2011〕4号）文件，要求全面推进企业安全生产标准化建设，进一步规范企业安全生产行为，改善安全生产条件，强化安全基础管理。

同年5月30日，中华人民共和国住房和城乡建设部安全生产管理委员会办公室发文《住房和城乡建设部关于继续深入开展建筑安全生产标准化工作的通知》（建安办函〔2011〕14号），确定建筑企业安全生产标准化的要求、目标、任务和考核办法。《施工企业安全生产评价标准》（JGJ/T 77—2010）和《建筑施工安全检查标准》（JGJ 59—2011）及有关规定作为核心的考评体系。进一步加强和规范企业安全生产管理工作，推进企业全员、全方位、全过程的安全管理，促进安全生产标准化工作的深入开展。

《施工企业安全生产评价标准》(JGJ/T 77—2010)主要的内容分成三部分：评价涉及的内容、评价的方法和评价等级的规定。其中涉及内容包括5个方面，即安全生产管理评价、安全技术管理评价、设备和设施管理评价、企业市场行为评价、施工现场安全管理评价。

(一) 评价涉及内容

1. 安全生产管理评价

建筑施工企业应依据法律法规，结合企业的安全管理目标、生产经营规模、施工特点、管理体制、建立以安全生产责任制的安全生产管理制度。对安全生产管理评价应对企业安全管理制度建立和落实情况进行考核，其内容包含安全生产责任制度、安全文明资金保障制度、安全教育培训制度、安全检查制度及隐患排查制度、生产安全事故报告处理制度、安全应急救援制度等6个评定项目。

(1) 安全生产责任制度

① 建筑施工企业的安全生产责任制度应明确，企业主要负责人依法对本单位的安全生产全面负责，其中法定代表人是企业安全生产第一责任人，其他负责人对分管范围内的安全生产负责，确保管理范围内的安全生产管理体系正常运行；

② 安全生产责任制度应对职能部门或岗位的工作内容、职责与权限、工作程序、安全管理目标的分解落实、监督检查、考核奖惩的标准做出具体规定；

③ 对安全生产的年度目标管理的制定、考核及落实到责任人做好具体的规定；

④ 对安全生产检查要、实施考核、奖惩做出具体规定。

(2) 安全文明资金保障制度

① 制度建立且每年对本企业施工规模相适应的资金进行预算和决算，做到专款专用；

② 明确安全生产、文明施工资金使用、监督及考核的责任部门或责任人；

③ 安全文明资金的提取、申请、审核、审批、支付、使用、统计、分析等工作要有具体规定，落实实施并形成文件；

④ 安全文明资金的提取要符合《企业安全生产费用提取和使用管理办法》(财企〔2012〕16号)要求。

(3) 安全教育培训制度

① 建立制度且每年对企业主要负责人、项目经理、安全专职人员及其他管理人员的继续教育；

② 企业编制年度安全教育计划，落实各类员工的三级(企业、项目、班组)安全教育培训(包含：特种作业，待岗、转岗及新进单位从业人员)，并建立档案；

③ 教育应符合有关规定，如建设部《建筑企业职工安全培训教育暂行规定》《建筑施工企业主要负责人、项目负责人和专职安全生产管理人员安全生产考订管理暂行规定》和《建筑施工特种作业人员管理规定》等。

(4) 安全检查及隐患排查制度

① 建立制度且对所属施工现场、后方场站、基地等组织定期和不定期的安全检查，并形成文件；

② 对检出的隐患要定人、定时、定措施进行整改，并复查；

③ 多发或重大隐患应立即整改并采取有效的治理措施。

(5) 生产安全事故报告处理制度

① 建立制度且及时、如实上报施工生产中发生的伤亡事故；

② 对已发生的和未遂事故，应按照“四不放过”原则进行处理，即事故原因不查清不放过、责任人员未处理不放过、整改措施未落实不放过、有关人员未受到教育不放过；

③ 建立事故有关档案。

(6) 安全生产应急救援制度

① 建立制度且按照本企业经营范围，并结合本企业的施工特点、制定易发、多发事故部位、工序、分部、分项工程应急救援预案；

② 落实应急预案组织和救援物资；

③ 应经过评审并报有关部门备案；

④ 开展应急预案演练并做好相关记录。

2. 安全技术管理评价

安全技术管理评价应为对企业安全技术管理工作的考核，其内容应包括法规、标准和操作规程配置，施工组织设计，专项施工方案(措施)，安全技术交底，危险源控制等5个评定项目。

(1) 法规、标准和操作规程配置

企业应配置与生产经营内容相适应的、现行的有关安全生产方面的法规、标准以及各工种安全技术操作规程；并组织员工学习和贯彻。

(2) 施工组织设计

① 建立施工组织设计编制、审核、批准制度；

② 施工组织设计中应明确安全技术措施；

③ 安全技术措施应具备针对性并经有关人员的审核、审批程序。

(3) 专项施工方案(措施)

① 建立对危险性较大的分部、分项工程专项施工方案编制、审核、批准制度；

② 实施专项施工方案的审核、批准程序；

③ 超过一定规模的危险性较大的分部、分项应进行专家论证。

(4) 安全技术交底

① 制定安全技术交底制度；

② 落实各级安全技术交底，并形成书面记录。

(5) 危险源控制

① 建立危险源监管制度；

② 应识别评价出重大危险源，制定管理或相应措施；

③ 建立危险源公示、告知制度及实施。

3. 设备和设施管理评价

设备和设施管理评价应为对企业设备和设施安全管理工作的考核，其内容应包括设备安全管理、设施和防护用品、安全标志、安全检查测试工具等4个评定项目。

(1) 设备安全管理

① 建立机械、设备(包括应急救援器材)采购、租赁、安装、拆除、验收、检测、使用、检查、保养、维修、改造和报废制度；

② 建立设备管理台账、技术档案、人员配备及书面记录。

(2) 设施和防护用品

① 建立安全设施及个人劳保用品的发放、使用管理制度；

② 安全设施及个人劳保用品管理的实施。

(3) 安全标志

① 制定施工现场安全警示、警告标识、标志使用管理规定。

② 定期检查实施情况。

(4) 安全检查测试工具

① 建立安全检查检验仪器、仪表及工具配备制度；

② 建立安全检查、检验仪器、工具配备台账。

4. 企业市场行为评价

企业市场行为评价应为对企业安全管理市场行为的考核，其内容包括安全生产许可证、安全生产文明施工、安全标准化达标、资质机构与人员管理制度等4个评定项目。

(1) 安全生产许可证

① 企业必须取得安全生产许可证承接施工任务；

② 企业主要负责人、项目负责人、专职安全管理人员应持有安全生产合格证书。

(2) 安全生产文明施工

① 企业资质因安全生产、文明施工受到降级处罚，不得分；

② 其他不良行为，视其影响程度、处理结果相应被扣分。

(3) 安全文明标准化达标

企业所属施工现场安全标准化年度达标合格率应符合国家或地方规定。

(4) 资质、机构与人员管理

① 建立安全生产管理组织体系、设置专职安全管理机构、配备足够安全管理人员；

② 制定人员资格管理制度；

③ 实行分包的，总承包单位应制定对分包单位资质和人员资格管理制度并监督落实。

5. 施工现场安全管理评价

施工现场安全管理评价应为对企业所属施工现场安全状况考核，其内容应包括施工现场安全达标、安全文明资金保障、资质和资格管理、生产安全事故控制、设备设施工艺选用、保险等6个评定项目。

① 施工现场安全达标考核：企业应对所属的施工现场按现行规定标准进行检查，有一个工地未达到合格标准的，则该评定项目不得分。

② 施工现场安全文明资金保障：应对企业按规定落实其所属施工现场安全生产、文明施工资金的情况进行考核，有一个施工现场未将施工现场安全生产、文明施工所需资金编制计划并实施，未做到专款专用的，则该评定项目不应得分。

③ 施工现场分包资质和资格管理：制定地分包单位安全生产许可证、资质、资格管理及施工现场控制的要求和规定，明确参建各方的安全生产责任，并配备项目经理、专职或兼职安全生产管理人员。

④ 安全生产事故控制：针对施工现场实际情况制定事故应急救援预案；对现场常见、多发或重大隐患的排查防治措施进行实施。

⑤ 设备、设施、工艺选用：严禁使用国家明令淘汰的设备或工艺；严禁使用不符合国家现行标准的，且存在严重安全隐患的设施；严禁使用超过使用年限或存在严重隐患的机械、设备、设施、工艺；加强现场职业危害防治措施。

（二）评价方法

（1）施工企业每年度应至少进行一次自我考核评价。发生下列情况之一时，企业应再进行复核评价：

① 适用法律、法规发生变化时；

② 企业组织机构和体制发生重大变化后；

③ 发生生产安全事故后；

④ 其他影响安全生产管理的重大变化。

（2）施工企业考核自评应由企业负责人组织，各相关管理部门均应参与。

（3）评价人员应具备企业安全管理及相关专业能力，每次评价不应少于3人。

（4）对施工企业安全生产条件的量化评价应符合下列要求：

① 当施工企业无施工现场时，应采用表7-5～表7-8进行评价；

② 当施工企业有施工现场时，应采用表7-3～表7-9进行评价；

③ 施工企业的安全生产情况应依据自评价之月起前12个月以来的情况，施工现场应依据自开工日起至评价时的安全管理情况；

④ 施工现场评价结论，应取抽查及核验的施工现场评价结果的平均值，且其中不得有一个施工现场评价结果为不合格。

（5）抽查及核验企业在建施工现场，应符合下列要求：

① 抽查在建工程实体数量，对特级资质企业不应少于8个施工现场；对一级资质企业不应少于5个施工现场；对一级资质以下企业不应小于3个施工现场；企业在建工程实体少于上述规定数量的，则应全数检查；

② 核验企业所属其他在建施工现场安全管理状况，核验总数不应少于企业在建工程项目总数的50%。

（6）抽查发生因工死亡事故的企业在建施工现场，应按事故等级或情节轻重程度，在上款规定的基础上分别增加2～4个在建工程项目；应增加核验企业在建工程项目总数的10%～30%。

（7）对评价时无在建工程项目的企业，应在企业有在建工程项目时，再次进行跟踪评价。

（8）安全生产条件和能力评分应符合下列要求：

① 施工企业生产评价应按评定项目、评分标准和评分方法进行，并应符合表7-5～表7-9的规定，满分分值均应为100分；

② 在评价施工企业安全生产条件能力时，应采用加权法计算，权重系数应符合表7-3的规定，并应按施工企业安全生产评价汇总表进行评价，见表7-10。

表7-3 权重系数

评价内容			权重系数
无施工项目	①	安全生产管理	0.3
	②	安全技术管理	0.2
	③	设备和设施管理	0.2
	④	企业市场行为	0.3
有施工项目	①②③④加权值		0.6
	⑤	施工现场安全管理	0.4

(9) 各评分表的评分应符合下列要求：

① 评分表的实得分数应为各评定项目实得分数之和；

② 评分表中的各个评定项目应采用扣减分数的方法，扣减分数总和不得超过该项目的应得分数；

③ 项目遇有缺项的，其评分的实得分应为可评分项目的实得分之和与可评分项目的应得分之和比值的百分数。

（三）评价等级

（1）施工企业安全生产考核评定应分为合格、基本合格、不合格三个等级，并宜符合下列要求：

① 对有在建工程的企业，安全生产考核评定宜分为合格、不合格两个等级；

② 对无在建工程的企业，安全生产考核评定宜分为基本合格、不合格两个等级。

（2）施工企业安全生产考核评价等级划分见表 7-4。

表 7-4 施工企业安全生产考核评价等级划分

考核评价等级	考核内容		
	各项评分表中的实得分为零的项目数/个	各评分表实得分数/分	汇总分数/分
合格	0	≥70 且其中不得有一个施工现场评定结果为不合格	≥75
基本合格	0	≥70	≥75
不合格	出现不满足基本合格条件的任意一项时		

（四）安全生产评价表

建筑施工企业安全生产评价表见表 7-5～表 7-10。

表 7-5 安全生产管理评分表

序号	评定项目	评分标准	评分方法	应得分	扣减分	实得分
1	安全生产责任制度	企业未建立安全生产责任制度，扣 20 分，各部门、各级(岗位)安全生产责任制度不健全，扣 10～15 分； 企业未建立安全生产责任制考核制度，扣 10 分，各部门、各级对各自安全生产责任制未执行，每起扣 2 分； 企业未按考核制度组织检查并考核的，扣 10 分，考核不全面扣 5～10 分； 企业未建立、完善安全生产管理目标，扣 10 分，未对管理目标实施考核的，扣 5～10 分； 企业未建立安全生产考核、奖惩制度扣 10 分，未实施考核和奖惩的，扣 5～10 分	查企业有关制度文本；抽查企业各部门、所属单位有关责任人对安全生产责任制的知晓情况，查确认记录，查企业考核记录。 查企业文件，查企业对下属单位各级管理目标设置及考核情况记录；查企业安全生产奖惩制度文本和考核、奖惩记录	20		

续表

序号	评定项目	评分标准	评分方法	应得分	扣减分	实得分
2	安全文明资金保障制度	企业未建立安全生产、文明施工资金保障制度扣20分； 制度无针对性和具体措施的，扣10~15分； 未按规定对安全生产、文明施工措施费的落实情况进行考核，扣10~15分	查企业制度文本、财务资金预算及使用记录	20		
3	安全教育培训制度	企业未按规定建立安全培训教育制度，扣15分； 制度未明确企业主要负责人，项目经理，安全专职人员及其他管理人员，特种作业人员，待岗、转岗、换岗职工，新进单位从业人员安全培训教育要求的，扣5~10分； 企业未编制年度安全培训教育计划，扣5~10分，企业未按年度计划实施的，扣5~10分	查企业制度文本、企业培训计划文本和教育的实施记录、企业年度培训教育记录和管理人员的相关证书	15		
4	安全检查及隐患排查制度	企业未建立安全检查及隐患排查制度，扣15分，制度不全面、不完善的，扣5~10分； 未按规定组织检查的，扣15分，检查不全面、不及时的扣5~10分； 对检查出的隐患未采取定人、定时、定措施进行整改的，每起扣3分，无整改复查记录的，每起扣3分； 对多发或重大隐患未排查或未采取有效治理措施的，扣3~15分	查企业制度文本、企业检查记录、企业对隐患整改消项、处置情况记录、隐患排查统计表	15		
5	生产安全事故报告处理制度	企业未建立生产安全事故报告处理制度，扣15分； 未按规定及时上报事故的，每起扣15分； 未建立事故档案扣5分； 未按规定实施对事故的处理及落实“四不放过”原则的，扣10~15分	查企业制度文本； 查企业事故上报及结案情况记录	15		
6	安全生产应急救援制度	未制定事故应急救援预案制度的，扣15分，事故应急救援预案无针对性的，扣5~10分； 未按规定制定演练制度并实施的，扣5分； 未按预案建立应急救援组织或落实救援人员和救援物资的，扣5分	查企业应急预案的编制、应急队伍建立情况以相关演练记录、物资配备情况	15		
	分项评分			100		

评分员：　　　　　　　　　　　　　　　　　　年　　月　　日

表 7-6　安全技术管理评分表

序号	评定项目	评分标准	评分方法	应得分	扣减分	实得分
1	法规标准和操作规程配置	企业未配备与生产经营内容相适应的现行有关安全生产方面的法律、法规、标准、规范和规程的，扣10分，配备不齐全，扣3~10分； 企业未配备各工种安全技术操作规程，扣10分，配备不齐全的，缺一个工种扣1分； 企业未组织学习和贯彻实施安全生产方面的法律、法规、标准、规范和规程，扣3~5分	查企业现有的法律、法规、标准、操作规程的文本及贯彻实施记录	10		
2	施工组织设计	企业无施工组织设计编制、审核、批准制度的，扣15分； 施工组织设计中未明确安全技术措施的扣10分； 未按程序进行审核、批准的，每起扣3分	查企业技术管理制度，抽查企业备份的施工组织设计	15		
3	专项施工方案（措施）	未建立对危险性较大的分部、分项工程编写、审核、批准专项施工方案制度的，扣25分； 未实施或按程序审核、批准的，每起扣3分； 未按规定明确本单位需进行专家论证的危险性较大的分部、分项工程名录（清单）的，每起扣3分	查企业相关规定、实施记录和专项施工方案备份资料	25		
4	安全技术交底	企业未制定安全技术交底规定的，扣25分； 未有效落实各级安全技术交底，扣5~10分； 交底无书面记录，未履行签字手续，每起扣1~3分	查企业相关规定、企业实施记录	25		
5	危险源控制	企业未建立危险源监管制度，扣25分； 制度不齐全、不完善的，扣5~10分； 未根据生产经营特点明确危险源的，扣5~10分； 未针对识别评价出的重大危险源制定管理方案或相应措施，扣5~10分； 企业未建立危险源公示、告知制度的，扣8~10分	查企业规定及相关记录	25		
		分项评分		100		

评分员：　　　　　　　　　　　　　　　　　　　　　　　年　　月　　日

表 7-7　设备和设施管理评分表

序号	评定项目	评分标准	评分方法	应得分	扣减分	实得分
1	设备安全管理	未制定设备（包括应急救援器材）采购、租赁、安装（拆除）、验收、检测、使用、检查、保养、维修、改造和报废制度，扣30分； 制度不齐全、不完善的，扣10~15分； 设备的相关证书不齐全或未建立台账的，扣3~5分； 未按规定建立技术档案或档案资料不齐全的，每起扣2分； 未配备设备管理的专（兼）职人员的，扣10分	查企业设备安全管理制度，查企业设备清单和管理档案	30		

续表

序号	评定项目	评分标准	评分方法	应得分	扣减分	实得分
2	设施和防护用品	未制定安全物资供应单位及施工人员个人安全防护用品管理制度的，扣30分； 未按制度执行的，每起扣2分； 未建立施工现场临时设施（包括临时建、构筑物、活动板房）的采购、租赁、搭设与拆除、验收、检查、使用的相关管理规定的，扣30分； 未按管理规定实施或实施有缺陷的，每项扣2分	查企业相关规定及实施记录	30		
3	安全标志	未制定施工现场安全警示、警告标识、标志使用管理规定的，扣20分； 未定期检查实施情况的，每项扣5分	查企业相关规定及实施记录	20		
4	安全检查测试工具	企业未制定施工场所安全检查、检验仪器、工具配备制度的，扣20分； 企业未建立安全检查、检验仪器、工具配备清单的，扣5~15分	查企业相关记录	20		
		分项评分		100		

评分员：　　　　　　　　　　　　　　　　　　　　年　　月　　日

表7-8　企业市场行为评分表

序号	评定项目	评分标准	评分方法	应得分	扣减分	实得分
1	安全生产许可证	企业未取得安全生产许可证而承接施工任务的，扣20分； 企业在安全生产许可证暂扣期间继续承接施工任务的，扣20分； 企业资质与承发包生产经营行为不相符，扣20分； 企业主要负责人、项目负责人、专职安全管理人员持有的安全生产合格证书不符合规定要求的，每起扣10分	查安全生产许可证及各类人员相关证书	20		
2	安全生产文明施工	企业资质受到降级处罚，扣30分； 企业受到暂扣安全生产许可证的处罚，每起扣5~30分； 企业受当地建设行政主管部门通报处分，每起扣5分； 企业受当地建设行政主管部门经济处罚，每起扣5~10分； 企业受到省级及以上通报批评每次扣10分，受到地市级通报批评每次扣5分	查各级行政主管部门管理信息资料，各类有效证明材料	30		

续表

序号	评定项目	评分标准	评分方法	应得分	扣减分	实得分
3	安全标准化达标	安全文明标准化达标优良率低于规定的，每5%扣10分； 安全文明标准化年度达标合格率低于规定要求的，扣20分	查企业相应管理资料	20		
4	资质、机构与人员管理	企业未建立安全生产管理组织体系(包括机构和人员等)、人员资格管理制度的，扣30分； 企业未按规定设置专职安全管理机构的，扣30分，未按规定配足安全生产专管人员的，扣30分； 实行总、分包的企业未制定对分包单位资质和人员资格管理制度的，扣30分，未按制度执行的，扣30分	查企业制度文本和机构、人员配备证明文件，查人员资格管理记录及相关证件，查总、分包单位的管理资料	30		
		分项评分		100		

评分员：　　　　　　　　　　　　　　　　　　　　　　　　年　　月　　日

表7–9　施工现场安全管理评分表

序号	评定项目	评分标准	评分方法	应得分	扣减分	实得分
1	施工现场安全达标	按《建筑施工安全检查标准》(JGJ 59)及相关现行标准规范进行检查不合格的，每1个工地扣30分	查现场及相关记录	30		
2	安全文明资金保障	未按规定落实安全防护、文明施工措施费，发现一个工地扣15分	查现场及相关记录	15		
3	资质和资格管理	未制定对分包单位安全生产许可证、资质、资格管理及施工现场控制的要求和规定，扣15分，管理记录不全扣5~15分； 合同未明确参建各方安全责任，扣15分； 分包单位承接的项目不符合相应的安全资质管理要求，或作业人员不符合相应的安全资格管理要求扣15分； 未按规定配备项目经理、专职或兼职安全生产管理人员(包括分包单位)，扣15分	查对管理记录、证书，抽查合同及相应管理资料	15		
4	生产安全事故控制	对多发或重大隐患未排查或未采取有效措施的，扣3~15分； 未制定事故应急救援预案的，扣15分，事故应急救援预案无针对性的，扣5~10分； 未按规定实施演练的，扣5分； 未按预案建立应急救援组织或落实救援人员和救援物资的，扣5~15分	查检查记录及隐患排查统计表，应急预案的编制及应急队伍建立情况以及相关演练记录、物资配备情况	15		

续表

序号	评定项目	评分标准	评分方法	应得分	扣减分	实得分
5	设备设施工艺选用	现场使用国家明令淘汰的设备或工艺的，扣15分； 现场使用不符合标准的，且存在严重安全隐患的设施，扣15分； 现场使用的机械、设备、设施、工艺超过使用年限或存在严重隐患的，扣15分； 现场使用不合格的钢管、扣件的，每起扣1~2分； 现场安全警示、警告标志使用不符合标准的扣5~10分； 现场职业危害防治措施没有针对性扣1~5分	查现场及相关记录	15		
6	保险	未按规定办理意外伤害保险的，扣10分； 意外伤害保险办理率不足100%，每低2%扣1分	查现场及相关记录	10		
分项评分				100		

评分员：　　　　　　　　　　　　　　　　　　　　　　　　　　　　年　　月　　日

表7-10　施工企业安全生产评价汇总表

评价类型：□市场准入　□发生事故　□不良业绩　□资质评价　□日常管理　□年终评价　□其他

企业名称：＿＿＿＿＿＿＿＿＿＿＿＿经济类型：

资质等级：＿＿＿＿＿＿＿＿上年度施工产值：＿＿＿＿＿＿＿＿在册人数：

评价内容			评价结果				
			零分项（个）	应得分数（分）	实得分数（分）	权重系数	加权分数（分）
无施工项目	表A-1	安全生产管理				0.3	
	表A-2	安全技术管理				0.2	
	表A-3	设备和设施管理				0.2	
	表A-4	企业市场行为				0.3	
	汇总分数①=表A-1~表A-4加权值					0.6	
有施工项目	表A-5	施工现场安全管理				0.4	
	汇总分数②=汇总分数①×0.6+表A-5×0.4						

评价意见：

评价负责人（签名）		评价人员（签名）	
企业负责人（签名）		企业签章	年　　月　　日

参 考 文 献

[1] 陈全，陈新杰，陈波 . GB/T 28001—2011《职业健康安全管理体系 要求》企业实施指南[M]. 北京：中国石化出版社，2012.

[2] 罗云 . 风险分析与安全评价[M]. 第二版 . 北京：化学工业出版社，2011.

[3] 苗金明，徐德蜀，陈百年，等 . 职业健康安全管理体系的理论与实践[M]. 北京：化学工业出版社，2005.

[4] 宋大成 . 做有用的体系——职业安全健康管理体系理解与实施[M]. 北京：化学工业出版社，2006.

[5] 刘宏 . 职业安全管理[M]. 北京：化学工业出版社，2004.

[6] 李文华，龙政军，徐春碧 . 石油工程 HSE 风险管理[M]. 北京：石油工业出版社，2013.

[7] 马海霞，赵利军 . 浅谈编写职业安全健康管理体系文件应注意的问题[J]. 煤炭科学技术，2002(B08)：45-46.

[8] 陈宝智 . 系统安全评价与预测[M]. 第二版 . 北京：冶金工业出版社，2014.

[9] 陈全 . 职业健康安全管理体系实施与认证手册——原理·案例·规范[M]. 北京：科学技术文献出版社，2002.

[10] 樊运晓，傅贵，朱亚威，等 . 安全管理体系产生与发展综述[J]. 中国安全科学学报，2015，25(08)：3-9.

[11] 马雯静 . 安全标准化与职业健康安全管理体系的融合[J]. 决策探索(中)，2020(04)：8.

[12] 徐超飞，常羽彤 . 按照 GB/T 45001—2020 全面辨识危险源[J]. 现代职业安全，2020(11)：50-52.

[13] 云霞 . 企业职业健康安全管理体系与安全生产标准化融合研究[J]. 工业安全与环保，2020，46(08)：67-69.

[14] 贾涛 . 浅谈 GB/T 45001—2020《职业健康安全管理体系 要求及使用指南》标准的理解和应用[J]. 机械工业标准化与质量，2020(06)：32-34.

[15] GB/T 45001—2020. 职业健康安全管理体系 要求及使用指南[S].

[16] 李开元 . 职健安体系与安全生产标准化融合的探讨[J]. 现代职业安全，2019(08)：76-78.